教育部高等学校电子信息类专业教学指导委员会
光电信息科学与工程专业教学指导分委员会规划教材
普通高等教育光电信息科学与工程专业应用型规划教材

工程光学设计

主　编　萧泽新
副主编　黄一帆　谢洪波　李　林
参　编　姚洪兵　郑保康　萧华鹏

U0239359

机 械 工 业 出 版 社

21世纪的光学不仅成为信息科学中的信息载体和主角之一，还融合了微电子、自动化、计算机和信息管理等技术，形成了光机电一体化的综合性高新技术；而现当代光学仪器已经打破了经典光学仪器的传统概念，是"光、机、电、算"的综合体，但核心部分仍然是光学系统。

本书系统阐述了光学设计理论以及光学零部件和系统的设计方法，并给出大量设计实例。全书分3部分共9章，内容包括：光学设计概述，光学设计CAD软件应用基础，光学系统像质评价方法，光学材料和光学设计的经济性、工艺性，代数法求解光学部件初始结构，典型光学部件设计，经典光学系统设计，其他光学系统设计以及光学设计OSLO软件应用与光学设计实训。

本书注重理论与实践相结合，融科学性、实用性和可操作性于一体，可作为光学及相关专业本科，特别是应用型本科的教材，也可供研究生和有关工程技术人员参考。

（责任编辑邮箱：jinacmp@163.com）

图书在版编目（CIP）数据

工程光学设计/萧泽新主编. —北京：机械工业出版社，2023.12
教育部高等学校电子信息类专业教学指导委员会光电信息科学与工程专业教学指导分委员会规划教材　普通高等教育光电信息科学与工程专业应用型规划教材
ISBN 978-7-111-74263-0

Ⅰ.①工…　Ⅱ.①萧…　Ⅲ.①工程光学-光学设计-高等学校-教材
Ⅳ.①TB133

中国国家版本馆CIP数据核字（2023）第222138号

机械工业出版社（北京市百万庄大街22号　邮政编码100037）
策划编辑：吉　玲　　　　　责任编辑：吉　玲　赵晓峰
责任校对：高凯月　梁　静　封面设计：张　静
责任印制：单爱军
北京虎彩文化传播有限公司印刷
2024年2月第1版第1次印刷
184mm×260mm·16.25印张·396千字
标准书号：ISBN 978-7-111-74263-0
定价：59.00元

电话服务　　　　　　　　网络服务
客服电话：010-88361066　机　工　官　网：www.cmpbook.com
　　　　　010-88379833　机　工　官　博：weibo.com/cmp1952
　　　　　010-68326294　金　书　网：www.golden-book.com
封底无防伪标均为盗版　机工教育服务网：www.cmpedu.com

前　言

20 世纪光学得到了迅猛的发展。20 世纪初最重要的理论发现是相对论和量子力学，都与光相关；20 世纪 60 年代激光器的发明被认为是继原子能、半导体和计算机之后的又一重大发明，计算机延伸了人的大脑，而激光延伸了人的感官；20 世纪 70 年代光电子技术迅速发展，20 世纪 80 年代出现光纤通信，开始了通信领域的一场革命；20 世纪 90 年代大存储量光盘的发展，对光信息的存取产生了重大影响，20 世纪 90 年代光学发展值得大书特书的是：光纤通信与个人计算机的结合，形成信息技术发展的"互联网时代"，从此人类步入信息社会。

当今的现代光学，其内容远不止经典光学以望远镜、显微镜和照相机等为研究对象；现代光学仪器已扩展为光（学）、机（械）、电（子）和计算机的综合体。但不管怎样，光学系统仍然是现代光学仪器的核心部分，因为光学系统的质量高低直接影响到整体精度。由此看来，熟练掌握光学系统的设计技术与技巧，并能独立地从事光学系统的设计，对于光学专业有志于日后成长为现代光学仪器设计和制造专家的应用型人才来说是十分重要的。让我们牢记，中国光学工程事业的奠基人、开拓者和组织者王大珩院士的"诗言志"："光学老又新，前程端似锦。搞这般专业很称心！"他的诗句不仅可转化为同学们的学习动力，而且将激励着一代又一代光学工作者勇往直前！

本书主要由 3 部分组成，共 9 章。第 1 部分（第 1~4 章）为光学系统设计基础，主要论述光学设计方法概述，光学设计 CAD 软件应用基础，光学系统像质评价方法，光学材料和光学设计的经济性、工艺性；介绍了当今国际流行的 Zemax 和 OSLO 两个光学设计软件，为光学系统设计奠定知识基础。第 2 部分（第 5~8 章）为光学系统（部件）设计，是本书的重点，主要内容为：代数法求解光学部件初始结构、典型光学部件设计、经典光学系统设计和其他光学系统设计。这部分除了重点阐述典型光学部件设计和经典光学系统设计之外，也对现代光学系统的前沿和热门课题做了适当的介绍；很多内容是作者亲历的科研成果，通过对成功的设计实例做重点论述，凝练出本书的特色——融科学性、实用性和可操作性于一体。值得指出，这些设计实例不仅有相当好的示范性，同时还让读者领略到物化于案例中的设计方法。第 3 部分（第 9 章）是基于光学设计 OSLO 软件教学版应用的设计实训，为教与学提供一个"学练结合"的实训平台，对应用型人才的工程实践能力的培养和工程素质的养成大有裨益；这部分体现了本书的另一个鲜明的特色——为教学提供了一个"准"实践应用的"学练结合"模式。

本书编写团队的成员有：桂林电子科技大学萧泽新（编写第 1、5、6 章，第 7 章 7.1 节，第 9 章部分，并负责统稿）、北京理工大学李林（编写第 8 章，第 3 章部分，并辅助统稿）、天津大学谢洪波（编写第 4 章）、北京理工大学黄一帆（编写第 2 章 2.1、2.2 节）、云南北方光学电子集团有限公司（原云南光学仪器厂、298 厂）郑保康（编写第 7 章 7.2

节）、江苏大学姚洪兵（编写第 3 章部分）和广西师范大学萧华鹏（编写第 2 章 2.3 节，第 9 章部分）。本书由萧泽新任主编，黄一帆、谢洪波和李林任副主编。

感谢珠海市环保局韦洋工程师为本书提供的相关标准，感谢桂林电子科技大学梁晴晴（研究生）和梁运玲（本科生）为书稿录入和插图绘制所做的大量工作。

虽然参加编写的团队中有多年从事光学工程事业的科教工作者和资深的专业工程技术人员，但为光学应用型人才编写教材尚属尝试，加上编者水平有限，本书可能存在缺点和错误，希望读者批评指正。

编　者

目 录 Contents

第3部分 学练结合的光学设计实训

第 1 部分

光学系统设计基础

第 1 章

光学设计概述

本章主要介绍光学系统设计方法、现代光学设计一般流程和光学自动设计原理，还对光学设计的哲学思维做了初步探讨。尽管现代光学仪器是由光学、机械、电子和计算机等相关技术交叉与融合而构成的综合体，但光学仍然是光学仪器总体设计的关键。要设计好光学系统，首先要明确光在仪器中的地位和作用，即仪器对光学系统的要求，其次要了解光学系统对这些要求能满足的程度，最后还要考虑设计的经济性和工艺性。

1.1 光学系统、光学部件

一种或几种光学零件按某种要求组合而成的系统，称为光学系统。典型的光学成像系统主要有望远系统、显微系统、照相系统和投影系统，还有作为仪器一部分的照明光学系统。其中望远系统和显微系统属于目视光学系统，其基本结构是由"物镜+目镜"两个最基本的光学部件构成的。

光学部件是指光学系统中由几个光学零件胶合或按某种要求组合而成的，并在该系统的功能上有一定独立作用的组成部分。望远物镜、显微物镜、目镜、照相物镜和投影物镜都是典型的光学部件。

各类镜头的设计特点主要是由它们的光学特性决定的，为此下面各相关的章节都首先介绍该类镜头的光学特性，然后就其中有代表性的某种镜头展开讨论。

1.2 现代光学仪器对光学系统设计的要求

仪器（或设备）研发的前提是社会需求。在对社会需求进行分析研究后，设计者把用户提出的要求转化成仪器的质量指标和设计参数，通过相关技术资料、专利文献的查询和必要的实验验证，然后进入整机的总体设计。任何光学系统都不可能是单独存在的，它必然是仪器或设备整机中的一个系统或子系统。尽管现代光学仪器是光学、精密机械、电子学、计算机和计算技术的综合体，但作为子系统之一的光学系统仍然是光学仪器总体设计的关键。

要设计好光学系统，首先要明确它在仪器中的地位与作用，即仪器对光学系统的要求；

其次是了解光学系统对这些要求能满足的程度；最后是考虑设计的经济性，即能以最低的成本生产出好产品。

1.2.1 仪器对光学系统性能与质量的要求

光学仪器的用途和使用条件必然会对它的光学系统提出一定的性能与质量要求。因此，在进行光学设计之前一定要了解对光学系统的要求。

1. 光学系统的基本特性

光学系统的基本特性有：数值孔径 NA 或相对孔径 $A = D/f'$，线视场 $2y'$ 或视场角 2ω，系统的垂轴放大率 β 和焦距 f'；还有与这些基本特性有关的一些特性参数，如入瞳直径 D、出瞳直径 D'、工作距离 s、共轭点距离（共轭距）L 和座装距离等。

2. 系统的外形尺寸

系统的外形尺寸，即系统的横向尺寸和纵向尺寸。在整体设计时必须把这些外形尺寸要求作为约束条件，进行外形尺寸计算，还必须充分考虑各光组、光瞳之间的衔接。

3. 成像质量

成像质量的要求与光学系统的用途有关。不同的光学系统按其用途可提出不同的成像质量要求。对这些要求，可按用户意见、相应的有关标准以及与同类系统类比进行界定。

4. 仪器的使用条件与环境

根据用户意见和相应的标准，对仪器的使用条件提出一定的要求，如要求光学系统具有一定的稳定性、抗振性、耐热性和耐寒性等；有时还要求仪器在特定的环境下能正常工作。

1.2.2 光学系统对使用要求的满足程度

在对光学系统提出使用要求时，一定要考虑在技术上和物理上实现的可能性，即光学仪器对使用要求的满足程度。下面以显微物镜、望远物镜、照相物镜和投影物镜四大类物镜的光学特性为例来阐述这一问题。

1）显微物镜的光学特性。显微物镜的特点是短焦距、大孔径和小视场，其光学性能有：放大率 β 和数值孔径 NA。β 与 f' 有如下关系：当共轭距 L 一定时，$f' = [-\beta/(1-\beta)^2]L$；对无限远像距系统来说，$f' = -250/\beta$。由此可见，$\beta$ 绝对值越大，f' 越短。$NA = n\sin U$（n 为物镜物方折射率，U 为物方孔径角之半）。对于非浸液物镜来说，NA 与 D/f' 近似符合以下关系：$D/f' = 2NA$。显微物镜的视场由目镜视场决定，对无限远像距显微镜来说（辅助物镜 $f' = 250$mm，物方视场角 = 物镜像方视场角，一般显微镜的线视场 $2y' \leqslant 20$mm）$\tan\omega = y'/f' = 0.04$，$\omega = 2.3°$。所以物镜视场角 $2\omega'$ 不大于 $5°$，有限像距显微镜也大致相当。此外，生物显微镜的视觉放大率 γ 一定要按有效放大率的条件来选取，即满足 $500NA \leqslant \gamma \leqslant 1000NA$ 条件。过大的放大率是没有意义的。只有提高数值孔径 NA 才能提高有效放大率。

2）望远物镜的光学特性：$\beta < 1/5$，$2\omega < 10°$。它是一个小孔径、小视场系统。望远镜的有效放大率应该是 $\gamma = D/2.3$，其放大率应该按下式选取：$0.2D \leqslant \gamma \leqslant 0.75D$。

3）放映物镜和投影物镜在成像关系方面极其相似，放映物镜类似于倒置的照相物镜，两者光学特性用 2ω，D/f'，β 和 f' 表示。β 与 f' 的关系为 $f' = [-\beta/(1-\beta)^2]L$（$L$ 是物或图片到屏幕间的共轭距）。

4）照相物镜的光学特性：照相物镜是同时具有大相对孔径和大视场的光学系统，其功能是把外界景物成像在感光底片上。它的主要光学特性有：焦距 f'，相对孔径 D/f' 和视场角 2ω。

在设计照相物镜时，为了使相对孔径、视场角和焦距三者之间的选择更合理，应该参照下列关系式来选择这三个参数

$$C_m = (D/f')\tan\omega\sqrt{f'/100} \tag{1-1}$$

式中，$C_m = 0.22\sim0.26$，称为物镜的质量因数。实际计算时，取 $C_m = 0.24$。当 $C_m < 0.24$ 时，光学系统的像差校正就不会发生困难。当 $C_m > 0.24$ 时，系统的像差很难校正，成像质量很差。随着高折射率玻璃的出现、光学设计方法的完善、光学零件制造水平的提高以及装调工艺的完善，C_m 的值在逐渐提高。

式（1-1）是苏联光学专家 Д. С. Водосов 提出的经验公式，反映了三个基本参数之间相互关联、相互制约的关系。

1.2.3　光学系统设计的经济性

评价一个光学系统设计优劣的主要依据是：①性能和成像质量；②系统的复杂程度。即一个好的设计应在功能（光学性能、成像质量）满足用户需求的情况下，结构最简单（成本低）。为此，在光学系统设计中应用价值工程的原理，对提高光学仪器产品质量和降低产品成本有重要的意义。要实现这一目标，依据公式 V（价值）$= F$（功能）$/C$（成本），遵循如下 5 个途径即可奏效：①增加功能，降低成本；②功能略有下降，成本大幅度降低；③功能不变，成本下降；④成本不变，功能增加；⑤成本略增，功能大幅度增加。

编者的多年实践表明，在新产品研发和老产品改进中应用价值对提高产品质量、降低成本和增加效益的影响十分显著。总之，在光学设计过程中对光学系统提出的要求要合理，保证在技术上和物理上能够实现，并且具有良好的工艺性和经济性。

1.3　光学系统（部件）设计方法概述

光学设计是 20 世纪发展起来的一门学科，经历了人工设计和光学自动设计两个阶段，即实现了由手工计算像差、人工修改结构参数进行设计，到使用计算机和光学自动设计程序进行设计的巨大飞跃。当今，计算机辅助设计（CAD）已在工程光学领域中普遍使用，从而使设计者能快速、高效地设计出优质、经济的光学系统。然而，不管设计手段如何变革，光学设计过程的客观规律仍然是必须遵循的。

1.3.1　光学系统设计的一般过程和步骤

1）根据使用要求制定合理的技术参数。从光学系统对使用要求满足程度出发，制定光学系统合理的技术参数，这是设计成功与否的前提条件。

2）光学系统总体设计和布局。

3）光学部件（光组、镜头）的设计，一般分为选型、确定初始结构参数、像差校正三个阶段。

4）长光路的拼接与统算。以总体设计为依据、以像差评价为准绳，进行长光路的拼接

与统算。若结果不合理，则应反复试算以及调整各光组的位置与结构，直到达到预期的目标为止。

1.3.2 光学系统总体设计

光学系统总体设计的重点是确定光学原理方案和外形尺寸计算。为了设计出光学系统原理图，确定基本光学特性，使其满足给定的技术要求，首先要确定放大率或焦距、线视场或角视场、数值孔径或相对孔径、共轭距、后工作距、光阑位置和外形尺寸等。因此，常把这个阶段称为外形尺寸计算。一般都按理想光学系统的理论和计算公式进行外形尺寸计算。在计算时还要结合机械结构和电气系统，以防止在机械结构上无法实现。每项性能的确定一定要合理，过高要求会使设计结果复杂，造成浪费，过低要求会使设计不符合要求，因此这一步骤必须慎重行事。

1.3.3 光学系统的具体设计

1. 选型

现有的常用镜头可分为目镜和物镜两大类。目镜主要用于望远系统和显微系统，物镜主要分为望远物镜、显微物镜、摄影物镜三大类。镜头选型时，首先应按图 1-1 所示镜头选择依据的三要素：孔径、视场、焦距，"对号入座"选择镜头类型，特别要注意各类镜头各自能承担的最大相对孔径、视场角。在大类型选定后，可参阅后续相关内容选择能达到预定要求而又结构简单者。由图 1-1 及 1.2.2 节可看出一些大致规律：①同样结构形式者，D/f'、ω

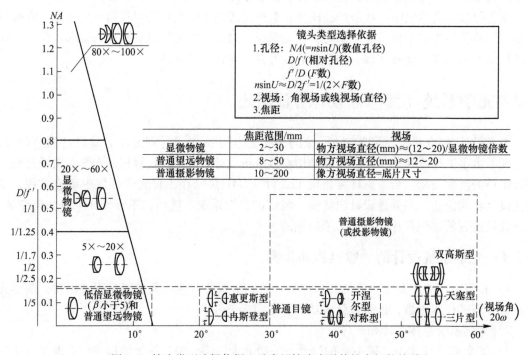

图 1-1　镜头类型选择依据以及常用镜头光学特性之间的关系

注：光阑指数（F 数）$F=f'/D$，表示镜头光阑的大小。

越小，像质越好；②对于显微物镜，放大倍率 β 绝对值越大，NA 越大，则 D/f' 也越大；③f' 相同时，ω 越大，则 D/f' 越小。选型是光学系统设计的出发点，是否合理、适宜是设计成败的关键。在用逐步修改法选择初始结构时，应对国内外相似技术条件（焦距、视场、相对孔径和工作距离等）的光组结构进行分析，吸取其优点，克服其缺点，提出合理的结构形式。

2. 初始结构的计算和选择

初始结构的确定常用以下两种方法：

（1）代数法

代数法即根据初级像差理论求解初始结构。这种求解初始结构的方法就是根据外形尺寸计算得到的基本特性，利用初级像差理论来求解满足成像质量要求的初始结构，即确定系统各光学零件的曲率半径、透镜厚度和间隔、玻璃折射率和色散等。

利用初级像差理论求解的初始结构，不仅对小孔径小视场的光学系统非常有效，就是对于比较复杂的光学系统也比任意选择的结构更容易接近所求的解，使设计容易获得成功。这是因为在求解过程中，要对各种像差进行全面分析，对各种像差之间的关系有了全面了解，所以在像差校正时能够做到总体平衡，不至于陷入像差的局部性校正。

（2）逐步修改法（试验法）

光学设计从数学角度看，就是建立和求解像差方程组，它的解就是所要求的结构参数。光学设计最常用的方法之一是逐步修改法，即从已有技术资料和专利文献中选出光学特性与所要求相接近的光学结构作为初始结构，通过像差计算逐步修改，达到满足光学特性要求的成像质量。用计算机做像差自动校正与平衡，实际上是从初始结构出发，建立近似代替像差方程组的像差线性方程组：$A\Delta x = \Delta F$（A、Δx、ΔF 分别为系统的结构参数差商矩阵、每个结构参数相应的改变量矩阵、像差值矩阵）。求出初始解 Δx 后，按 Δx_p（$\Delta x_p = \Delta X_p$，p 为小于 1 的常数，且足够小）对系统进行修改，总可获得一个比原系统有所改善的新系统，并不断反复迭代，直到各种像差符合要求为止。这样做只能在初始结构附近找出一个较好的解，无法求得光学系统的总极值，得到的只是局部极值。

对于大视场和大孔径及结构复杂的光学系统，如广角物镜、大孔径照相物镜等，试验法是一种比较实用又容易获得成功的方法，因此被广大光学设计者广泛采用。但要求设计者对光学设计理论有深刻理解，并有丰富的设计经验，只有这样才能从类型繁多的结构中挑选出简单而又合乎要求的初始结构。综上所述，可见初始结构的选择是十分重要的。

（3）像差校正、平衡与像质评价

初始结构选好后，要在计算机上进行光路计算，或用像差自动校正程序进行像差自动校正，然后根据计算结果画出像差曲线，分析像差找出原因，再反复进行像差校正和平衡直到满足成像质量要求为止。

1.4 现代光学设计一般流程和光学自动设计原理

1.4.1 现代光学设计的一般流程

现代光学设计是建立在使用计算机借助光学设计 CAD 软件进行光学自动设计基础上的

设计工作。

用光学设计 CAD 软件进行光学系统设计一般要经过初始条件设定、面数据输入、光路计算、像质评价和优化等几个阶段，如图 1-2 所示。

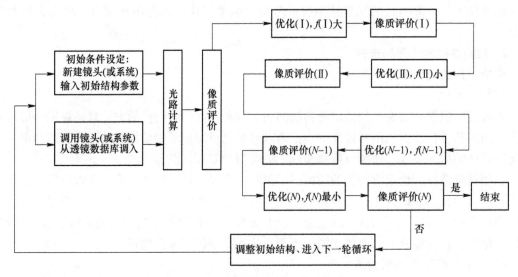

图 1-2　光学系统设计工作流程图

1.4.2 节将要提到光学自动设计的前提是假定可以定义一个评价函数 $\phi(\Delta x)$，它唯一地表征了一个光学系统的成像质量。该评价函数的值越小，光学系统成像质量就越好；评价函数的值越大，光学系统成像质量就越差。

1.4.2　光学自动设计原理

在光学自动设计中，把对系统的全部要求，根据它们和结构参数的关系不同重新划分成两大类。第一类是不随系统结构参数改变的常数，如物距 L、孔径高 h（或孔径角正弦值 $\sin U$、视场角 ω（或物高 y）、入瞳（或孔径光阑的位置），以及轴外光束的渐晕系数 K^+、K^- 等。在计算和校正光学系统像差的过程中这些参数永远保持不变，它们是和自变量（结构参数）无关的常量。

第二类是随结构参数改变的参数。它们包括代表系统成像质量的各种几何像差或波像差，同时也包括某些近轴光学特性参数，如焦距 f'、放大率 β、像距 l'、出瞳距 l'_z 等。为了简单起见，把第二类参数统称为像差，用符号 F_1，$\cdots$，F_m 代表。系统的结构参数用符号 x_1，$\cdots$，x_n 代表。两者之间的函数关系为

$$\begin{cases} f_1(x_1,\cdots,x_n) = F_1 \\ \quad\quad\vdots \\ f_m(x_1,\cdots,x_n) = F_m \end{cases} \tag{1-2}$$

式中，f_1，$\cdots$，f_m 分别代表像差 F_1，$\cdots$，F_m 与自变量 x_1，$\cdots$，x_n 之间的函数关系。式（1-2）是一个非常复杂的非线性方程组，称为像差方程组。

光学设计问题从数学角度来看，就是建立和求解这个像差方程组。也就是根据系统要求的像差值 F_1，$\cdots$，F_m，从上述方程组中找出解 x_1，$\cdots$，x_n，它就是要求的结构参数。但是

实际问题十分复杂，首先是找不出函数的具体形式 f_1，$\cdots$，f_m，当然更谈不上如何求解这个方程组了。只能在给出系统结构参数和前面的第一类光学特性常数的条件下，用数值计算的方法求出对应的函数值 F_1，$\cdots$，F_m，在 1.3 节中提到首先选定一个初始系统作为设计的出发点，该系统的全部结构参数均已确定，按要求的光学特性，计算出系统的各个像差值。如果像差不满足要求，则依靠设计者的经验和像差理论知识，对系统的部分结构参数进行修改，然后重新计算像差，这样不断反复，直到像差值 F_1，$\cdots$，F_m 符合要求为止。因此设计一个比较复杂的光学系统往往需要很长的时间。

计算机出现以后，立即被引入光学设计领域，用它来进行像差计算，大大提高了计算像差的速度。但是结构参数如何修改，仍然要依靠设计人员来确定。随着计算机计算速度的提高，计算像差所需的时间越来越少。分析计算结果和决定下一步如何修改结构参数成了光学设计者面临的主要问题。因此人们自然会想到能否让计算机既计算像差，又能代替人自动修改结构参数？这就是光学自动设计的出发点。

要利用计算机来自动修改结构参数，找出符合要求的解，关键的问题还是要给出像差和结构参数之间的函数关系。但是在找不出像差和结构参数之间具体函数形式的情况下，工程数学中最常用的一种方法就是把函数表示成自变量的幂级数，根据需要和可能，选到一定的幂次，然后通过实验或数值计算的方法，求出若干抽样点的函数值，列出足够数量的方程式，求解出幂级数的系数，这样，函数的幂级数形式即可确定。最简单的情形是只选取幂级数的一次项，即把像差和结构参数之间的函数关系，近似用下列线性方程式来代替：

$$F = F_0 + \frac{\partial f}{\partial x_1}(x_1 - x_{01}) + \cdots + \frac{\partial f}{\partial x_n}(x_n - x_{0n}) \tag{1-3}$$

式中，F_0 为原始系统的像差值；x_{01}，$\cdots$，x_{0n} 为原始系统的结构参数；F 为像差的目标值；$\frac{\partial f}{\partial x_1}$，$\cdots$，$\frac{\partial f}{\partial x_n}$ 为像差对各个自变量的一阶偏导数。

但是问题还没有解决，因为式（1-3）中的偏导数 $\left(\frac{\partial f}{\partial x_1}，\cdots，\frac{\partial f}{\partial x_n}\right)$ 仍然是未知数，必须首先确定这些参数。求这些偏导数的方法是通过像差计算求出函数值对各个结构参数的差商 $\left(\frac{\partial f}{\partial x_1}，\cdots，\frac{\partial f}{\partial x_n}\right)$，来近似地代替这些偏导数。具体的步骤是把原始系统的某个结构参数改变一个微小增量 δx，使 $x = x_0 + \delta x$，重新计算像差值得到相应的像差增量 $\delta f = F - F_0$。用像差对该自变量的差商 $\frac{\delta f}{\delta x}$ 代替微商 $\frac{\partial f}{\partial x}$，对每个自变量重复上述计算，就可以得到各种像差对各个自变量的全部偏导数。利用这些近似的偏导数值就能列出一个像差和自变量之间的近似的线性方程组：

$$\begin{cases} F_1 = F_{01} + \dfrac{\partial f_1}{\partial x_1}\Delta x_1 + \cdots + \dfrac{\partial f_m}{\partial x_n}\Delta x_n \\ \qquad\qquad\vdots \\ F_m = F_{0m} + \dfrac{\partial f_m}{\partial x_1}\Delta x_m + \cdots + \dfrac{\partial f_m}{\partial x_n}\Delta x_n \end{cases} \tag{1-4}$$

式（1-4）称为像差线性方程组，用它来近似代替像差方程组。这就是光学自动设计的基本出发点。

为了简单，用矩阵形式来表示上述方程组，设

$$\Delta \boldsymbol{x} = \begin{pmatrix} \Delta x_1 \\ \vdots \\ \Delta x_n \end{pmatrix} = \begin{pmatrix} x_1 - x_{01} \\ \vdots \\ x_n - x_{0n} \end{pmatrix} \qquad \Delta \boldsymbol{F} = \begin{vmatrix} \Delta F_1 \\ \vdots \\ \Delta F_m \end{vmatrix} = \begin{vmatrix} F_1 - F_{01} \\ \vdots \\ F_m - F_{0m} \end{vmatrix}$$

$$\boldsymbol{A} = \begin{pmatrix} \dfrac{\delta f_1}{\delta x_1} \cdots \dfrac{\delta f_1}{\delta x_n} \\ \vdots \\ \dfrac{\delta f_m}{\delta x_1} \cdots \dfrac{\delta f_m}{\delta x_n} \end{pmatrix}$$

这样像差线性方程组的矩阵形式为

$$\boldsymbol{A} \Delta \boldsymbol{x} = \Delta \boldsymbol{F} \tag{1-5}$$

求解上述线性方程组，得到一组解 $\Delta \boldsymbol{x}$，然后用一个小于 1 的常数 p 乘 $\Delta \boldsymbol{x}$ 得到

$$\Delta \boldsymbol{x}_p = \Delta \boldsymbol{x} p$$

按 $\Delta \boldsymbol{x}_p$ 对原系统进行修改，当 p 足够小时，总可以获得一个比原系统有所改善的新系统。因为当 p 足够小时，像差线性方程组能近似反映系统的像差性质。把新得到的系统作为新的原始系统，重新建立像差线性方程组进行求解。这样不断重复，直到各种像差符合要求为止。这就是目前绝大多数光学自动设计程序所采用的主要数学过程。

上述像差自动校正过程中最基本的原理，第一是线性近似，即用像差线性方程组代替实际的非线性像差方程组，用差商代替微商；第二是逐次渐近。线性近似只能在原始系统周围较小的自变量空间中才有意义，因此只能用逐次渐近的办法，使系统逐步改善。上述方法的另一个重要特点是必须首先给出一个初始系统，才可能在自变量空间的原始出发点处，用数值计算的方法建立近似的像差线性方程组，再按前面所述过程求解，使系统逐步得到改善。

线性方程组的求解似乎是一个简单的数学问题，但是实际并不简单，首先这个方程组中方程式的个数（像差数） m 和自变量的个数（可变的结构参数的个数） n 并不一定相等，有可能 $m>n$，也可能 $m \leqslant n$。求解这样的方程组，成了优化数学的问题。下面分别就这两种不同的情形，讨论方程组的求解问题。

1. 像差数大于自变量数的情形：$m>n$

这时方程组是一个超定方程组，它不存在满足所有方程式的准确解，只能求它的近似解——最小二乘解。下面先介绍最小二乘解的定义。

首先定义一个函数组 $\boldsymbol{\varphi}(\varphi_1, \cdots, \varphi_m)$，它们的意义如下：

$$\begin{cases} \varphi_1 = \dfrac{\delta f_1}{\delta x_1} \Delta x_1 + \cdots + \dfrac{\delta f_1}{\delta x_n} \Delta x_n - \Delta F_1 \\ \qquad\qquad\qquad \vdots \\ \varphi_m = \dfrac{\delta f_m}{\delta x_1} \Delta x_1 + \cdots + \dfrac{\delta f_m}{\delta x_n} \Delta x_n - \Delta F_m \end{cases}$$

式中，$\varphi_1, \cdots, \varphi_m$ 称为"像差残量"，写成矩阵形式为

$$\boldsymbol{\varphi} = \boldsymbol{A} \Delta \boldsymbol{x} - \Delta \boldsymbol{F}$$

取各像差残量的二次方和构成另一个函数 $\Phi(\Delta x)$：

$$\Phi(\Delta x) = \boldsymbol{\varphi}^{\mathrm{T}} \boldsymbol{\varphi} = \sum_{i=1}^{m} \varphi_i^2$$

$\Phi(\Delta x)$ 在光学自动设计中称为"评价函数"，能够使 $\Phi(\Delta x) = 0$ 的解（即 $\varphi_1 = \cdots = \varphi_m = 0$），就是像差线性方程组的准确解。当 $m > n$ 时，它实际上是不存在的。改为求 $\Phi(\Delta x)$ 的极小值解，作为方程组的近似解，称为像差线性方程组的最小二乘解，因为评价函数 $\Phi(\Delta x)$ 越小，像差残量越小，越接近要求。将 $\boldsymbol{\varphi}$ 代入评价函数得

$$\min\Phi(\Delta x) = \min \sum_{i=1}^{m} \varphi_i^2 = \min\left[(A\Delta x - \Delta F)^{\mathrm{T}} (A\Delta x - \Delta F) \right]$$

根据多元函数的极值理论，$\Phi(\Delta x)$ 取得极小值解的必要条件是一阶偏导数等于零，即

$$\nabla\Phi(\Delta x) = 0 \tag{1-6}$$

这是一个新的线性方程组，它的方程式的个数和自变量的个数都等于 n。这个方程组称为最小二乘法的法方程组。下面运用矩阵运算和求导规则求法方程组［式（1-6）］解的公式。

$$\begin{aligned}
\Phi(\Delta x) &= (A\Delta x - \Delta F)^{\mathrm{T}} (A\Delta x - \Delta F) \\
&= \left[(A\Delta x)^{\mathrm{T}} - \Delta F^{\mathrm{T}} \right] (A\Delta x - \Delta F) \\
&= (\Delta x^{\mathrm{T}} A^{\mathrm{T}} - \Delta F^{\mathrm{T}})(A\Delta x - \Delta F) \\
&= \Delta x^{\mathrm{T}} A^{\mathrm{T}} A \Delta x - \Delta F^{\mathrm{T}} A \Delta x - \Delta x^{\mathrm{T}} A^{\mathrm{T}} \Delta F + \Delta F^{\mathrm{T}} \Delta F
\end{aligned}$$

运用矩阵求导规则求 $\Phi(\Delta x)$ 的一阶偏导数

$$\nabla\Phi(\Delta x) = 2A^{\mathrm{T}} A \Delta x - A^{\mathrm{T}} \Delta F - A^{\mathrm{T}} \Delta F = 2(A^{\mathrm{T}} A \Delta x - A^{\mathrm{T}} \Delta F) = 0$$

$$A^{\mathrm{T}} A \Delta x - A^{\mathrm{T}} \Delta F = 0 \tag{1-7}$$

式（1-7）即为有 n 个方程式 n 个自变量的最小二乘法的法方程组。只要方阵 $A^{\mathrm{T}} A$ 为非奇异矩阵，即它的行列式值不等于零，则逆矩阵 $(A^{\mathrm{T}} A)^{-1}$ 存在，式（1-7）有解，解的公式为

$$\Delta x = (A^{\mathrm{T}} A)^{-1} A^{\mathrm{T}} \Delta F \tag{1-8}$$

它就是评价函数中 Δx 的极小值解，也就是像差线性方程组［式（1-4）］的最小二乘解。这种求超定方程组最小二乘解的方法称为最小二乘法。

要使 $A^{\mathrm{T}} A$ 非奇异，则要求式（1-7）的系数矩阵 A 不产生列相关，即像差线性方程组中不存在自变量相关。

在光学设计中，由于像差和结构参数之间的关系是非线性的。同时在比较复杂的光学系统中作为自变量的结构参数很多，很可能在若干自变量之间出现近似相关的现象。这就使矩阵 $A^{\mathrm{T}} A$ 的行列值接近于零，$A^{\mathrm{T}} A$ 接近奇异，按最小二乘法求出的解很大，大大超出了近似线性的区域，用它对系统进行修改，往往不能保证评价函数中 $\Phi(\Delta x)$ 的下降，因此必须对解向量的模进行限制。改为求下列函数的极小值解：

$$L = \Phi(\Delta x) + p \sum_{i}^{n} \Delta x_i^2$$

这样做的目的是，既要求评价函数 $\Phi(\Delta x)$ 下降，又希望解向量的模 $\sum_{i}^{n} \Delta x_i^2 = \Delta x^{\mathrm{T}} \Delta x$ 不要太大。经过这样改进的最小二乘法，称为阻尼最小二乘法，常数 p 称为阻尼因子。上述函

数 L 的极小值解的必要条件为

$$\nabla L = 2A^{\mathrm{T}}A\Delta x - 2A^{\mathrm{T}}\Delta F - 2p\Delta x$$

或者

$$(A^{\mathrm{T}}A + pI)\Delta x = A^{\mathrm{T}}\Delta F \tag{1-9}$$

式（1-9）为阻尼最小二乘法的法方程组，其中 I 为单位矩阵，p 为阻尼因子，解的公式为

$$\Delta x = (A^{\mathrm{T}}A + pI)^{-1}A^{\mathrm{T}}\Delta F \tag{1-10}$$

以上公式中的逆矩阵 $(A^{\mathrm{T}}A + pI)^{-1}$ 永远存在。在像差线性方程组确定之后，即 A 和 ΔF 确定后，给定一个 p 值就可以求出一个解向量 Δx，p 值越大，Δx 的值越小，像差和结构参数之间越接近线性，越有可能使 $\Phi(\Delta x)$ 下降，但是 Δx 太小，系统改变不大，$\Phi(\Delta x)$ 下降的幅度越小。因此，必须选一个 p 值，使 $\Phi(\Delta x)$ 下降幅度最大。具体做法是，给出一组 p 值，分别求出相应的解向量 Δx，用它们分别对系统结构参数进行修改以后，用光路计算的方法求出它们的实际像差残量。比较这些 Φ 的大小，选择一个使 Φ 达到最小的 p 值，获得一个新的比初始系统评价函数有所下降的新系统。然后把这个新系统作为新的初始系统，重新建立像差线性方程组，这样不断重复直到评价函数 $\Phi(\Delta x)$ 不再下降为止，采用上述求解方法的光学自动设计称为"阻尼最小二乘法"。

2. 像差数小于自变量数的情形：$m<n$

当像差线性方程组中，方程式的个数 m 小于自变量个数 n 时，方程组是一个不定方程组有无穷多组解。这就需要从众多可能的解中选择一组做好的解。选用解向量的模最小的一组解，因为解向量的模越小，像差和自变量之间越符合线性关系。这就相当于在满足像差线性方程组的条件下，求 $\Phi(\Delta x) = \sum\limits_{i}^{n} \Delta x_i^2 = \Delta x^{\mathrm{T}} - \Delta x$ 的极小值解。从数学角度来说，这是一个约束极值的问题。把像差线性方程组作为一个约束方程组，求函数 $\Phi(\Delta x) = \Delta x^{\mathrm{T}}\Delta x$ 的极小值：

$$\min \Phi(\Delta x) = \min(\Delta x^{\mathrm{T}}\Delta x)$$

同时满足约束方程组

$$A\Delta x = \Delta F$$

上述问题可以利用数学中求约束极值的拉格朗日乘法求解。具体方法是构造一个拉格朗日函数 L：

$$L = \Phi(\Delta x) + \boldsymbol{\lambda}^{\mathrm{T}}(A\Delta x - \Delta F)$$

拉格朗日函数 L 的无约束极值，就是 Φ 的约束极值。函数 L 中共包含有 Δx 和 $\boldsymbol{\lambda}$ 两组自变量，其中 Δx 为 n 个分量，而 $\boldsymbol{\lambda}$ 为 m 个分量，共有 $m+n$ 个自变量。根据多元函数的无约束极值条件为 $L=0$，即

$$\begin{cases} \dfrac{\partial L}{\partial x} = 2\Delta x + A^{\mathrm{T}}\boldsymbol{\lambda} = 0 \\[2mm] \dfrac{\partial L}{\partial x} = A\Delta x - \Delta F = 0 \end{cases} \tag{1-11}$$

式（1-11）第 1 式中实际上包含了 n 个线性方程式，而式（1-11）第 2 式中包含 m 个像差线性方程式，因此式（1-11）实际上是一个有（$m+n$）个方程式和（$m+n$）个自变量的

线性方程组，可以进行求解。由式（1-11）第 1 式求解 Δx 得

$$\Delta x = -\frac{1}{2}A^{\mathrm{T}}\lambda \tag{1-12}$$

将 Δx 代入式（1-11）第 2 式得

$$-\frac{1}{2}AA^{\mathrm{T}}\lambda - \Delta F = 0$$

由上式求解 λ 得

$$\lambda = -2A^{\mathrm{T}}(AA^{\mathrm{T}})^{-1}\Delta F$$

将 λ 代入式（1-12），得到

$$\Delta x = A^{\mathrm{T}} - (AA^{\mathrm{T}})^{-1}\Delta F \tag{1-13}$$

式（1-13）就是要求的约束极值的解。解存在的条件是逆矩阵 $(AA^{\mathrm{T}})^{-1}$ 存在，即 AA^{T} 为非奇异矩阵，这就要求像差线性方程组的系数矩阵 A 不发生行相关，即不发生像差相关。用上面这种方法求解像差线性方程组的光学自动设计方法称为"适应法"。

当像差数 m 等于自变量数 n 时，像差线性方程组有唯一解，系数矩阵 A 为方阵，以下关系成立：

$$(AA^{\mathrm{T}})^{-1} = (A^{\mathrm{T}})^{-1}A^{-1}$$

代入式（1-13）得

$$\Delta x = A^{\mathrm{T}}(A^{\mathrm{T}})^{-1}A^{-1}\Delta F = A^{-1}\Delta F \tag{1-14}$$

显然式（1-14）就是像差线性方程组的唯一解。因此式（1-13）既适用于 $m<n$ 的情形，也适用于用 $m=n$ 的情形。由以上求解过程可以看到，使用适应法光学自动设计程序必须满足的条件是：像差数小于或等于自变量数；像差不能相关。

1.5　现代光学设计方法的哲学思辨

由上述可知，光学设计方法概括地说是：以像差为导向，通过寻找初始结构为出发点，借助光学设计 CAD 软件多次反复迭代优化，得到满意的结果。

1. 用逐步修改法寻求初始结构的哲学思辨

求初始结构有代数法和逐步修改法，而后者对于大视场、大孔径和结构复杂的光学系统设计来说特别有用。通过逐步修改法求初始结构，指从已有的技术资料和专利文献中选出其光学特征，与所要求相接近的光学结构的过程。从哲学和科学思维的角度看，这种寻求初始结构的方法属于形象思维的"相似论"的范畴，形象思维是张光鉴高工归纳了大量的人的创造过程，率先提出"相似论"的观点，大大提升了形象思维在科学技术工程技术中的价值。参考文献［4］指出，"相似"的定义就是发现事物同与变异矛盾的统一；求初始结构的实质是求"同"。因为研究事物的异中之同，就能使千头万绪的现象变得简明、清晰，同时只有求"同"才能有所继承。编者借鉴"相似"理论，认为光学设计寻求初始结构的求"同"，深究下去有两种途径：①纵向相似，即在各自典型结构中寻找初始结构；②横向相似。据各种镜头成像功能的相似性，在一定条件下结构可替代，也可跨不同类型光学系统进行移植应用（参考文献［5］）。

2. 多次优化迭代的哲学思辨

如1.4节所述用计算机借助光学设计CAD软件做像差自动校正与平衡，实际上是从初始结构 Δx 出发，建立近似替代的像差线性方程组。按 Δx_p 对系统进行修改（ $\Delta x_p = \Delta x_p$ ， p 为小于1的常数，且足够小）总可获得一个比原系统有所改善的新系统，经反复迭代，直到拟设计光学系统像差达到该系统的像差容限（允差）之内为止。这种以像差为导向的多次优化迭代方法，可以提炼为"从目的到手段的层层展开"的逻辑关系。其实，从图1-2中也相当直观地展示出这一关系。

3. 对光学设计全过程的哲学思辨

综观个案的光学设计全过程的成功，除了符合光学基本规律之外，也是相似科学思维的成功：寻求初始结构，从研究事物的"异中之同"开始，设计者掌握的光学设计基本理论和过去设计时的经验积累，理智地在其内心世界进行分析、综合，输入相关的参数（即"人工干预"），借助光学设计CAD软件，研究拟设计的光学系统"同中之异"，才能看到事物间关系的多样性与灵活性；因为只有变异，新的优良像质的光学系统才能呼之欲出！

综上所述，现代光学设计方法的哲学思辨就是："相似"（初始结构的引领）+"目的与手段层层展开"（以像差为导向的多次迭代）=设计成功。

第 2 章

光学设计 CAD 软件应用基础

20 世纪 50 年代，计算机首次成功用于光线追迹计算。自此以后，光学自动设计理论不断发展，半个多世纪以来，涌现了许多功能完善的光学设计软件。目前主流的国外软件有美国的 CODE-V 软件、OSLO 软件和 Zemax 软件，英国的 SIGMA 软件；国内较有影响的光学设计软件有北京理工大学研制的 SOD88，以及中科院长春光机所开发的 CIOES 等。

近年来，Zemax 软件由于其优越的性价比在光学设计软件市场所占份额越来越大，已经成为全球最广泛采用的软件之一。在我国，使用 Zemax 软件进行光学设计的技术人员也与日俱增。本章首先对 Zemax 软件的基本应用进行介绍，考虑到 OSLO 软件有网上共享教学版，所以也作为应用入门介绍 OSLO 软件；并将在 2.3 节详细地阐述 OSLO 软件的基本操作，以作为光学设计实训的铺垫。

2.1 光学设计科技进步与常用光学设计 CAD 软件

2.1.1 光学设计 CAD 软件的发展历史

光学系统像差的自动校正，也称计算机辅助光学设计，其历史可以追溯到半个世纪之前。20 世纪 50 年代，美国国家标准局首先使用计算机模拟光线追迹，经过几年的研究开发，积累了一些使用计算机进行自动光学设计的经验，这为后来转入自动光学设计软件开发阶段奠定了基础。半个多世纪以来，很多科技工作者在光学计算机辅助设计这一领域里不断探索创新，辛勤耕耘，取得了许多优秀成果，惠及工程光学乃至整个光学学科，并逐步形成了光学计算机辅助设计即光学 CAD 这一光学分支。

在光学 CAD 领域中，国际知名的学者有：美国哈佛大学的贝克，英国曼彻斯特大学的布莱克、霍普金斯，美国柯达公司的梅隆以及格雷、齐哈德、格拉采尔等。国内的长春光学精密机械与物理研究所、上海光学精密机械研究所、西安光学精密机械研究所、上海光学仪器研究所、北京大学、清华大学和南京大学等单位，从 20 世纪 60 年代初开始先后将计算机应用于光学设计，70 年代初，北京理工大学等单位也加入此行列。到了 20 世纪 80 年代，北京理工大学袁旭沧教授等在原先的微机用光学设计软件包的基础上，研发了"SOD88 微机用光学设计软件包"，这是国内研发的应用广泛的具有自主知识产权的光学设计 CAD 软件。

2004 年，北京理工大学李林、安连生教授所著的《计算机辅助光学设计的理论与应用》一书是国内第一本关于光学 CAD 设计软件的数学模型及编程特点的专著，填补了我国在此领域的空白。

2.1.2 几种代表性光学设计 CAD 软件简介

对于光学设计 CAD 软件的研究，半个多世纪以来一直在持续发展着，高质量的光学设计软件产品已被世界各地的光学工程师和科研人员广泛使用。在这里选择几个有影响的光学设计软件逐一简介。

1. OSLO（美国）

OSLO 软件由美国 Lambda Research 公司出品。OSLO 程序由透镜数据输入、优化、像差分析、光学传递函数（Modulation Transfer Function，MTF）分析、点列图分析、公差计算等多个功能强大的子程序构成。本章后续部分将对 OSLO 软件做详细的介绍。

2. SIGMA（英国）

SIGMA 软件由英国 Kidger Optics 公司出品。SIGMA 是 20 世纪 90 年代具有世界先进水平、成熟可靠、在欧洲应用很广的光学自动设计软件。它除了能进行常规光学设计外，还具有自动优化数据、计算光学传递函数、计算倾斜和非共轴系统、光栅和光全息计算等功能。

3. Zemax（美国）

Zemax 是由 Focus Software 公司出品的光学设计软件。Zemax 软件可模拟并建立反射、折射、衍射、分光和镀膜等光学系统模型，可以进行几何像差、点列图、光学传递函数、干涉和镀膜等分析。此外，Zemax 软件还提供优化的功能来帮助设计者改善其设计，如公差容限分析功能可以帮助设计者来分析其设计在装配时所造成的光学特性误差。

4. CODE-V（美国）

CODE-V 是由 Optical Research Associates 公司出品的大型光学设计软件。它具有光学设计、分析、照度计算等功能，提供了超过 2400 种以上的光学设计实例。CODE-V 软件的功能非常强大，价格也相当昂贵。

5. SOD88（中国）

SOD88 光学设计软件包是由北京理工大学光电工程系技术光学教研室研制的，是我国在光学仪器行业和高校、科研院所应用最广的具有自主知识产权的光学设计软件。它具有像质评价（几何像差、点列图、光学传递函数等）、变焦距系统像差计算与像差自动校正、公差计算等功能。

光学设计 CAD 软件的出现并不断完善，为光学科技工作者提供了更广阔的施展空间。它能使光学设计者的工作环境更具智能色彩，能改变设计人员的思考方法和工作方式，大大减轻设计人员的劳动强度，更充分地利用前人的设计成果，快速、高效地设计出性能更加优良的光学系统。利用光学设计 CAD 软件不仅能节约大量的人力资源，缩短设计周期，还可以开发出质量更高、结构更简单的光学仪器与产品。

2.2 光学设计软件 Zemax OpticStudio 应用基础

2.2.1 概述

Zemax 光学自动设计软件于 1991 年由美国的 Ken Moore 博士开发问世。30 年来，研发人员对软件不断开发和完善，对其进行多次更新，赋予 Zemax 光学设计产品更为强大的功能。从 2014 年版本开始，软件由原来的 Zemax 更名为 Zemax OpticStudio。Zemax OpticStudio 集光学和照明设计于一体，能够实现包括光学系统建模、光线追迹计算、像差分析、优化、公差分析等功能，并通过直观的用户界面，为光学系统设计者提供一个方便快捷的设计工具，其广泛用在透镜设计、照明、激光束传播、光纤、传感器和其他光学技术领域中。

Zemax OpticStudio 软件按授权方式分为单人授权和网络授权两类，按级别分为标准版（Standard，仅有单人授权模式）、专业版（Professional）和旗舰版（Premium）三个版本。各个版本针对不同用户的要求分别制定。其中，专业版（Professional）包含了标准版（Standard）的所有特性，并加上了非序列光线追迹和物理光学的相关功能；旗舰版（Premium）包含了专业版（Professional）的所有特性，并加上了更加完整的照明分析设计、荧光和荧光模拟，以及完整的光谱、光源和散射数据库等功能。

在光学设计上，Zemax OpticStudio 采用序列（Sequential）和非序列（Non-Sequential）两种模式模拟折射、反射和衍射的光线追迹。序列（Sequential）光线追迹主要用于传统的成像系统设计，如照相系统、望远系统和显微系统等。这一模式下，Zemax OpticStudio 以面（Surface）作为对象来构建一个光学系统模型，每一表面的位置由它相对于前一表面的坐标来确定。光线从物平面开始，按照表面的先后顺序（Surface 0，1，2，…）进行追迹，对每个面只计算一次。由于需要计算的光线少，这种模式下光线追迹速度很快。

而在许多复杂的棱镜系统、照明系统、微反射镜、导光管、非成像系统或复杂形状的物体构成的系统中，需采用非序列（Non-Sequential）模式来进行系统建模；同时，在需考虑散射和杂散光的情况下，也不能采用序列光线追迹。这种模式下，Zemax OpticStudio 以物体（Object）作为对象，光线按照物理规则，沿着自然可实现的路径进行追迹，可以按任意顺序入射到任意一组物体上，也可以重复入射到同一物体上，直到被物体拦截。计算时每一物体的位置由全局坐标确定。对同一元件，可同时进行穿透、反射、吸收及散射的特性计算。与序列模式相比，非序列光线追迹能够对光线传播进行更为细节的分析，包括散射光和部分反射光。但此模式下，由于分析的光线多，计算速度较慢。

在一些较为复杂的光学系统中，可以同时使用序列和非序列光线追迹。根据需要，可以采用序列光学表面与任意形状、方向或位置的非序列组件进行结合，共同形成一个系统结构。

图 2-1 为 Zemax OpticStudio 采用的右手坐标系统。光轴为 z 轴，从左至右为正方向；x 轴正方向指向显示器以里；y 轴垂直向上。通常，光线由物方开始传播，反射镜可以使传播方向反转。当经过奇数个反射镜时，光束的物理传播沿 $-z$ 方向，此时对应的厚度是负值。

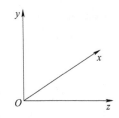

图 2-1　Zemax OpticStudio 采用的右手坐标系统

Zemax OpticStudio 是基于 Windows 的应用程序。以 2017 年 4 月发布的 Zemax OpticStudio 16.5 SP4 为例，本地版本需要 64 位 Windows 操作系统，在线（Online）版本从浏览器运行，支持所有操作系统。对于本地版本，其对系统的基本要求是：64 位 Intel 或 AMD 处理器（多核心更优），2GB 系统内存，具有 2.2GB 空间的磁盘驱动器，显示器分辨率至少要达到 1024 像素×768 像素，能够访问互联网和电子邮件以便于程序更新和技术支持，拥有 Adobe Reader 用于程序文档阅读，拥有 TCP/IP 进行网络授权。同时，Zemax OpticStudio 需要最新的 .NET 框架。

与其他 Windows 应用程序类似，Zemax OpticStudio 软件属于一种交互式操作的程序，执行命令后，系统进行相应的操作并刷新内部数据。这种交互式操作是通过 Zemax OpticStudio 软件的用户界面来完成的。

2.2.2 Zemax OpticStudio 的用户界面

Zemax OpticStudio 用户界面的操作与其他 Windows 程序类似，但又有其独有的特点。本小节将详细介绍 Zemax OpticStudio 的不同操作窗口和一些常用窗口的操作方法。

本章例子采用的软件版本为 Zemax OpticStudio16 Premium。

1. 主窗口

运行 Zemax OpticStudio. exe 程序后，出现的就是系统的主窗口，如图 2-2 所示。

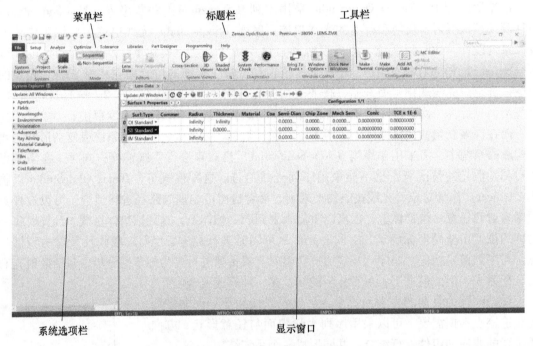

图 2-2　Zemax OpticStudio 主窗口

主窗口的作用是控制所有 Zemax OpticStudio 任务的执行。主窗口包括标题栏、菜单栏、工具栏、系统选项栏（System Explorer）和显示窗口。

（1）标题栏

标题栏中主要显示所用程序版本名称、产品序列号及透镜文件名称。在标题栏左侧的一系列小图标为快捷工具，可以在设置（Setup）→配置选项（Project Preferences）→工具栏（Toolbar）中，自行定义快捷工具放置于此位置，默认有新建（New）、另存为（Save As）、保存（Save）、打印（Print）等基本工具。

（2）菜单栏与工具栏

菜单栏中的命令通常与当前的光学系统相联系，成为一个整体。菜单栏以选项卡的形式呈现，单击任一菜单选项时，在菜单栏下方的工具栏中都会呈现与该菜单标题相关的功能选项，且在每一类菜单的工具栏内，都按照更加细化的功能分类对各类工具进行了分区。各菜单选项包含的工具类别罗列如下：

1）文件（File）——提供 Zemax OpticStudio 的文件管理途径，包括镜头文件、存档文件、输出文件、转换文件、分解文件这几大类管理途径，具体工具有新建（New）、打开（Open）、保存（Save）、重命名（Save As）等。

2）设置（Setup）——提供 Zemax OpticStudio 的设置途径，包括系统设置、模式设置、编辑器设置、视图设置、诊断设置、窗口设置、结构设置这几大类设置途径。其中系统设置会在系统选项栏（System Explorer）进行显示。

3）分析（Analyze）——提供 Zemax OpticStudio 的分析工具，包括视图分析、像质分析、激光与光纤分析、偏振与表面物理分析、分析报告输出，以及各种通用绘图工具和其他类别（如杂散光的应用分析等）。要注意分析中的功能是根据已有数据进行计算以及图像显示分析，不会改变镜头基本参数数据。

4）优化（Optimize）——提供 Zemax OpticStudio 的优化工具，包括优化的手动调整、自动优化功能、全局优化功能和其他优化工具（如非球面类型转换等）。

5）公差（Tolerance）——提供 Zemax OpticStudio 的光学系统与公差计算相关的工具，包括公差分析、加工图样与数据编辑、面型数据分析和成本估计工具。

6）数据库（Libraries）——提供 Zemax OpticStudio 的各种库及其相关工具，包括光学材料库、镜头库、膜层库、散射模型库、光源模型库和一些光源查看工具。

7）零件设计（Part Designer）——提供在与 Zemax OpticStudio 分离的环境中创建和操作几何图形的功能。

8）编程（Programming）——提供 Zemax OpticStudio 的编程功能，包括 ZPL 宏编程、扩展编程、ZOS-API. NET 接口、ZOS-API. NET 编译器。

9）帮助（Help）——提供 Zemax OpticStudio 的帮助功能，包括 Zemax 的软件信息、帮助资源、网站和工具。

大部分菜单命令都有相应的键盘快捷键。在设置（Setup）→配置选项（Project Preferences）→快捷键（Shortcuts）中可以看到和自定义具体的快捷键，如默认打开二维（2D）视图（Cross-Section）可以按〈Ctrl+L〉键。

（3）系统选项栏（System Explorer）

系统选项栏可以隐藏或者固定在主界面的侧面，便于编辑查看系统的特性参数，如系统孔径、视场、波长和环境等。

（4）显示窗口

显示窗口包括各个编辑窗口、图形窗口和文本窗口等，可以进行规律平铺显示。

2. 编辑窗口

Zemax OpticStudio 的编辑窗口主要用来输入光学系统的光学元件参数、评价函数、公差数据等。每个编辑窗口主要是一个由行和列构成的电子表格和一些控制选项组成，使用者可以输入数据到表格中对光学系统进行修改和优化。通过主窗口的菜单：设置（Setup）→编辑器（Editors），可以弹出需要进行操作的编辑窗口。序列模式下有四种编辑窗口，非序列模式下有两种编辑窗口。

（1）镜头数据编辑器（Lens Data）

在序列模式下，Zemax OpticStudio 通过镜头数据编辑器（Lens Data）来输入构成光学系统的各表面数据,如图 2-3 所示。这些数据包括表面类型(Surf:Type)、标注(Commer)、曲率半径(Radius)、厚度(Thickness)、材料(Material)等。使用者还可以通过单击编辑器左上方的下拉按钮弹出下拉列表框对各个表面数据进行详细设定或求解,如图 2-4 所示。

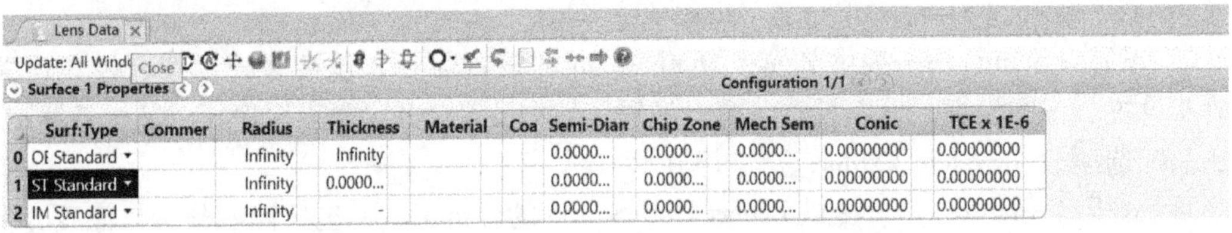

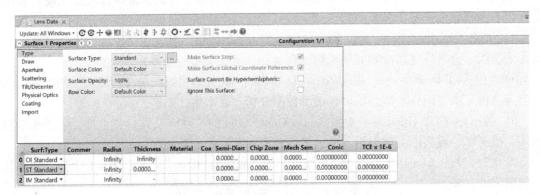

图 2-3 镜头数据编辑器

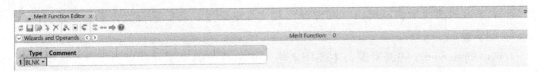

图 2-4 镜头数据编辑器—下拉列表框

(2)评价函数编辑器(Merit Function Editor)

在需要对系统进行优化时,Zemax OpticStudio 通过评价函数编辑器(Merit Function Editor)对评价函数进行定义和编辑。该编辑窗口可通过主窗口设置(Setup)菜单→编辑器(Editors)类别进行选择,也可通过主窗口优化(Optimize)菜单→自动优化(Automatic Optimization)类别或按〈F6〉键调出进行查看及编辑,如图 2-5 所示。在评价函数编辑器中可以根据需要设置不同类型(Type)的操作数来设定评价函数。这些操作数包含了系统自动优化需满足的各种目标控制条件。在优化过程中,可以根据评价函数的数值来评价系统的优劣。评价函数编辑器中设有优化向导(Optimization Wizard),可辅助初学者对评价函数进行相关编辑和设置,如图 2-6 所示。

图 2-5 评价函数编辑器

(3)多重结构编辑器(Multi-Configuration Editor)

当光学系统需要采用不同结构进行设计,如变焦镜头设计,或者对在不同波长上测试和使用的镜头进行优化时,需采用多重结构编辑器,如图 2-7 所示。在这一窗口中,使用者可以为多重结构系统定义多重结构参数,如设定操作数、插入/删除一个或多个结构等。

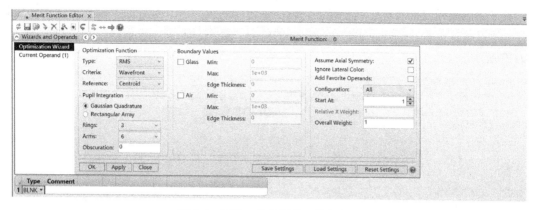

图 2-6　评价函数编辑器—优化向导

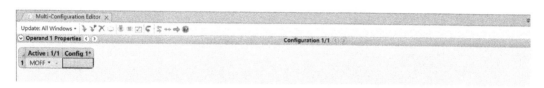

图 2-7　多重结构编辑器

（4）公差数据编辑器（Tolerance Data Editor）

在需要对光学系统进行公差分析时，Zemax OpticStudio 通过公差数据编辑器，采用不同的操作数类型（Type），对公差数据进行定义、编辑和查看。该编辑窗口可通过主窗口设置（Setup）菜单→编辑器（Editors）类别进行选择，也可通过主窗口公差（Tolerance）菜单→公差设置（Tolerancing）类别或按〈Ctrl+T〉键调出，如图 2-8 所示。

图 2-8　公差数据编辑器

（5）非序列组件编辑器（Non-Sequential Component Editor）

当 Zemax OpticStudio 工作在非序列模式（Non-Sequential Mode）下，或者在序列模式（Sequential Mode）下且光学系统中包含非序列组件时，可以通过非序列组件编辑器窗口对非序列光学组件的光源、物体属性进行编辑和定义，如图 2-9 所示。

图 2-9　非序列组件编辑器

（6）物体编辑器（Object Editor）

对于非序列模式或者在序列模式下且光学系统中包含非序列组件时，非序列中的特定物体可以通过物体编辑器进行编辑，包括物体的位置、类型、绘图、散射路径和折射率等，如图 2-10 所示。

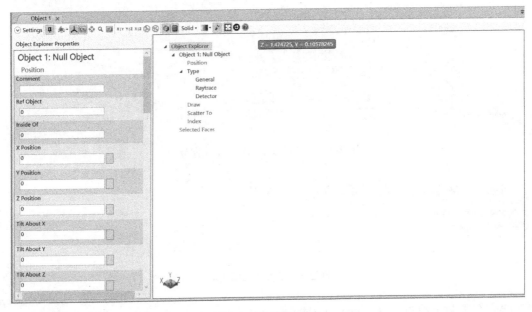

图 2-10　物体编辑器

3. 图形窗口

在进行光学系统设计的时候，通常需要显示系统设计结果、图像数据以及对光学系统的分析结果，Zemax OpticStudio 中采用了大量的图形窗口来完成这一需求。例如，在分析（Analyze）菜单中显示光路的 2D 视图（Cross-Section）、三维（3D）视图（3D Viewer），像质分析中常用到的光线迹点（Rays and Spots）、像差分析图（Aberrations）、MTF 分析（MTF）、波前图（Wavefront）和扩展图像分析（Extended Scene Analysis）等，都可以通过图形窗口直观地显示。在图形窗口菜单中，有一排快捷工具菜单，以及下拉按钮引导的下拉列表框，用于对图形窗口的显示方式和内容进行设置。例如，更新（Update）用来根据当前光学系统的数据重新进行计算并刷新窗口显示，打印（Print）用于窗口图形的打印输出等。下方有图形（Graph）和文本（Text）选项以实现在窗口中针对该分析内容进行图形信息和文本信息的切换。图形窗口还支持报告输出（Report）形式，如图 2-11 所示，该报告图以 2×3 方式展示了同一光学系统下的多项显示结果，通过单击最下方的选项卡可单独查看每一个图形窗口的具体内容。

4. 文本窗口

文本窗口用来列出光学系统的文本数据，如系统数据、表面数据、像差系数和计算数据等。Zemax OpticStudio 中，大部分的图形窗口都具有文本显示功能，以文本窗口的形式输出图形的相关内容，该功能可通过图形窗口下方图形（Graph）/文本（Text）选项卡进行切换。除此之外，一些系统数据也以纯文本的方式展示，如图 2-12 所示。

5. 对话框

Zemax OpticStudio 通过对话框来实现对命令的定制。对话框是弹出窗口，通过对话框，

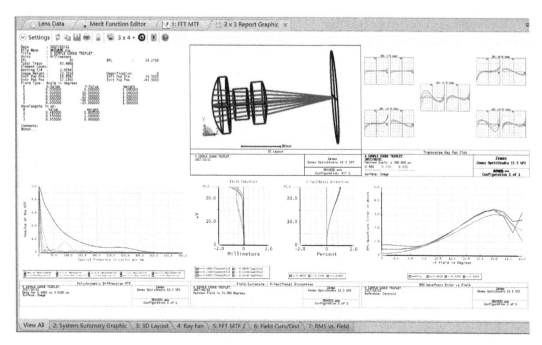

图 2-11　Zemax OpticStudio 2×3 报告图

图 2-12　系统数据文本窗口示意图

使用者可以使用 Zemax OpticStudio 的部分分析功能。例如，在执行优化（Optimize）时，如图 2-13 所示，可以通过对话框设定优化的算法、使用的内核数目、迭代次数等。与其他窗口不同的是，对话框不能通过鼠标或键盘按钮来调整大小。

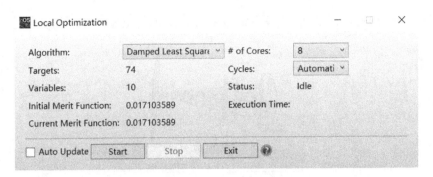

图 2-13　优化对话框

2.2.3　Zemax OpticStudio 基本操作

采用光学自动设计软件进行光学系统设计的基本流程如图 2-14 所示。

根据图 2-14，本小节将介绍使用 Zemax OpticStudio 软件进行光学系统设计时的基本操作方法。若要了解更加详细的功能，读者可以参阅 Zemax OpticStudio 使用手册中的相关说明。

1. 建立光学系统模型

建立光学系统模型是光学系统设计的第一步。对一个系统进行建模之前，应根据其特点，确定选择序列（Sequential）模式或非序列（Non-Sequential）模式，这两种模式可以在设置（Setup）菜单的模式（Mode）分类中进行选择。

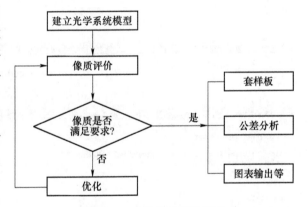

图 2-14　光学软件设计流程

在 Zemax OpticStudio 中，光学系统建模分为两个方面：系统特性参数的输入和初始结构的输入。

（1）系统特性参数输入

系统特性参数输入主要是对系统孔径（Aperture）、视场（Fields）和波长（Wavelengths）等内容进行设定。系统特性参数输入可以通过专门的系统选项栏（System Explorer）进行编辑，如图 2-15 所示。在这个系统选项栏中，包含了光学系统作为一个整体的性能参数以及使用环境的要求。用户可以根据系统设计需求进行设置，对一般使用者而言，除了主要待输入的系统性能参数之外，其他项如无特殊要求，保持其默认值即可。

1）系统孔径（Aperture）。系统孔径能够确定通过光学系统的轴向光束。在 Zemax Opticstudio 中，可通过以下方式之一来制定系统的孔径类型，如图 2-16 所示。

入瞳直径（Entrance Pupil Diameter）：直接指定入瞳直径的大小。

像方空间 F/#（Image Space F/#）：与无限远相共轭的像方空间 F 数。

物方空间 NA（Object Space NA）：物距为有限距离时，物方空间边缘光线的数值孔径 $n\sin\theta_m$。

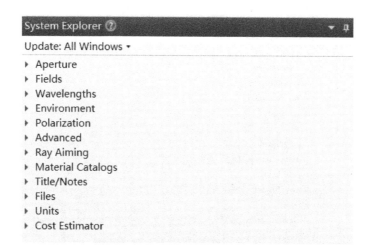

图 2-15　系统选项栏界面

光阑尺寸浮动（Float By Stop Size）：入瞳大小由系统光阑的半口径决定。

近轴工作 F/#（Paraxial Working F/#）：像方空间近轴工作 F 数。

物方锥角（Object Cone Angle）：物距为有限距离时，物空间边缘光线的半角度。

对于同一个系统，只能选择上述孔径类型中的一种。不同孔径类型对应的编辑内容有所不同，根据所选择的孔径类型和系统的需要在编辑器中直接输入，如图 2-17 所示。

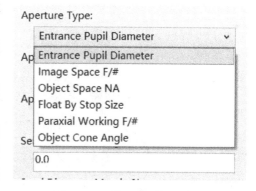

图 2-16　系统孔径的几种类型

2）视场（Fields）。在系统选项栏中，单击视场（Fields）标签显示视场编辑界面，或者双击视场（Fields）标签，打开视场数据编辑器（Field Data）对系统视场进行详细编辑，如图 2-18 所示。

Zemax OpticStudio 中可以以 5 种类型来设置视场：角度（Angle）、物高（Object Height）、近轴像高（Paraxial Image Height）、实际像高（Real Image Height）、经纬角（Theodolite Angle）。其中，角度是指投影到 xOz 和 yOz 平面上时，主光线与 z 轴的夹角，主要用在无限共轭的系统中；物高指物面 x、y 方向的高度，主要用在有限共轭的系统中；近轴像高通过理想像高来设定视场；实际像高则在需要固定像的大小的光学系统设计中被选用；经纬角包括方位角（Azimuth）θ 和海拔（Elevation）极角 φ，主要用于测量和天文学。

Zemax OpticStudio 允许设置 12 个视场，同时在视场数据编辑器中可以设置每一视场的偏心与渐晕：x 向偏心 VDX、y 向偏心 VDY、x 向渐晕系数 VCX、y 向渐晕系数 VCY 和渐晕角度 VAN。

3）波长（Wavelengths）。在系统选项栏中，单击波长（Wavelengths）标签显示波长编辑界面，或者双击波长（Wavelengths）标签，打开波长数据编辑器（Wavelength Data）对波长进行详细编辑，如图 2-19 所示。

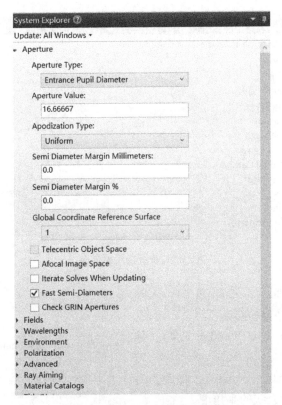

图 2-17　系统孔径编辑界面

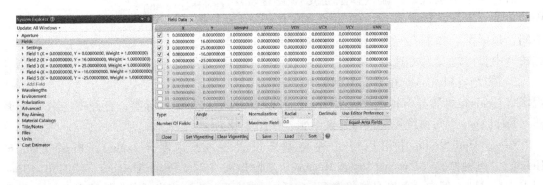

图 2-18　视场编辑界面和视场数据编辑器

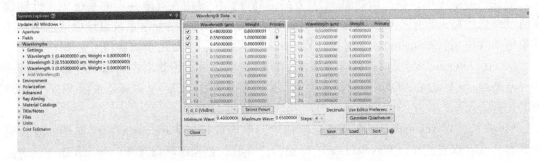

图 2-19　波长编辑界面和波长数据编辑器

在 Zemax OpticStudio 中，每个光学系统最多可以设定 24 种波长。根据不同的权重（Weight），系统在进行点列图计算时决定不同波长的贡献比例。波长的单位为微米（μm）。Zemax OpticStudio 还提供了常用的波长列表，可通过选为当前（Select Preset）按钮直接选取。

（2）初始结构输入

在序列（Sequential）模式下，初始结构通过镜头数据编辑器（Lens Data）界面输入，如图 2-20 所示。在这一界面中，采用表格输入的方式，可以设定系统的表面（Surface）数量及序号，每一表面的面型和表面结构参数，包括半径、厚度、玻璃材料、口径及描述非标准面型的参数等。

表面序号及类型　　　　注释栏　　　　　　　　　　　　　表面结构参数

	Surf:Type		Comment	Radius	Thickness	Material	Coating	Semi-Diameter	Chip Zone	Mech Semi-Dia	Conic	TCE x 1E-6
0	OBJECT	Standard ▾		Infinity	Infinity			Infinity	0.00000...	Infinity	0.00000000	0.00000000
1		Standard ▾		26.38... V	7.9999... V	N-LASF41 S	AR	14.35163629	0.00000...	14.35163629	0.00000000	-
2		Standard ▾		237.4... V	3.9651... V		AR	12.13338445	0.00000...	14.35163629	0.00000000	0.00000000
3		Standard ▾		-51.6... V	5.7458... V	SFL57 S	AR	7.80100263	0.00000...	7.80100263	0.00000000	-
4	STOP	Standard ▾		24.16... V	2.5139... V		AR	5.95348558	0.00000...	7.80100263	0.00000000	0.00000000
5		Standard ▾		57.08... V	8.0002... V	LASFN31 S	AR	8.74972248	0.00000...	10.63481857	0.00000000	-
6		Standard ▾		-36.4... F	35.271... M		AR	10.63481857	0.00000...	10.63481857	0.00000000	0.00000000
7	IMAGE	Standard ▾		Infinity	-			23.59857157		23.59857157	0.00000000	0.00000000

图 2-20　初始结构输入

1）表面数量及序号。选择文件（File）→新建（New）命令，新建一个镜头文件，在镜头数据编辑器（Lens Data）界面中自动生成 3 个面：物面（OBJECT）、光阑面（STOP）、像面（IMAGE）。在物面和像面之间可以根据光学系统的需要加入多个表面。按〈Insert〉键可以在当前高亮行（该行某一单元格底色显示为黑色）前面插入一个新的表面，按〈Ctrl+Insert〉键则在高亮行后面插入新的表面，按〈Delete〉键可以删除高亮行。这些操作也可以通过在镜头数据编辑器（Lens Data）对应行单击右键后出现的菜单选项来实现。

2）面型（Surf：Type）。插入新的表面时，表面类型默认为标准面（Standard），标准面包括平面、球面和二次曲面。要改变表面类型，可以单击面型右边的下拉黑色箭头进行选择，或者双击该表面类型，弹出 Surface 3 Properties（表面 3 特性）设置对话框，表面 3 特性设置对话框如图 2-21 所示，通过 Type 标签选择所需要的面型。

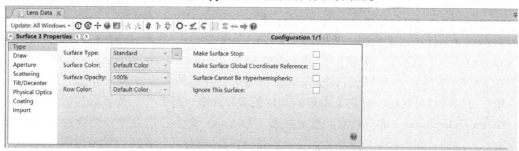

图 2-21　表面 3 特性设置对话框

Zemax OpticStudio 提供了 79 种光学表面类型，主要类型有球面、平面、二次曲面、非球面、光锥面、环形面、光栅、全息表面、菲涅尔表面和波带片等。另外，Zemax OpticStudio 还支持用户自定义表面（User Define Surface），运用 Zemax OpticStudio 的扩展功能，用户可以编写 DLL 文件与 Zemax OpticStudio 相连接，从而建立自己需要的面型。

3）表面结构参数。镜头数据编辑器（Lens Data）中曲率半径（Radius）及其右方的所有列被用来输入各表面的结构参数。标准表面类型（Standard）需输入的结构参数有半径（Radius）、厚度（Thickness）、玻璃（Glass）、半口径（Semi-Diameter）及二次曲面系数（Conic，默认值为 0，表示球面）。其他表面类型除了要输入这些基本参数之外，还要在从 Par 0 开始往右的各列中输入附加参数值，这些参数的具体含义随着不同表面类型而改变。例如，偶次非球面（Even Sphere）除输入标准列数据外，还需输入 8 个附加参数用来描述多项式的系数，其中参数 1（Par 1）表示的是二次项系数；而在近轴面（Paraxial）中，参数 1（Par 1）用来指定表面焦距。

在输入半径（Radius）和厚度（Thickness）时应注意符号规则。其中，半径的符号规则是由表面顶点到曲率中心从左到右为正，反之为负。平面的半径值为无穷大（Infinity）。厚度指由该表面到下一面的相对距离，沿 +z 方向由左向右为正。

玻璃（Glass）一栏中可以输入玻璃牌号，也可以输入折射率和色散系数来代表玻璃。如果表面后方为空气，玻璃一栏为空格；如果为反射面，玻璃属性应输入 Mirror。

半口径（Semi-Diameter）一般情况下都不需输入，当系统孔径（Aperture）类型和大小设定后，各表面的通光半口径将自动生成。如果用户自行输入数值，则在半口径后会自动加上 "U" 的标志，表示这一口径为用户自定义。

在非序列（Non-Sequential）模式下，初始结构通过非序列元件编辑器（Non-Sequential Component Editor）输入，主要包括所有物体（Object）、光源（Source）和探测器（Detector）的结构参数和位置参数。因输入参数的方法与镜头数据编辑器（Lens Data）类似，在此不再赘述，具体操作可查阅 Zemax OpticStudio 使用手册。

系统特性参数和结构参数输入完成后，光学系统的初始结构已经构建完成。此时可以通过主窗口分析（Analyze）菜单，以二维（Cross-Section）/三维（3D Viewer）/实体（Shaded Model）等不同方式显示系统的结构图。根据结构图，使用者可以对初始结构进行适当调整，使结构趋于合理化。

2. 像质评价

系统结构建立之后，可以利用 Zemax OpticStudio 软件的分析功能对其进行性能评价。

Zemax OpticStudio 具有非常强大的像质分析功能。主窗口中的分析（Analyze）菜单中包含了光线迹点（Rays & Spots）、像差分析（Aberrations）、MTF 分析（MTF）、波前图（Wavefront）、点扩散函数（PSF）和扩展图像分析（Extended Scene Analysis）等功能，如图 2-22 所示。选择某一项功能后，相应的分析结果以直观的图形或文本窗口的形式显示出来。用户可以通过对这些图形和文本窗口提供的菜单命令进行操作，设置需显示或计算的内容。Zemax OpticStudio 中的分析窗口都有刷新（Update）命令，当系统特性参数或结构参数改变时，可以通过刷新命令使 Zemax OpticStudio 重新计算并重新显示当前窗口中的数据。

常用的像质分析功能有：

Cross-Section：系统结构图。

图 2-22　像质分析菜单

SpotDiagram：点列图，可以以标准（Standard）、离焦（Through Focus）、全视场（Full Field）、矩阵（Matrix）和结构矩阵（Configuration Matrix）的方式给出点列图分布图形。

Aberrations：像差分析，包括光线像差（Ray Aberration）、光程差（Optical Path）、光瞳像差（Pupil Aberration）等。

Wavefront：波前图，包括波前图（Wavefront Map）、干涉图（Interferogram）和傅科分析图（Foucault Analysis）等。

PSF：点扩散函数，Zemax OpticStudio 提供了两种计算点扩散函数的方式，即快速傅里叶变换（FFT PSF）和惠更斯方法（Huygens PSF）。

MTF：计算并显示所有视场的衍射光学传递函数，采用快速傅里叶变换（FFT MTF）、惠更斯直接积分算法（Huygens MTF）或几何光学传递函数（Geometric MTF）。

RMS：均方根半径，分别绘出均方根点列图半径、波像差或斯特利尔比例数与视场焦点变化及波长的关系。

Enclosed Energy：包围圆能量，用能量分布图，显示以离主光线或物点的像的重心的距离为函数的包围圆能量占总能量的百分比。

3. 优化

Zemax OpticStudio 的优化功能非常强大，其可以根据一个合理的起点和一组变量参数对光学系统进行优化以满足光学系统光学特性和像差的要求。优化中的变量可以是光学系统的曲率、厚度、玻璃、二次曲面系数及其他附加参数和多重结构数据等。Zemax OpticStudio 通过构造评价函数（Merit Function），并采用一定的算法计算评价函数的取值，由取值的大小判断实际系统是否满足约束条件及目标的要求。Zemax OpticStudio 的算法包括阻尼最小二乘法（Damped Least Squares，DLS）和正交下降法（Orthogonal Descent，OD）两种，前者能够有效优化加权目标值组成的评价函数，后者主要用在对非序列光学系统的优化中。

对系统设定的约束条件或目标值统称为操作数（Operand），在 Zemax OpticStudio 中采用 4 个英文首字母表示。操作数包括光学特性参数（如焦距 EFFL、近轴放大率 PMAG、入瞳位置 ENPP 等）、像差参数（如球差 SPHA、彗差 COMA、像散 ASTI 等）、边界条件（如中心厚度值 CTVA、边缘厚度值 ETAV 等）等多方面的要求。Zemax OpticStudio 提供了 300 多个操作数，分别代表系统不同方面的约束和目标。评价函数 MF^2 由系统所设定的操作数构成，其定义式为

$$MF^2 = \frac{\sum W_i (T_i - V_i)^2}{\sum W_i}$$

式中，W_i 为各操作数权重的绝对值；T_i 为操作数设定的目标值；V_i 为操作数的当前值；下标 i 表示操作数序号（表格中的行号）。显然，评价函数越小，系统越接近于设定标准。理想状态下评价函数应为 0。

使用 Zemax OpticStudio 的自动优化功能时，主要有如下步骤：

（1）设置评价函数和优化操作数

通过单击优化（Optimize）菜单中的评价函数编辑器（Merit Function Editor），打开 Merit Function Editor 界面。要对评价函数进行设置，一般情况下，建议采用默认的评价函数，在 Merit Function Editor 窗口下拉列表框中选择 Optimization Wizard 选项，如图 2-23 所示。

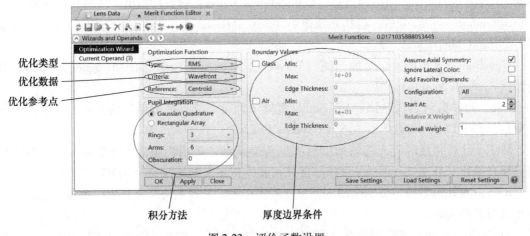

图 2-23　评价函数设置

在图 2-23 所示中，主要通过 4 个基本选择来构建不同类型的评价函数。它们分别是优化类型、优化数据、优化参考点和积分方法。优化类型中可以选择均方根（RMS）或峰谷值（PTV）；数据类型可以是波像差（Wavefront）、点列图半径（Spot Radius）或者 x、y 方向上的点列图范围；优化参考点可以选择质心（Centroid）和主光线（Chief Ray）等方式；积分方法有高斯积分法（Gaussian Quadrature）和矩形排列法（Rectangular Array），采用高斯积分法时，通过设置环（Rings）、臂（Arms），采用矩形排列法时，通过设置网格（Grid）的数值，来分别确定计算时光线追迹的数目。

不同的评价函数将产生不同的优化结果。评价函数的设定要求用户具备一定的专业知识和实际经验，必要时应采用不同的评价函数进行结果比照，从中择优。对于初学者，推荐采用系统的默认评价函数设置。一般来说，对于小像差系统，使用波像差（Wavefront）构建评价函数，像差较大时则采用点列图半径（Spot Radius）的评价方法。

在对话框中还可以设置玻璃（Glass）和空气（Air）的厚度边界值（Boundary Values）。在 Min 和 Max 中输入的是玻璃或空气允许的最小和最大中心厚度值，Edge Thickness 中则输入允许的最小边缘厚度。设置厚度边界值后，系统将自动生成每一表面相应的厚度操作数。在常规系统设计时，可直接采用这一功能确定的操作数。而在一些复杂系统（如多重结构）中，还需设计者手动输入附加的边界条件操作数。

评价函数设置完成后，单击对话框中的 OK 按钮，返回评价函数编辑器（Merit Function Editor），此时编辑器中根据设定的评价函数列出所有自动生成的优化操作数，包括类型（Type）、目标值（Target）、权重（Weight）、实际值（Value）、贡献值（% Contrib）及其他限定操作数的参数。这些自动生成的操作数主要是对系统的像差要求，设计者使用时，通常还需根据光学系统的具体要求，加入特定的光学特性参数和边界条件。具体操作是单击表格最上一行，按〈Insert〉键即可插入新的一行，在操作数类型（Type）中键入需控制的新操作数，并设置其目标值和权重即可。图 2-24 中，最上方一行是新加入的焦距 EFFL 操作数，下方各行则为系统自动生成的操作数。

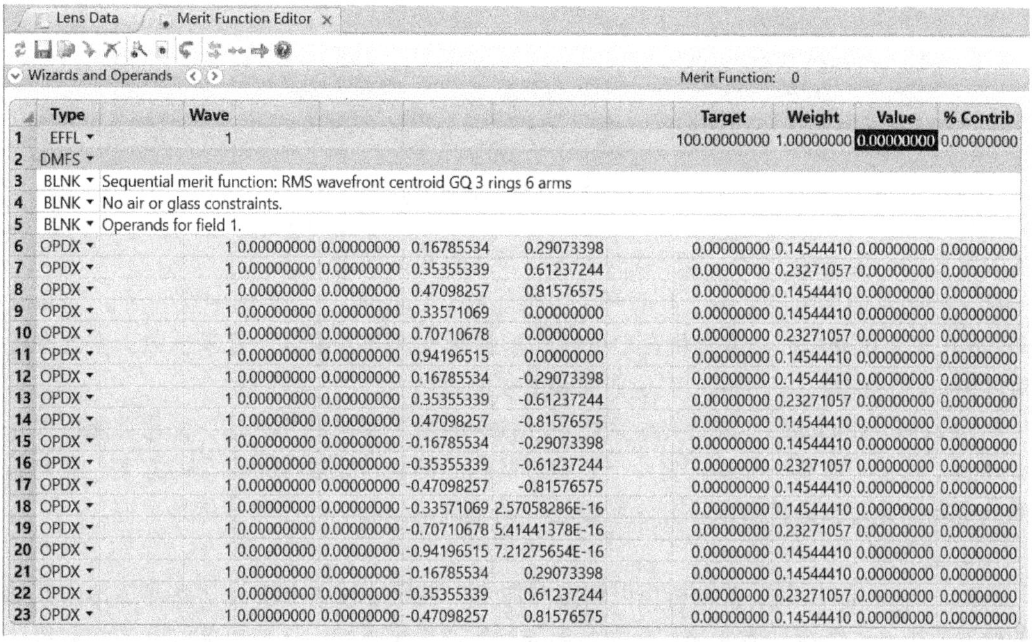

	Type		Wave					Target	Weight	Value	% Contrib
1	EFFL		1					100.00000000	1.00000000	0.00000000	0.00000000
2	DMFS										
3	BLNK	Sequential merit function: RMS wavefront centroid GQ 3 rings 6 arms									
4	BLNK	No air or glass constraints.									
5	BLNK	Operands for field 1.									
6	OPDX		1	0.00000000	0.00000000	0.16785534	0.29073398	0.00000000	0.14544410	0.00000000	0.00000000
7	OPDX		1	0.00000000	0.00000000	0.35355339	0.61237244	0.00000000	0.23271057	0.00000000	0.00000000
8	OPDX		1	0.00000000	0.00000000	0.47098257	0.81576575	0.00000000	0.14544410	0.00000000	0.00000000
9	OPDX		1	0.00000000	0.00000000	0.33571069	0.00000000	0.00000000	0.14544410	0.00000000	0.00000000
10	OPDX		1	0.00000000	0.00000000	0.70710678	0.00000000	0.00000000	0.23271057	0.00000000	0.00000000
11	OPDX		1	0.00000000	0.00000000	0.94196515	0.00000000	0.00000000	0.14544410	0.00000000	0.00000000
12	OPDX		1	0.00000000	0.00000000	0.16785534	-0.29073398	0.00000000	0.14544410	0.00000000	0.00000000
13	OPDX		1	0.00000000	0.00000000	0.35355339	-0.61237244	0.00000000	0.23271057	0.00000000	0.00000000
14	OPDX		1	0.00000000	0.00000000	0.47098257	-0.81576575	0.00000000	0.14544410	0.00000000	0.00000000
15	OPDX		1	0.00000000	0.00000000	-0.16785534	-0.29073398	0.00000000	0.14544410	0.00000000	0.00000000
16	OPDX		1	0.00000000	0.00000000	-0.35355339	-0.61237244	0.00000000	0.23271057	0.00000000	0.00000000
17	OPDX		1	0.00000000	0.00000000	-0.47098257	-0.81576575	0.00000000	0.14544410	0.00000000	0.00000000
18	OPDX		1	0.00000000	0.00000000	-0.33571069	2.57058286E-16	0.00000000	0.14544410	0.00000000	0.00000000
19	OPDX		1	0.00000000	0.00000000	-0.70710678	5.41441378E-16	0.00000000	0.23271057	0.00000000	0.00000000
20	OPDX		1	0.00000000	0.00000000	-0.94196515	7.21275654E-16	0.00000000	0.14544410	0.00000000	0.00000000
21	OPDX		1	0.00000000	0.00000000	-0.16785534	0.29073398	0.00000000	0.14544410	0.00000000	0.00000000
22	OPDX		1	0.00000000	0.00000000	-0.35355339	0.61237244	0.00000000	0.23271057	0.00000000	0.00000000
23	OPDX		1	0.00000000	0.00000000	-0.47098257	0.81576575	0.00000000	0.14544410	0.00000000	0.00000000

图 2-24　设置优化操作数

（2）设置优化变量

进行优化设计时，需要设置变量。Zemax OpticStudio 会根据各操作数的设定要求，自动调整这些变量，以找到最佳设计结果。变量可以是任意的光学结构参数，包括半径（Radius）、厚度（Thickness）、玻璃（Glass）、二次曲面系数（Conic）等。

变量的设置方法是在镜头数据编辑器（Lens Data）中，左键选中要改变的参数，通过按〈Ctrl+Z〉快捷键，变更参数的可变状态。当参数后出现字母 V 时，即表示此参数作为变量供优化使用。变量的设定还可以通过单击参数右边的白色空白键进行变更，在弹出式对话框中将解决类型（Solve Type）选为变量（Variable）来实现。

（3）进行优化

进行优化可以从主菜单栏中选择优化（Optimize）菜单，显示优化控制对话框，如图 2-25 所示。对话框中包括算法（Algorithm）、运行内核数量（# of Cores）、优化循环次数（Cycles）的选择，针对操作数个数（Targets）、变量数（Variables）、原始评价函数值（Initial Merit Function）、当前评价函数值（Current Merit Function）进行显示，针对执行时间（Execution Time）进行实时显示。

一般情况下，对于优化循环次数可以选择自动（Automatic）模式，系统将一直执行优化，直到系统认为不再有明显改善为止。在优化过程中，Zemax OpticStudio 计算并不断更新系统的评价函数，函数值可以在对话框中显示出来。优化过程所需要的运行时间取决于光学

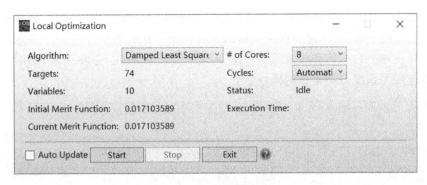

图 2-25　优化控制对话框

系统的复杂性、变量的个数、操作数的个数以及计算机的速度。

优化控制对话框中还有一项自动更新功能（Auto Update），如果选中这一项，Zemax OpticStudio 在每个优化循环结束时将自动更新和重画所有打开的窗口。若未选中，需要在优化后对各窗口进行刷新（Update）实现数据和图表的更新。

利用 Zemax OpticStudio 进行光学系统自动优化时需要明确的是，这一优化功能仅仅是一个有效的工具，不能完全依赖它将一个不合理的初始结构转化成一个合理的方案。在初始系统的确定及优化过程的控制中，光学系统设计的基础知识和实际经验依然是关键。

4. 公差分析

Zemax OpticStudio 的公差分析可以模拟在加工、装配过程中由于光学系统结构或其他参数的改变所引起的系统性能变化，从而为实际的生产提供指导。这些可能改变的参数包括曲率、厚度、位置、折射率、阿贝数、非球面系数以及表面或镜头组的倾斜、偏心、表面不规则度等。

与优化功能类似，公差分析中把需要分析的参数用操作数表示，如 TRAD 表示的是曲率半径公差。采用 Zemax OpticStudio 进行公差分析需分两步：公差数据设置、执行公差分析。

（1）公差数据设置

在 Zemax OpticStudio 主窗口的公差（Tolerance）菜单中选中公差分析编辑器（Tolerance Data Editor），打开 Tolerance Data Editor 窗口。这一窗口用来对光学系统不同参数的公差范围做出限定，同时还可以定义补偿器来模拟对装配后的系统所做的调整。一般情况下，可以采用默认的公差数据设置，在 Tolerance Data Editor 窗口选择 Tolerance Wizard 选项，如图 2-26 所示。

通过如图 2-26 所示对话框可以对各表面或零件的公差进行设置。表面的公差数据包括半径（Radius）、厚度（Thickness）、偏心（Decenter）、倾斜（Tilt）和不规则度（Irregularity）等；折射率公差数据包括材质的折射率指数、阿贝数等；元件可以设置的公差有偏心和倾斜。在每个数据右方的空格中可以设置公差的范围。对话框底部的 "Use Focus Compensation" 为后焦补偿器，这是公差分析中默认采用的补偿器。

完成设置后，单击 OK 按钮返回公差数据编辑器（Tolerances Data Editor）。此时窗口中已经根据设置的公差数据列出了不同表面或元件的公差操作数和补偿器，如图 2-27 所示。每一个操作数都有一个最小值（Min）和一个最大值（Max），此最小值与最大值是相对于标称值（Nominal）的差量。

表面公差数据　　　　　　　　　　折射率公差

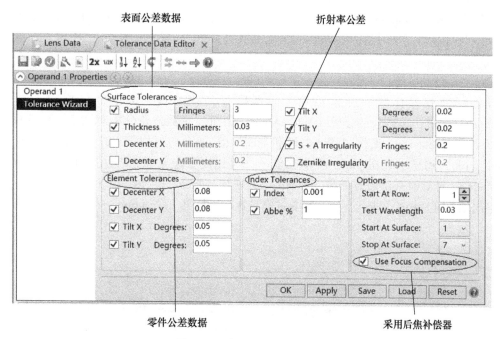

零件公差数据　　　　　　　　　　采用后焦补偿器

图 2-26　默认的公差数据设置

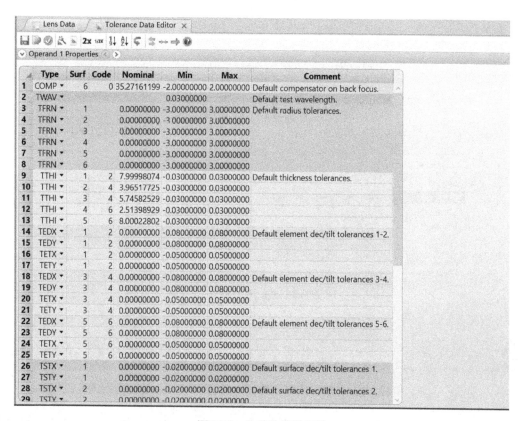

图 2-27　公差数据编辑器

　　根据光学系统的具体特性，用户可以对公差操作数进行修改，也可以加入新的操作数和补偿器。具体操作方法与优化评价函数编辑器（Merit Function Editor）相似，在此不再详述。

　　（2）执行公差分析

　　设置好公差操作数和补偿器后，即可执行公差分析。从主菜单栏中选择公差（Tolerance）菜单，单击公差分析（Tolerancing）按钮，显示公差分析对话框。对话框中包括初始设置（Set-Up，见图 2-28）、评价标准（Criterion，见图 2-29）、蒙特卡罗分析（Monte Carlo）和显示（Display）4 个功能项，可以对公差评价标准（Criterion）、计算模式（Mode）、计算时采用的光线数（Sample）、视场（Field）、补偿器（Compensator）以及文本输出结果（Script）进行设置，其中主要设置评价标准（Criterion）和计算模式（Mode）两项。

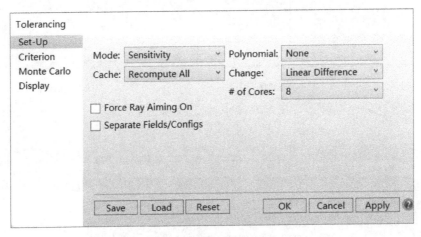

图 2-28　公差设置对话框-初始设置

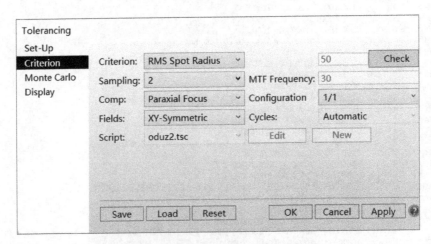

图 2-29　公差设置对话框-评价标准设置

　　Zemax OpticStudio 支持不同的评价标准。评价标准（Criterion）中包含了 RMS 点列图半径（RMS Spot Radius）、RMS 波像差（RMS Wavefront）、几何及衍射 MTF、用户自定义评价

函数（User Script）等。一般来说，对于像差接近衍射极限的光学系统进行公差分析时可以选用 MTF/RMS Wavefront 作为评价标准，而像差较大的系统则宜选用 RMS Spot Radius。

公差设置支持以下 4 种计算模式进行公差分析：

1）灵敏度分析（Sensitivity）：给定结构参数的公差范围，计算每一个公差对评价标准的影响。

2）反向极限分析（Inverse Limit）：属于反向灵敏度分析的一种，反向模式将改变公差操作数的最大值和最小值。

3）反向增量分析（Inverse Increment）：属于反向灵敏度分析的一种，反向增量计算将产生一个等于指定值的参数标准的变化增量。

4）跳过灵敏度分析（Skip Sensitivity）：将绕过灵敏度分析直接进行蒙特卡罗分析。

灵敏度与反向灵敏度分析都是计算每一个公差数据对评价函数的影响，而蒙特卡罗分析同时考虑所有公差对系统的影响。蒙特卡罗分析在设定的公差范围内随机生成一些系统，调整所有的公差参数和补偿器，使它们随机变化，然后评估整个系统的性能变化。这一功能可以模拟生产装配过程的实际情况，所分析的结果对于大批量生产具有指导意义。

完成评价标准和计算模式的设置后，单击 OK 按钮，系统开始计算并打开新的文本窗口，显示公差分析的结果。图 2-30 为执行灵敏度分析得到的结果，窗口中列出了所有操作数取最大值和最小值时评价函数的计算值，以及这一计算值与名义值的改变量。根据改变量的大小，列出了对系统性能影响最大的参数。最后是蒙特卡罗分析结果，根据这一公差分析的结果，设计者可以结合实际的加工装配水平，对各参数的公差范围进行缩紧或放松。

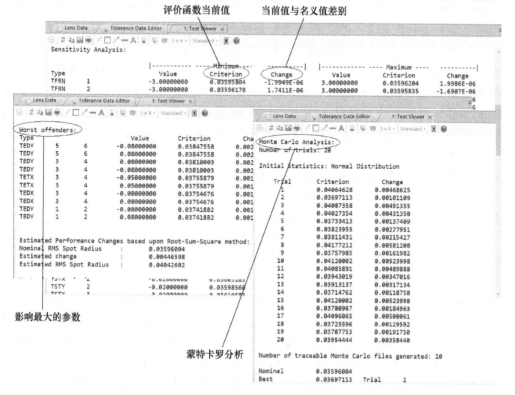

图 2-30　公差分析输出结果

2.2.4 应用实例

本小节利用 Zemax OpticStudio 软件具体设计一个照相物镜。

系统焦距 $f' = 9$mm，F 数为 4，视场角 $2\omega = 40°$，要求所有视场在 67.5 线对/mm 处 MTF>0.3。

1. 系统建模

为简化设计过程，可以从已知的镜头数据库中选择光学特性参数与拟设计系统相接近的镜头数据作为初始结构。根据技术要求，从参考文献［12］中选取一个三片式照相物镜作为初始结构，见表 2-1。

表 2-1　照相物镜初始结构

表面序号	半径/mm	厚度/mm	玻璃
1	28.25	3.7	ZK5
2	−781.44	6.62	
3	−42.885	1.48	F6
4	28.5	4.0	
5	∞（光阑）	4.17	
6	100.972	4.38	ZK11
7	−32.795		

$f' = 77.2915$mm，F/#: 3.5，$2\omega = 56°$

根据 2.2.3 节中系统建模的步骤，首先是系统特性参数输入。在系统选项栏（System Explorer）中设置系统孔径（Aperture）和材料库（Material Catalogs）。在系统孔径类型（Aperture Type）中选择像方空间 F/#（Image Space F/#）并根据设计要求输入 "4.0"；在材料库（Material Catalogs）中键入中国玻璃库名称，如图 2-31 所示。打开视场数据编辑器（Field Data）设置 5 个视场（0、0.3、0.5、0.7、1 视场）对应的角度；打开波长数据编辑器（Wavelength Data）选择 F，d，C（可见）（F，d，C（visible）），单击 Select 按钮自动加入 3 个可见光波长。

接着在镜头数据编辑器（Lens Data）中输入初始结构，如图 2-32 所示。表格中第 7 面厚度（Thickness）为镜头组最后一面的厚度，在表 2-1 的初始结构中并未列出。为了将要评价的像面设为系统的焦平面，可以利用 Zemax OpticStudio 的求解（Solve）功能。这一功能用于自动求解光学系统结构参数：曲率半径（Radius）、厚度（Thickness）、材料（Material）、半直径（Semi-Diameter）、圆锥系数（Conic）、参数（Parameter）。单击第 7 面厚度（Thickness）单元格右侧的空格，将弹出 Thickness solve on surface 7 求解对话框，如图 2-33 所示。根据本系统设计的要求，在对话框求解类型（Solve Type）中选择边缘光线高度（Marginal Ray Height），将高度（Height）值输入为 "0"，表示将像面设置在了边缘光线聚焦的像方焦平面上。对话框中光瞳（Pupil Zone）定义了光线的瞳面坐标，用归一化坐标表示。光瞳（Pupil Zone）值如为 0，表示采用近轴光线；如为 −1~+1 的任意非零值，则表示采用所定义坐标上的实际边缘光线进行计算。单击 OK 按钮后，系统自动计算出最后一面与焦平面直接距离值，并在数值右方显示 "M"，表示这一厚度值采用的求解方法。

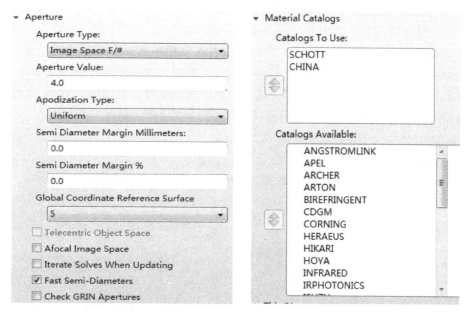

图 2-31　系统特性参数输入

	Surf:Type		Comment	Radius	Thickness	Material	Coating	Semi-Diameter	Chip Zone	Mech Semi-Dia	Conic	TCE x 1E-6
0	OBJECT	Standard ▾		Infinity	Infinity			Infinity	0.000	Infinity	0.0...	0.000
1		Standard ▾		28.525	3.700	ZK5		15.663	0.000	16.322	0.0...	-
2		Standard ▾		-781.440	6.620			16.322	0.000	16.322	0.0...	0.000
3		Standard ▾		-42.885	1.480	F6		8.942	0.000	8.942	0.0...	-
4		Standard ▾		28.500	4.000			7.872	0.000	8.942	0.0...	0.000
5	STOP	Standard ▾		Infinity	4.170			7.592	0.000	7.592	0.0...	0.000
6		Standard ▾		100.972	4.380	7K11		11.931	0.000	12.390	0.0...	-
7		Standard ▾		-32.795	58.590 M			12.390	0.000	12.390	0.0...	0.000
8	IMAGE	Standard ▾		Infinity	-			35.503	0.000	35.503	0.0...	0.000

图 2-32　初始结构参数

　　初始结构输入后，由于系统焦距与设计要求不符，需要通过缩放功能进行调整。在主窗口的设置（Setup）菜单中选中缩放镜头（Scale Lens），由于系统现有焦距为 77.2915mm，要变为 9mm，缩放因子为 9/77.2915 = 0.116442299606，因此在 Scale By Factor 后面输入"0.116442299606"，如图 2-34 所示。单击 OK 按钮，镜头数据编辑器（Lens Data）中的结构数据发生变化，此时系统焦距 EFFL 已经调整为 9mm。

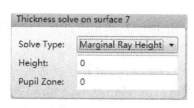

图 2-33　厚度求解

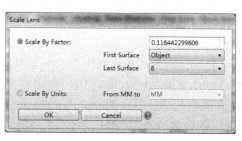

图 2-34　缩放镜头

调整后的系统可以通过主窗口的分析（Analyze）菜单中的二维视图（Cross-Section）功能查看系统二维结构图。从结构图中可以看出，第一透镜口径不合理，出现前后两表面相交（第 1 面边缘厚度为负值）的情况。此时可以再次利用求解（Solve）功能，在 Thickness solve on surface 1 对话框中将求解类型（Solve Type）选择为边缘厚度（Edge Thickness），并在厚度（Thickness）文本框中输入 0.1，这表示第 1 面边缘厚度被控制为 0.1，系统根据这一控制自动调整第 1 面的中心厚度。调整前后的结构如图 2-35 所示。

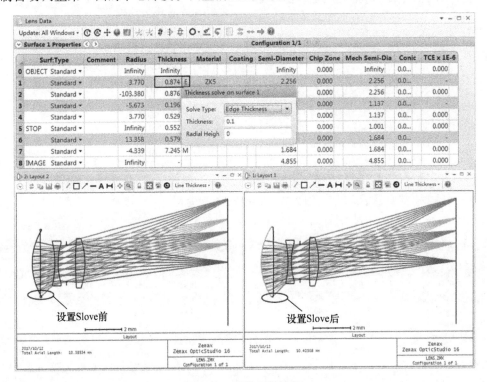

图 2-35　系统初始结构

2. 初始性能评价

结构调整完成后，可通过选择菜单"分析（Analyze）"→"光线迹点（Rays and Spots）"→"标准点列图（Standard Spot Diagram）"命令查看系统的标准点列图，并通过 MTF 中的 FFT MTF 查看系统的 MTF 曲线，如图 2-36 所示。在 MTF 曲线图中，由于系统要求考察 67.5 线对处的 MTF 值，因此通过 Setting 对话框将采样频率定为 68 线对，如图 2-37 所示。从图中可看出，系统成像质量较差，需要进行优化。

3. 优化

进行优化之前需要设置评价函数。从主窗口优化（Optimize）菜单中打开评价函数编辑器（Merit Function Editor），单击 Optimization Wizard 选项打开默认评价函数编辑界面，选择默认的评价函数构成 PTV+波前（Wavefront）+质心（Centroid）。设置厚度边界条件：玻璃（Glass）厚度最小值（Min）为 0.5，最大值（Max）为 10；空气（Air）厚度最小值（Min）为 0.1，最大值（Max）为 100；边缘厚度（Edge Thickness）都设为 0.1，如图 2-38 所示。

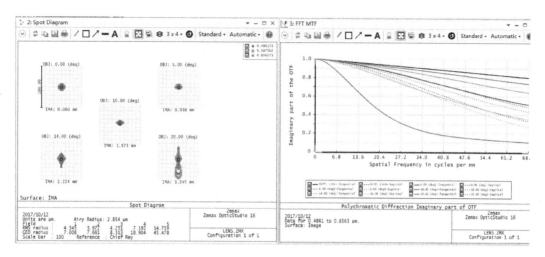

图 2-36　系统初始性能

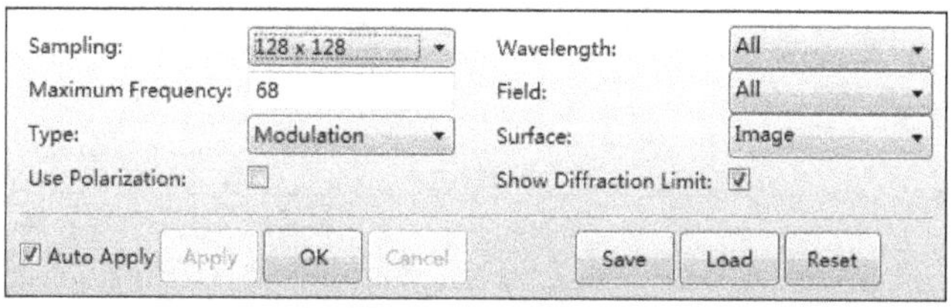

图 2-37　设置采样频率

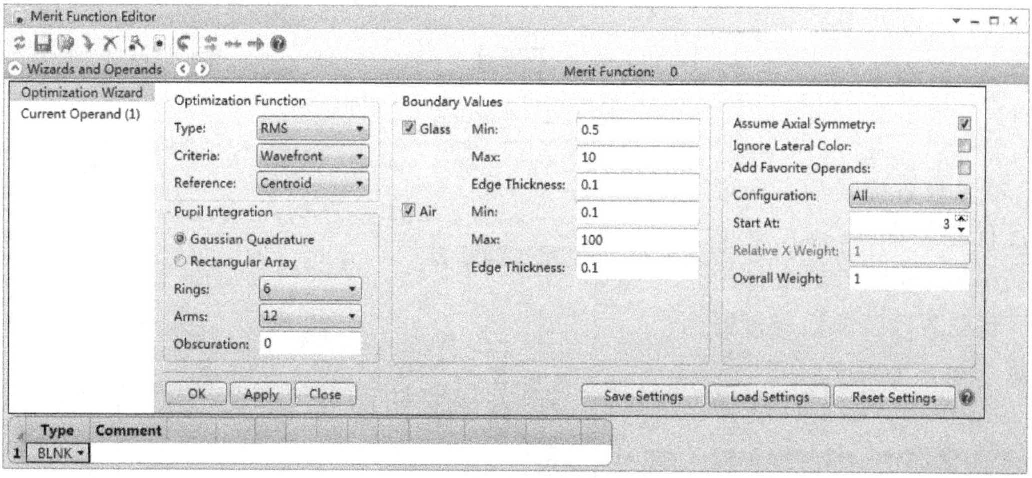

图 2-38　设置评价函数

　　单击 OK 按钮后，返回评价函数编辑器（Merit Function Editor）界面。系统已经根据上述设置自动生成了一系列控制像差和边界条件的操作数。此时，需加入操作数 EFFL 以控制系统焦距，目标值（Target）设为 9，权重（Weight）设为 1，如图 2-39 所示。

　　之后返回镜头数据编辑器（Lens Data）界面，为系统结构设置变量。变量设置可以有

	Type	Wave			Target	Weight	Value	% Contrib
1	EFFL ▾	2			9.000	1.000	8.997	6.221E-03
2	DMFS ▾							
3	BLNK ▾	Sequential merit function: RMS wavefront centroid GQ 6 rings 12 arms						
4	BLNK ▾	Default individual air and glass thickness boundary constraints.						
5	MNCA ▾ 1	1			0.100	1.000	0.100	0.000
6	MXCA ▾ 1	1			100.000	1.000	100.0...	0.000
7	MNEA ▾ 1	1	0.0...		0.100	1.000	0.100	0.000
8	MNCG ▾ 1	1			0.500	1.000	0.500	0.000
9	MXCG ▾ 1	1			10.000	1.000	10.000	0.000
10	MNEG ▾ 1	1	0.0...		0.100	1.000	0.100	0.000
11	MNCA ▾ 2	2			0.100	1.000	0.100	0.000
12	MXCA ▾ 2	2			100.000	1.000	100.0...	0.000
13	MNEA ▾ 2	2	0.0...		0.100	1.000	0.100	0.000
14	MNCG ▾ 2	2			0.500	1.000	0.500	0.000
15	MXCG ▾ 2	2			10.000	1.000	10.000	0.000
16	MNEG ▾ 2	2	0.0...		0.100	1.000	0.100	0.000
17	MNCA ▾ 3	3			0.100	1.000	0.100	0.000
18	MXCA ▾ 3	3			100.000	1.000	100.0...	0.000

图 2-39　优化操作数

不同选择，这里采用的做法是将系统各表面（光阑面除外）半径和第 1 面、第 2 面的厚度设为变量，如图 2-40 所示。

	Surf:Type	Comment	Radius		Thickness		Material	Coating	Semi-Diameter	Chip Zone	Mech Semi-Dia	Conic	TCE x 1E-6
0	OBJECT Standard ▾		Infinity		Infinity				Infinity	0.000	Infinity	0.0...	0.000
1	Standard ▾		3.289	V	0.664	E	ZK5		1.815	0.000	1.815	0.0...	-
2	Standard ▾		-90.993	V	0.771	V			1.768	0.000	1.815	0.0...	0.000
3	Standard ▾		-4.994	V	0.172		F6		1.126	0.000	1.126	0.0...	-
4	Standard ▾		3.319	V	0.466				0.985	0.000	1.126	0.0...	0.000
5	STOP Standard ▾		Infinity		0.486				0.921	0.000	0.921	0.0...	0.000
6	Standard ▾		18.744	V	0.510		ZK11		1.193	0.000	1.269	0.0...	-
7	Standard ▾		-3.819	V	7.356	M			1.269	0.000	1.269	0.0...	0.000
8	IMAGE Standard ▾		Infinity		-				3.276	0.000	3.276	0.0...	0.000

图 2-40　变量设置

变量设置完成后，即可通过优化（Optimize）菜单中的 Optimize! 工具执行优化。优化后系统的性能得到了较大改善，如图 2-41 和图 2-42 所示。图 2-41 为系统的二维结构图，图 2-42 为系统的点列图和 MTF 曲线。可以看出，在 68 线对/mm 处，所有视场 MTF 都大于 0.3，优于系统设定的技术要求。

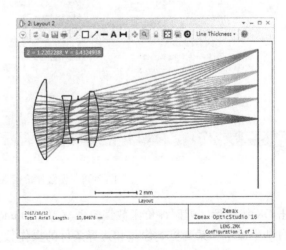

图 2-41　二维结构图

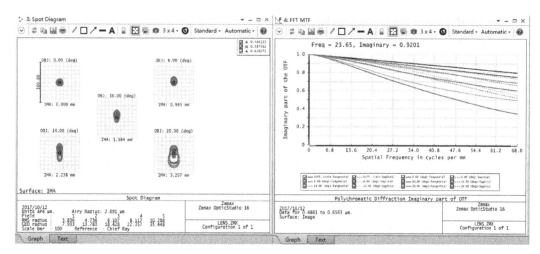

图 2-42　点列图和 MTF 曲线

2.3　光学设计软件 OSLO 应用入门

OSLO 是 Optics Software for Layout and Optimization 的缩写。20 世纪 70 年代，Rochester 大学开发了最初的 OSLO，并于 1976 年开发出了第一个商业化的版本；在此基础上，逐步演变融合，形成 OSLO 软件，并不断推出新的版本。目前的最高版本为 OSLO 6.4。本书将介绍 OSLO 6.1 版本的功能特点和应用。

2.3.1　概述

1. OSLO 的版本

早期的 OSLO 5.0 系列有 3 个版本：OSLO Light、OSLO PRO、OSLO SIX。OSLO Light 是 Sinclair Optics 公司提供的一套免费教育软件，通过学习使用 OSLO 程序，可以使读者对光学系统设计的操作有初步的了解，进而使用功能更强的高级软件 OSLO PRO 和 OSLO SIX。现在的 OSLO 6.0 系列有 4 个版本：教学版（EDU）、初级版（LT）、标准版（STD）和高级版（PRE），每个版本的功能依次递增。其中，教学版相当于 OSLO LT5.4，提供免费下载，下载网址为 www.sinopt.com。OSLO LT5.4 只能进行不超过 11 个面的光学系统设计，OSLO EDU6 和 OSLO LT6 都只能进行不超过 9 个面的光学系统设计，而 OSLO STD6 和 OSLO PRE6 则没有面数限制。

2. OSLO 的基本概念

在学习用 OSLO 进行光学系统设计之前，必须建立起这样一个概念：镜头亦文件。因为设计镜头就是用结构参数、光学参数、公差和图形等信息把镜头模拟出来，所有的这些信息都包含在一个文件中。OSLO 文件的扩展名为 .len 或 .osl。OSLO 的数据主要分为 4 种类型：面数据、透镜操作条件、程序环境设定和编辑表数据缓存。

（1）面数据（Surface Data）

面数据包括透镜的所有结构参数，如曲率半径、厚度、孔径半径、玻璃种类和非球面类

型等。在 OSLO 中用 4 种方式输入或修改面数据:

1) 数据编辑表 (Surface Data spreadsheet) 中输入。

2) 各项数据直接由命令行 (Command Line) 输入。

3) 打开内部透镜编辑器 (Internal Lens Editor) 输入。

4) 离线输入,可以脱离 OSLO 用任何文本编辑器来编辑。

(2) 透镜操作条件 (Operating Conditions)

透镜操作条件是指对整个透镜组的相关参数进行设定,如孔径、视场、波长和误差函数等设定。透镜操作设定数据是附在透镜数据之中,与面数据一起存储在透镜文件中。透镜操作条件只针对某一个透镜,当打开这个透镜文件时自动导入相关数据,如果新建一个透镜文件,则要重新设定该透镜的操作条件。

(3) 程序环境设定 (Preferences)

程序环境设定与透镜操作条件设定不同,它是设定整个 OSLO 程序的操作环境,对所有透镜都起作用,如图形窗口颜色、文本字体、工具栏和状态栏设置等。大多数选项一旦设定好后就立即生效,但有一部分设定必须重新启动 OSLO 才能生效。一旦程序设定确定了,其内容就会存入配置设定文档 (configuration file) (*.ini),在程序启动时就会被读取。

(4) 编辑表数据缓存 (Spreadsheet Buffer)

编辑表数据缓存是 OSLO 数据结构中一个重要部分,它是连接程序与用户之间的主要通道。编辑表数据缓存附在每个文本窗口之中,OSLO 将浮点数字输出到文本窗口时,将备份暂存于编辑表数据缓存内,并保留全部数据精确度。编辑表数据缓存是以矩阵形式保存数据的,矩阵的列数规定为 10 列,行数没有限制。10 列名称分别用 a、b、c、d、e、f、g、h、i 和 j 来表示,行名称以行数来表示。在文本窗口中单击输出数据,在命令行下面的信息输出区就会显示该数据所处的行列及其数值,如 $c2 = 0.012$,表示在第 2 行第 3 列存储的数据是 0.012。

3. OSLO 的主要特点

OSLO 在本质上是一个面向对象的 Windows 程序,在计算机上能提供相当高的性能。其主要特点:

1) OSLO 是强调交互性的光学设计,体现以设计者为导向的设计风格。因为容易理解设计中的反馈信息,设计者易于选择最佳的解决方案。

2) 从 2.3.2 节中可看出 OSLO 的用户界面直观、清晰,更凸显其交互性强的特色。

3) 功能强大且层次清晰,尤其是在多重结构优化和公差分析方面有独到之处。

4) OSLO 能提供高性能非顺序光线追迹和随机的光源建模分析方法。

5) 设计者可用宏语言根据需要对软件进行扩充。

2.3.2 OSLO LT6.1 用户界面

本小节将介绍 OSLO LT6.1 的用户界面和使用方法。为方便起见,如无特殊说明,后面都将 OSLO LT6.1 简称为 OSLO。

1. 主窗口

和大多数基于 Windows 的应用程序一样,OSLO 的主窗口也是由标题栏、菜单栏、工具栏和状态栏等组成的,如图 2-43 所示。除此之外,OSLO 中还有命令输入行,因为 OSLO 支持命令输入操作方式。比如说，在命令输入行输入 file_open，再按〈Enter〉键，就会打开文件窗口，其结果与单击 File→Open 菜单项完全相同。单击命令输入行最右边的下拉按钮会看到前面各操作命令的历史记录。

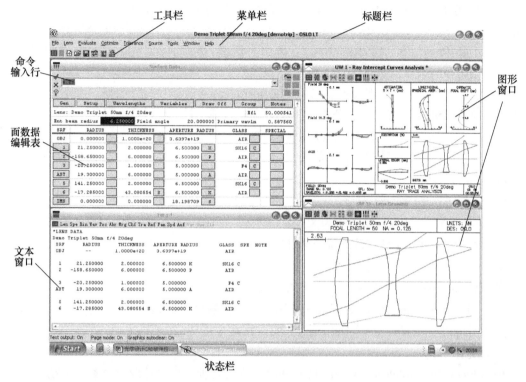

图 2-43　OSLO LT6.1 主窗口

面数据编辑表、文本窗口和图形窗口是 OSLO 最常用的 3 种用户界面，光学系统设计的主要操作都是在这 3 个界面中进行的；工具栏提供了一些常用命令的快捷方式；菜单栏里包括了所有的操作命令。

2. 工具条

工具条提供快速的方法来执行常用命令，如图 2-44 所示。OSLO 的工具条分为 5 组，每一组中的工具执行相关的命令，若某工具颜色变为灰色，即表示当前不能使用该工具。如果想要看某工具的简要注释，将鼠标移到此工具上就会立刻显示。

图 2-44　工具条

（1）工具条菜单

单击第一个工具 弹出工具条菜单，如图 2-45 所示。

该菜单分为两栏，上栏是对窗口和工具条的一些设置，具体功能如下：

排列窗口（Tile windows）：把打开的不规则放置的多个窗口自动整齐排列。

新建图形窗口（New graphics window）：打开一个空白图形窗口。

切换文本窗口（Switch text windows）：在两个文本窗口之间切换，OSLO 允许最多同时打开两个文本窗口。

右击动作（SS right-click acitons）：在面数据编辑表中右击，弹出菜单，这和直接在面数据编辑表中右击功能一样。

设置工具条/行（Set Toolbars/Row）：弹出对话框，输入在工具条第一行允许的最多工作条数。

下栏是 5 组工具条，分别为标准工具（Standard Tools）、优化工具（Optimization Tools）、公差（Tolerancing）、高斯光束（Gaussian Beams）、扩展光源（Extended Sources）。下面详细说明各工具功能及其对应的菜单项。

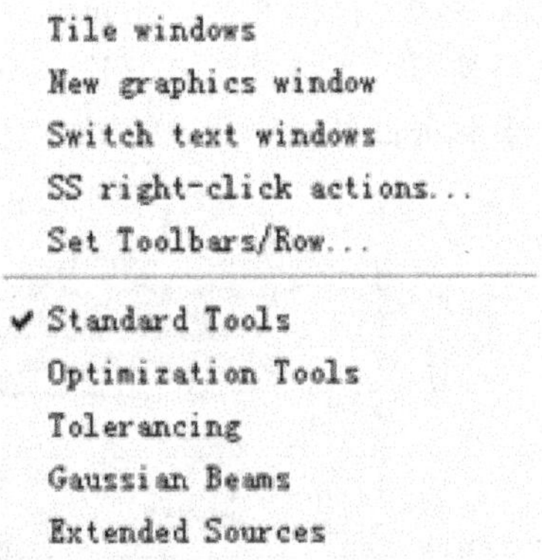

```
Tile windows
New graphics window
Switch text windows
SS right-click actions...
Set Toolbars/Row...
─────────────────────
✓ Standard Tools
  Optimization Tools
  Tolerancing
  Gaussian Beams
  Extended Sources
```

图 2-45　工具条菜单

（2）标准工具

▮：打开面数据编辑表。

⊞（File→New Lens）：新建镜头文件。

🗁（File→Open Lens）：打开镜头文件。

🖫（File→Save Lens）：保存文件。

▦（Window→Editor→Open）：打开文本编辑器。

▦（File→Lens Library→Edit Folders List）：打开数据库编辑表。

▦（Optimize→Slider-wheel Designer）：打开滚动条编辑表。

（3）优化工具

▸◂（Evaluate→Autofocus→Paraxial Focus）：为得到轴上点最佳成像位置而自动聚焦。

◎（Optimize→Generate Error Function→GENII Ray Aberration）：生成误差函数。

↪（Optimize→Iterate）：执行优化操作。

▦（Optimize→Operands）：打开优化操作数编辑表。

↘（Optimize→Optimization Conditions）：打开优化条件编辑表。

（4）公差

⦇（Tolerance→Update Tolerance Data→Surface）：打开面公差编辑表。

◫（Tolerance→Update Tolerance Data→Component）：打开组件公差编辑表。

▦：打开公差操作数编辑表。

▦（User-defined Tolerancing）：用户自定义公差。

（5）高斯光束

▮^{S}（Source→Paraxial Gaussian Beam（ABCD））：打开高斯光束编辑表。

▱（Source→Skew Gaussian Beam）：打开高斯光束追迹对话框。

▦（Source→Fiber Coupling）：打开单模光纤耦合编辑对话框。

（6）扩展光源

▦（Source→Edit Extended Sources）：编辑扩展光源。

◯（Source→View Extended Source Image）：分析扩展光源的像。

▦（Source→Pixelated Object）：像素化光源分析。

除了主窗口的工具条以外，在图形窗口和文本窗口也有多个功能丰富的工具条，能够非常方便地执行各种命令，在后面的小节中将具体介绍各工具。

3. 面数据编辑表

面数据编辑表是 OSLO 中最重要的一个数据表格，对镜头的大部分操作都是在这个表中进行的。如图 2-46 所示，面数据编辑表主要由窗口控制区、系统参数区、面数据输入区、数据编辑表按钮区和工具条按钮区 5 个部分组成。

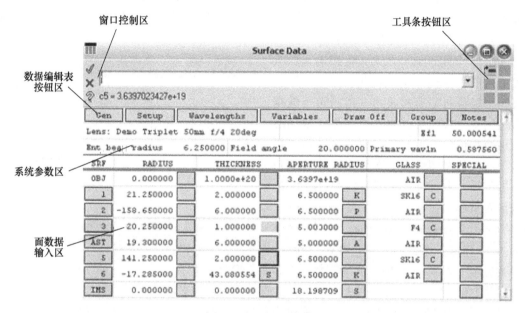

图 2-46　面数据编辑表

（1）窗口控制区

窗口控制区可以控制面数据表的打开和关闭，当操作界面切换到其他编辑表或关闭所有编辑表时这个区域也始终存在。

：确定按钮。单击该按钮表示接收当前的数据输入并关闭当前面数据编辑表。注意，这个按钮并不等于保存数据，如果要保存当前数据必须要单击主窗口工具栏上的按钮。

：取消按钮。单击该按钮表示拒绝当前的数据输入并关闭当前面数据编辑表。

：帮助按钮。根据面数据编辑表和命令行的不同状态，帮助系统将打开不同的页面。

命令输入行：输入命令，按〈Enter〉键执行该命令。OSLO 有上千条用 SCP 和 CCL 编写的宏命令。

（2）系统参数区

系统参数区显示的是光学系统主要的几个系统参数值，包括透镜名称（Lens）、有效焦距（Efl）、入射光束半径（Ent beam radius）、视场角（Field angle）和主波长（Primary wavln）等。如果是有限物距系统，入射光束半径和视场角会由物高和物方数值孔径替代。有效焦距值是由所输入的面数据值自动计算得到的，不能人工修改。

（3）面数据输入区

面数据输入区显示透镜各面的光学参数。表的纵列从左到右依次为面序号（SRF）、曲率半径（RADIUS）、厚度（THICKNESS）、孔径半径（APERTURE RADIUS）、玻璃（GLASS）和特殊设置（SPECIAL）；横行表示光学系统的每个面，其中第 0 面为物面，用 OBJ 表示，最后一面为像面，用 IMS 表示，中间各面用 $1\sim n$ 的序号表示。

单击面序号可以选中整个行，再右击弹出快捷菜单，可以对该行进行剪切、复制、删除、插入和反转等操作。点住行序号然后向下拖动鼠标就可以选择多行，再右击弹出快捷菜单，可以对选中的多个行进行操作。例如，元件分组（Element Group）命令可以将选中的面编为一组，这些面将作为一个整体，其内部的面对外是屏蔽的。如果想打散组，可以选中该组序号，右击选择打散组（Ungroup）命令。

面数据有两种输入方式：直接输入数据和由透镜目录数据库调入镜头。半径、厚度和孔径半径值可以直接输入。单击每个数据格右边的灰色按钮会弹出一个菜单，里面有关于该数据值的一些特殊计算方式。玻璃可以从单击灰色按钮弹出的菜单中选择玻璃目录中的牌号，也可以自建玻璃名称和折射率。特殊设置菜单中包括坐标变换（Coordinates）、非球面（Polynomial Asphere）、样条轮廓（Spline Profile）、衍射面（Diffractive Surface）和梯度折射率（Gradient Index）等对该面的特殊功能设置。

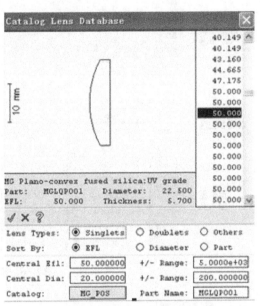

图 2-47　透镜目录数据库

在行序号上右击，在弹出的快捷菜单中选择插入透镜目录（Insert Catalog Lens），打开 OSLO 自带的透镜目录数据库对话框，如图 2-47 所示。

单击对话框最下面的目录（Catalog）按钮，弹出目录数据库下拉列表框，有十几个数据库可供选择，右边显示出所选数据库包括的透镜列表。每个数据库中有若干已设计好的透镜，大部分是单透镜和双胶合结构，因为这两种结构是构成复杂光学结构的基础。透镜类型（Lens Types）有 3 个选项：单透镜（Singlets）、双透镜（Doublets）和其他（Others）。分类根据（Sort by）有 3 个选项：有效焦距（EFL）、直径（Diameter）和零件名称（Part）。下面两项是选择中心焦距（Central Efl）和中心直径（Central Dia），及其正负范围，用这两项可以缩小选择范围。比如，中心焦距设为 50mm，正负范围为 10mm，那么表中就会列出焦距为 $40\sim60$mm 的透镜，这样查找所需要的透镜更为方便。

选择一个透镜就会在绘图窗中画出它的结构，在结构图下面显示该透镜的名称、焦距、直径和厚度等参数值，然后单击 ✓ 按钮返回面数据编辑表，所选透镜就输入了表中。

（4）数据编辑表按钮区

数据编辑表按钮区是 OSLO LT6.1 版本与 OSLO LT5.4 版本相比在界面上增加的部分，它可以更方便地帮助设计者进行各种系统参数的设置。该区中按钮包括常规设置（Gen）、近轴设置（Setup）、波长设置（Wavelengths）、变量设置（Variables）、自动绘图打开/关闭（Draw On/Draw Off）、组/面显示切换（Group/Sur）和系统注释（Notes）。

1）单击 Gen 按钮会打开常规设置编辑表，如图 2-48 所示。表中包括控制透镜特性或者操作环境的各种常规选项，如评价模式（Evaluation mode）、单位（Units）、光线瞄准模式（Ray aiming mode）、波前参考球面位置（Wavefront ref sph pos）、孔径检查（Aperture checking）和像差模式（Aberration mode）等。一般使用系统默认的设置就可以，没有特殊需要不用修改这些设置。

Evaluation mode:	Focal	Units:	mm
Ray aiming mode:	Central refer. ray	Beam half-angle (degrees):	90.000000
Wavefront ref sph pos:	Exit pupil	Aperture checking:	On
Designer:	OSLO	Aberration mode:	Transverse
		OPD in waves:	○ Off ● On
Zernike poly. reference axis: ● Y ○ X		Global ref. surf. for ray data:	1
Ray aiming type: ● Aplanatic ○ Paraxial		Source astigmatic distance:	0.000000
Temp: 20.000000	Pressure: 1.000000	Evaluation z-axis:	Image surf z-axis

图 2-48　常规设置编辑表

2）单击设置（Setup）按钮打开近轴设置编辑表，如图 2-49 所示。

Aperture		Field		Conjugates	
Entr beam rad*	6.250000	Field angle *	20.000000	Object dist	1.0000e+20
Object NA	6.2500e-20	Object height	-3.6397e+19	Object to PP1	1.0000e+20
Ax. ray slope	-0.124999	Gaus image ht	18.198709	Gaus img dist	43.080554
Image NA	0.124999			PP2 to image	50.000541
Working f-nbr	4.000043			Magnification	0.000000
Aperture divisions across pupil for spot diagram:			17.030000		
Gaussian pupil apodization specification:			Unapodized		
1/e^2 entrance Gaussian irradiance spot size (radius) in x:			1.000000		
1/e^2 entrance Gaussian irradiance spot size (radius) in y:			1.000000		
Overall lens length		17.000000	Total track length		1.0000e+20
Entr pup rad/pos	6.250000	10.466307	Ext pup rad/pos	6.643768	-10.070166
Lagrange invariant		-2.274814	Petzval radius		-149.381547
Effective focal length		50.000541			

图 2-49　近轴设置编辑表

表中分孔径（Aperture）、视场（Field）和共轭（Conjugates）3 个纵栏，每个纵栏中又有一条横线将其分成物方和像方两部分。孔径栏物方参数有入射光束半径（Entr beam rad）、物方数值孔径（Object NA），像方参数有出射光线斜率（Ax. ray slope）、像方数值孔径（Image NA）、工作 F 数（Working f-nbr）；视场栏物方参数有视场角（Field angle）、物高（Object height），像方参数有高斯像高（Gaus image ht）；共轭栏物方参数有物距（Object dist）、物面到物方主面距离（Object to PP1），像方参数有高斯像距（Gaus img dist）、像方主面到像面距离（PP2 to image）、放大率（Magnification）等。下面两项是对光学系统孔径的设置和对高斯光束孔径的设置。最下面是系统自动计算的光学系统外形尺寸，包括光学系统总长度（Overall lens length）、入瞳半径/位置（Entr pup rad/pos）、拉格朗日不变量（Lagrange invariant)、有效焦距（Effective focal length）、总光路长度（Total track length）、出瞳半径/位置（Ext pup rad/pos）、佩茨瓦尔半径（Petzval radius）。

3）单击波长（Wavelengths）按钮会打开波长编辑表，如图 2-50 所示。系统默认的当前主波长为 0.58756μm，对 0.48613μm 和 0.65627μm 两种波长的光线校正初级色差，对这 3 种光线校正二级色差。单击每个波长值会弹出一个波

Nbr	Wavelength	Weight	Current
1	0.587560	1.000000	◉
2	0.486130	1.000000	○
3	0.656270	1.000000	○

图 2-50　波长编辑表

长列表，列表中有 0.3650~1.1523μm 典型的 23 种波长，可以从其中任选所需要的波长。选中了某个波长行，右击弹出的快捷菜单中有对该行剪切、复制、粘贴、插入和删除等各种操作。Weight 是波长在计算色差时的权重，默认都为 1。

4）单击变量（Variables）按钮打开变量设置编辑表，如图 2-51 所示。变量是在优化过程中可以任意改变值以使误差函数最小化的镜面参数，如镜面曲率半径、厚度等。表中前两行是设置默认的空气层厚度范围和玻璃厚度范围。中间 3 个按钮分别可以将所有的曲率半径（Vary all curvatures）、所有的厚度（Vary all thicknesses）和所有的空气层（Vary all air spaces）设为变量。

Default air-space thickness bounds:		Minimum	0.100000	Maximum	1.0000e+04	
Default glass thickness bounds:		Minimum	0.500000	Maximum	100.000000	

| Vary all curvatures | | Vary all thicknesses | | Vary all air spaces | | |

V #	Surf	Cfg	Type	Minimum	Maximum	Damping	Increment	Value
1	1	0	?	0.000000	0.000000	1.000000	0.000000	0.000000

图 2-51　变量编辑表

5）单击打开/关闭（Draw On/Draw Off）按钮可以在自动绘图和非自动绘图之间切换。自动绘图可以实时跟踪对镜面数据的修改，当改变某个半径值或者厚度值时，在绘图窗口中就会立刻改变镜片的外形，这样有利于设计者及时发现设计过程中镜片结构可能会出现的问题。

6）组/面（单击 Group/Sur）按钮设置面数据编辑表中显示的光学系统是以组的形式还是以各面单独列出的形式来显示。通常在使用 OSLO 自带的目录数据库中的镜头时，数据是以组的形式存储的，如果选择面显示方式就会自动把组打开，组里面的各面的参数值也会显示出来。

7）单击注释（Notes）按钮打开注释输入表。注释的长度不能超过 5 行，每行不超过 80 个字符。

（5）工具条按钮区

工具条按钮区在面数据编辑表的右上角，有对面数据进行剪切、复制和粘贴等操作按钮。建议不使用工具条按钮区中的按钮，直接在选中行后右击，用弹出快捷菜单操作更为方便。

4. 图形窗口

OSLO 有非常丰富的图形显示分析功能，如对光学系统的二维、三维显示和各种像质分

析图形等。OSLO 支持最多同时打开 32 个图形窗口。

一个典型的图形窗口如图 2-52 所示。最上面是标题栏，显示该窗口的序号和名称，最右边是最小化、最大化和关闭按钮。注意当整个主窗口中只剩下一个图形窗口时，关闭按钮为灰色，也就是不能关闭最后一个图形窗口。标题栏下面一行是工具栏，所有关于图形分析和显示的命令都可以在标题栏中找到相应的按钮。在窗口中右击会弹出快捷菜单，有对窗口的更新（Update Window）、缩放（Zoom）、打印（Print）、锁定（Lock）、清空（Clear Window）和移除工具条（Remove Toolbar）等操作。

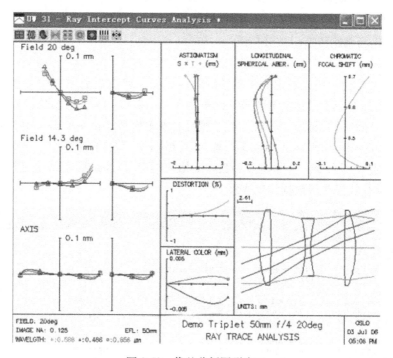

图 2-52　像差分析图形窗口

单击 ▦ 按钮会弹出一个菜单，该菜单分为两栏。上栏是对窗口性质的一些设置，每个选项功能如下：

新建一个图形窗口（New graphics window）：可以打开一个空白图形窗口。

排列窗口（Tile windows）：可以把打开的不规则放置的多个窗口自动整齐排列。

设置窗口名称（Set window title）：可以修改当前的窗口名称。

反转背景颜色（Invert background）：把窗口背景颜色反转。

单击右键动作（Right-click actions）：会在窗口中弹出右键快捷菜单，这和直接在窗口中右击的效果一样。

下栏可以打开一系列图形操作工具条，其中有标准工具（Standard Tools）、透镜绘图（Lens Drawing）、光线分析（Ray Analysis）、波前分析（Wavefront）、点列图（Spot Diagram）、点扩散函数（PSF）、调制传递函数（MTF）和能量分析（Energy Analysis）等，每个工具条都有多个分析工具按钮。

标准工具条包含了大部分最常用的图形分析工具，功能如下：

：绘制二维光学系统图形。

：绘制三维光学系统图形。

：绘制光线分析图，包括多个像质分析图，如像差、像散、焦移、畸变、轴向色差和垂轴视场分析等。

：绘制波前分析图。

：绘制点列图。

：绘制点扩散函数（PSF）分析图。

：绘制频域调制传递函数（MTF）分析图。

：绘制焦面调制传递函数分析图。

5. 文本窗口

OSLO 中的文本窗口用来输出光学系统的各种数据，如镜头数据、像差数据和光线追迹数据等，如图 2-53 所示。OSLO 允许同时打开两个文本窗口。和图形窗口一样，文本窗口最上面是标题栏，标题栏下面是工具条，再下面是文本输出区。在文本窗口中右击弹出快捷菜单，有对文本窗口的打印（Print）、复制（Copy）、保存（Save）、背景颜色设置（Background color）等命令。清除窗口和数据编辑表缓存（Clear Window and SS buffer）命令是清除窗口中所有数据并将数据编辑表缓存清空。

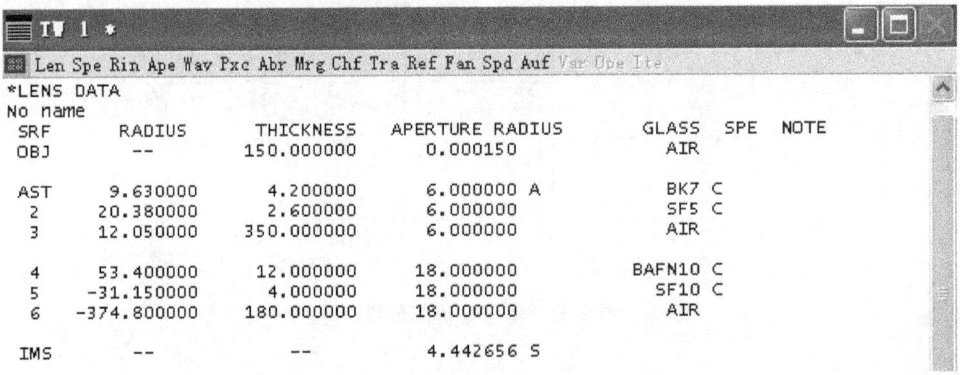

```
T▼ 1 *
Len Spe Rin Ape Wav Pxc Abr Mrg Chf Tra Ref Fan Spd Auf Var Ope Ite
*LENS DATA
No name
 SRF      RADIUS       THICKNESS     APERTURE RADIUS      GLASS   SPE   NOTE
 OBJ        --         150.000000       0.000150          AIR

 AST     9.630000       4.200000        6.000000 A        BK7   C
  2     20.380000       2.600000        6.000000          SF5   C
  3     12.050000     350.000000        6.000000          AIR

  4     53.400000      12.000000       18.000000          BAFN10 C
  5    -31.150000       4.000000       18.000000          SF10  C
  6   -374.800000     180.000000       18.000000          AIR

 IMS       --            --             4.442656 S
```

图 2-53 文本窗口

单击 按钮弹出工具条菜单，该菜单的上栏和图形窗口一样，下栏是文本输出工具条选项。文本窗口的工具条有标准工具（Standard Tools）、透镜数据工具（Lens Data Tools）、像差（Aberrations）、光线追迹（Ray Trace）、像分析（Image Analysis）和公差数据（Tolerancing Data）等。文本窗口的工具条可以多选，即可以同时选择几个工具条，这些工具条的按钮都会在工具栏上显示。

工具栏上默认的是标准工具，共 17 个按钮。这 17 项功能包含了绝大部分常用的数据输出，各工具按钮功能如下：

Len：显示透镜数据，和当前面数据表中的面数据完全相同。

Spe：显示面的特殊参数，如果没有特殊参数，则告知无特殊数据输出。

Rin：显示各面的折射率数据。

Ape：显示各面的孔径类型和孔径半径值。

Wav：显示当前使用的波长值。

Pxc：显示光学系统的近轴常数值。

Abr：显示系统的各种像差值，分别为近轴光线追迹值、色差值、初级单色像差值和五阶高级像差值。

Mrg：显示各面的边缘光线追迹值。

Chf：显示各面上主光线的追迹值。

Tra：弹出一个对话框，要求设置想要追迹的任意一条光线的参数，然后可以在文本窗口输出这条光线的追迹值。

Ref：显示当前的参考光线数据。

Fan：弹出一个对话框，要求设置想要追迹的一束光线组的参数，然后在文本窗口中显示这一束指定光束的追迹值。

Spd：显示主要的点列图和波长数据。

Auf：正确地计算当前的虚像平面和调整正确的虚像成像值。

Var：显示当前的变量值。

Ope：显示当前的使用误差函数优化的数据。

Ite：根据当前的优化函数进行优化迭代计算，改变变量的值使误差函数最小。

6. 文件（File）菜单

文件菜单主要是对 OSLO 文件的操作，分为 7 个横栏，功能如下：

1）透镜文件操作。这个栏包括新建透镜（New Lens）、打开透镜（Open Lens）、保存透镜（Save Lens）和另存透镜（Save Lens as）等选项。

2）数据库文件操作。OSLO 的数据库文件是多个透镜文件的集合。透镜数据库（Lens Database）下面的子菜单中有 4 个选项：公有数据库（Public）、私有数据库（Private）、编辑文件夹列表（Edit Folders List）和打开数据库（Open Database）。

3）打印文本操作。这个栏包括打印文本窗口（Print Text Window）、页面设置（Page Setup）和另存文本为（Save Text as）3 个选项。如果文本窗口内没有内容，那么打印文本窗口和另存文本为两项为灰色，不能操作。

4）打印图形操作。这个栏包括打印图形窗口（Print Graphics Window）、页面设置（Page Setup）和另存图形为（Save Text as）3 个选项。如果图形窗口内没有内容，那么打印图形窗口和另存图形为两项为灰色，不能操作。

5）参考。参考（References）选项的子菜单是对参考的设置，一般使用默认设置。

6）打开文件。从列表中迅速打开曾打开过的文件。

7）退出。关闭 OSLO 并询问是否保存修改的文件。

7. 透镜（Lens）菜单

透镜菜单分为 4 栏，各选项功能如下：

1）更新透镜数据（Update Lens Data）。

2）显示数据。该栏分别有显示面数据（Show Surface Data）、显示公差数据（Show Tolerance Data）、显示优化数据（Show Optimization Data）、显示操作条件（Show Operating Conditions）和显示辅助数据（Show Auxiliary Data）等选项。这些选项都是在文本窗口中显示所需要的数据信息，有些选项还有次级菜单进行进一步的选择。

3）透镜绘图。该栏有透镜绘图（Lens Drawing）和透镜绘图条件（Lens Drawing Conditions）两个选项，分别打开透镜绘图设置和透镜绘图条件设置对话框，可以设置在图形窗口输出透镜结构的一些环境参数，通常使用默认设置。

4）元件绘图。该栏有元件绘图（Elements Drawing）和元件绘图条件（Elements Drawing Conditions）两个选项。元件绘图是绘制某个镜片的工程图，单击元件绘图弹出对话框，要求输入该元件左表面的面序号，然后打开元件绘图编辑表，如图 2-54 所示。

```
Element Surfaces 1 - 2            Thickness (mm)   8.100000  +/-   0.200000

Material is Schott BK7  n(1064 nm) 1.506635 +/- 0.001000   Part [                    ]

Drawing Title [                                      ]   Datum Axis [ No annotation ]

Diameter (mm) [ 20.000000 ]  + [  0.500000 ]  - [  0.500000 ]

Rms Surface Roughness for Ground Edges (microns)      [   -   ]

Sampling Length for Edge Roughness (mm):  Low Limit [   0 ]     High Limit [   0 ]

Stress Birefringence (nm per cm of opt. path) (0/):   [  20 ]

Bubbles and Inclusions (1/):             Number [  5 ]   Grade [  0.250000 ]

Inhomogeneity and Striae (2/):  Inhomogeneity Class [  1 ]   Striae Class [  1 ]


     [ Delete drawing data ]       [ Edit left surface ]       [ Edit right surface ]
```

图 2-54　元件绘图编辑表

表中包括元件厚度公差（Thickness）、玻璃材料折射率公差（Material）、直径公差（Diameter）、表面粗糙度（Rms Surface Roughness for Ground Edges）、泡沫和杂质等级（Bubbles and Inclusions）、均匀性与划痕（Inhomogeneity and Striae）等设置。按照图 2-54 中的设置绘出的元件工程图如图 2-55 所示，该图符合 ISO 10110 绘图标准。

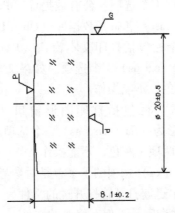

Left Surface:	Material Specification:	Right Surface:
R 91.31 CX ⌀e 20.0 Prot. Cham. 0.2 - 0.4 ⟨∧⟩ - 3/ 10(2) 4/ 20' 5/ 5x0.25 6/ -	Schott BK7 n(1064 nm) 1.506635±0.001 v(1064 nm) 62.9±0.8% 0/ 20 1/ 5x0.25 2/ 1.1	R ∞ ⌀e 20.0 Prot. Cham. 0.2 - 0.4 ⟨∧⟩ - 3/ 10(2) 4/ 20' 5/ 5x0.25 6/ - To be cemented

图 2-55　元件工程图

8. 评价（Evaluate）菜单

评价菜单包括对光学系统性能的各种评价功能，包括 5 个栏，具体功能如下：

1）近轴光线评价。近轴设置（Paraxial Setup）选项在文本窗口中输出光学系统的近轴光学特性，所有数据都与在面数据编辑表中近轴光线设置编辑表的数据相同。近轴光线分析（Paraxial Ray Analysis）选项打开计算透镜近轴量对话框，如果选择计算近轴常数（Paraxial Constants），则在文本窗口中输出近轴常数值，这与直接在文本窗口工具条中单击 Pxc 按钮输出的内容完全相同；如果选择计算近轴光线追迹（Paraxial Raytrace），则在文本窗口中输出近轴光线追迹列表。

2）像差评价。像差系数（Aberration Coefficients）选项打开像差系数选择对话框，可以选择近轴色差（Paraxial chromatic）、赛德尔像差（Seidel image）、五阶像差（Fifth order）、赛德尔光瞳像差（Seidel pupil）等多种像差，然后在文本窗口中输出各面的相应像差值。其他像差（Other Aberrations）的次级菜单中有一些特殊像差的选项。

3）光线评价。单光线追迹（Single Ray Trace）选项打开追迹单条光线设置对话框，这与直接在文本窗口的工具条中单击 Tra 按钮的功能相同，然后设置所需的条件，就可以在文本窗口中输出该光线在各面的追迹值。发散光线（Ray Fans）和其他光线分析（Other Rays Analysis）是对一些特殊类型光线的追迹分析。

4）图形分析设置。该栏中分别对点列图（Spot Diagram）、波前（Wavefront）、传递函数（Transfer Function）、扩散函数（Spread Function）和能量分布（Energy Distribution）分析进行设置，然后在图形窗口中显示各种像质分析图，这与在图形窗口中直接单击各种像质分析按钮的显示相同。

5）自动聚焦（Autofocus）设置。该栏设置系统在计算像面时的焦点位置，默认选择近轴聚焦（Paraxial focus）。

9. 优化（Optimize）菜单

优化是通过改变光学系统中一些透镜的参数值以改进系统光学性能的执行过程，优化的目标是使光学系统的误差函数值极小化。用户可以自己设置误差函数，但通常使用 OSLO 默认的优化函数。OSLO 的优化函数具有优化速度快、适应性强和操作简单等特点，能够满足大多数成像光学系统的优化要求。

在 OSLO 主窗口的工具栏上单击■按钮，在弹出菜单中选择优化工具（Optimizing Tools），在工具栏中就会出现优化工具条，其中有 5 个按钮，有些和优化菜单里的选项功能相同，下面在介绍菜单项的时候再对应说明。优化菜单分为 4 栏，具体功能如下：

1）优化函数设置。生成优化函数（Generate Error Function）的次级菜单中可以选择优化函数种类，通常选择 GENII 误差函数（GENII Error Function），这是 OSLO 默认的优化函数，单击优化工具条上的◎按钮同样可以选择这个函数。操作数（Operands）选项打开操作数编辑表，表中列举了 50 项操作数，可以根据需要修改，但通常使用默认值。单击优化工具条上的▥按钮也可以打开操作数编辑表，单击文本窗口的 Ope 按钮可以在文本窗口中显示当前操作数。

2）优化变量设置。变量（Variables）选项打开变量设置编辑表，这与在面数据编辑表中单击变量（Variables）按钮的操作相同。滚动条设置（Slider-Wheel Designer）选项打开滚动条设置表。OSLO 允许把某个变量的值设置为滚动条，移动滚动条就是改变该变量的值，可以同时在像质分析窗口中看到改变该变量时像差的变化情况，用起来很方便。

3）优化过程。在设置好了优化函数和选择了优化变量后，迭代（Iterate）和高级优化（Advanced Optimization）选项由灰色变为黑色，同时文本窗口工具条上的 Var、Ope、Ite 三个按钮也由灰色变为黑色，这时就可以进行优化操作了。单击迭代命令就会在文本窗口中输出系统误差函数最小值的变化，这与在主窗口工具条中单击 ⇢ 按钮和在文本窗口中单击 Ite 按钮功能相同。

4）优化条件设置。选中优化条件（Optimization Conditions）选项打开优化条件设置对话框，这与在主窗口优化工具条上单击 ↖ 按钮的操作一样。支持常规（Support Routine）是对优化条件的进一步设置。

10. 公差（Tolerance）菜单

在实际加工透镜过程中镜面曲率半径和厚度等尺寸一定会有加工误差，类似于机械加工，透镜加工也要指定加工公差，在公差容限范围内的加工尺寸都认为满足像差要求。OSLO 可以自动计算透镜公差，方便了设计加工。

更新公差数据（Update Tolerance Data）的次级菜单可以打开对各个面和各个组件（胶合组）的公差编辑表，通常使用 ISO 10110 默认的设置，也可以直接输入公差值。用户自定义公差（User-Defined Tolerancing）可以由用户设定公差函数来计算公差。

11. 光源（Source）菜单

光源菜单可以编辑特殊光源，如 LED、激光和光纤耦合等。这里着重介绍近轴高斯光束（Paraxial Gaussian Beam）编辑表，如图 2-56 所示。

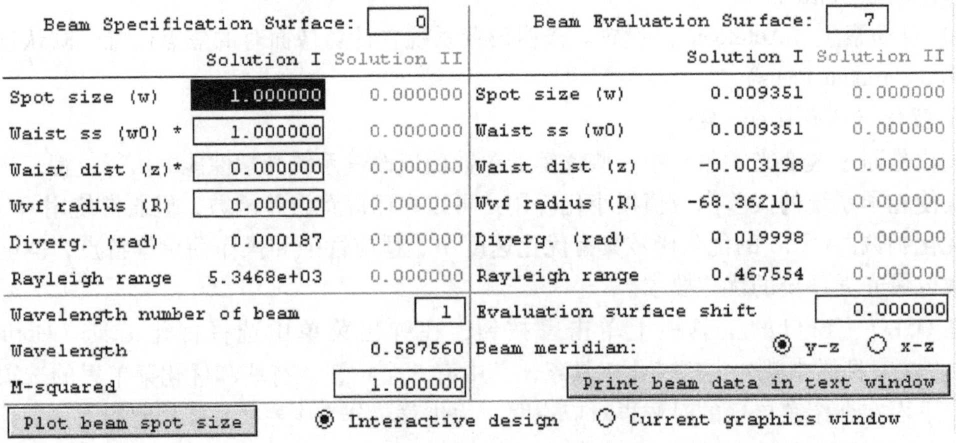

Beam Specification Surface:	0		Beam Evaluation Surface:	7	
	Solution I	Solution II		Solution I	Solution II
Spot size (w)	1.000000	0.000000	Spot size (w)	0.009351	0.000000
Waist ss (w0) *	1.000000	0.000000	Waist ss (w0)	0.009351	0.000000
Waist dist (z)*	0.000000	0.000000	Waist dist (z)	-0.003198	0.000000
Wvf radius (R)	0.000000	0.000000	Wvf radius (R)	-68.362101	0.000000
Diverg. (rad)	0.000187	0.000000	Diverg. (rad)	0.019998	0.000000
Rayleigh range	5.3468e+03	0.000000	Rayleigh range	0.467554	0.000000
Wavelength number of beam		1	Evaluation surface shift		0.000000
Wavelength		0.587560	Beam meridian:	● y-z	○ x-z
M-squared		1.000000		Print beam data in text window	
Plot beam spot size		● Interactive design	○ Current graphics window		

图 2-56　高斯光束编辑表

表的左半边为入射参考面上高斯光束的参数，默认的入射参考面为第 0 面，参数包括入射光斑直径（Spot size(ω)）、束腰直径（Waist ss($\omega 0$)）、束腰距入射面距离（Waist dist(z)）、波面曲率半径（Wvf radius(R)）、发散角（Diverg(rad)）和瑞利长度（Rayleigh range）等。表的右半边为要评估的面上激光束的参数，各项与左半边相对应。单击最下面的绘制光束截面斑点尺寸（Plot beam spot size）按钮，打开高斯光束传播光路图和滚动条，移动滚动条可以看到高斯光束横截面尺寸的变化，如图 2-57 所示。这个工具对设计激光扩束、准直和聚焦等光学系统很有帮助。

12. 工具（Tools）菜单

编译 CCL（Compile CCL）命令用来编译用户所创建的 CCL 程序。CCL 是一种基于 C 语言的 OSLO 专用光学设计程序语言。OSLO 允许用户用 CCL 编写应用程序来设计光学系统，这是一种高级应用，本书不再详细介绍。查找 CCL 库（Search CCL Liberary）命令用来查找保存的 CCL 库。玻璃目录（Glass Catalogs）可以设置玻璃目录数据库和更新数据库。样例（Demos）次级菜单中有 OSLO 提供的一些透镜样例，初学者可以通过这些样例来学习 OSLO 的使用。

13. 窗口（Window）菜单

窗口菜单分为两栏，上栏分别是对文本窗口、图形窗口和文本编辑器的操作命令。

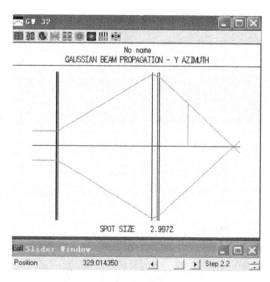

图 2-57　高斯光路传播图

文本编辑器是 OSLO 自带的文本输入窗口，一般用来创建 CCL 程序。下栏有选择字体（Choose Fonts）、排列图标（Arrange Icons）、设置状态栏（Configure Status Bar）和排列窗口（Tile Windows）等命令。设置状态栏选项可以选择在主窗口最下方的状态栏里显示的内容。排列窗口命令与图形窗口和文本窗口工具条菜单中的排列窗口命令功能相同。

14. 帮助（Help）菜单

OSLO 有完善的帮助系统，通过帮助系统来学习 OSLO 是一个快捷方便的方法。

▶ 第3章

光学系统像质评价方法

本章将首先介绍用于设计阶段的像质评价指标——几何像差、垂轴像差、波像差、光学传递函数、点列图和包围圆能量等，接着介绍光学系统的初级像差理论。

3.1 概述

任何一个光学系统不管用于何处，其作用都是把目标发出的光按仪器工作原理的要求改变它们的传播方向和位置，送入仪器的接收器，从而获得目标的各种信息，包括目标的几何形状、能量强弱等。因此，对光学系统成像性能的要求主要有两个方面：第一方面是光学特性，包括焦距、物距、像距、放大率、入瞳位置和入瞳距离等；第二方面是成像质量，光学系统所成的像应该足够清晰，并且物像相似，变形要小。有关第一方面的内容即满足光学特性方面的要求，属于应用光学的讨论范畴，第二方面的内容即满足成像质量方面的要求，则在光学系统设计部分做了详细介绍。

从物理光学或波动光学的角度出发，光是波长在 $400 \sim 760\text{nm}$ 的电磁波，光的传播是一个波动问题。一个理想的光学系统应能使一个点物发出的球面波通过光学系统后仍然是一个球面波，从而理想地聚交于一点。从几何光学的观点出发，人们把光看作是"能够传输能量的几何线——光线"，光线是"具有方向的几何线"。一个理想光学系统应能使一个点物发出的所有光线通过光学系统后仍然聚焦于一点，理想光学系统同时满足直线成像直线、平面成像平面。但是，任何一个实际的光学系统都不可能理想成像。所谓像差就是光学系统所成的实际像与理想像之间的差异。由于一个光学系统不可能理想成像，因此就存在一个光学系统成像质量优劣的评价问题，从不同的角度出发会得出不同的像质评价指标。从物理光学或波动光学的角度出发，人们推导出波像差和光学传递函数等像质评价指标；从几何光学的角度出发，人们推导出几何像差等像质评价指标。有了像质评价的方法和指标，设计人员在设计阶段，即在制造出实际的光学系统之前就能预先确定其成像质量的优劣。光学设计的任务就是根据对光学系统的光学特性和成像质量两方面的要求来确定系统的结构参数。

3.2 光学系统的坐标系统、结构参数和特性参数

为了对光学系统进行像质评价，必须首先明确光学系统的坐标系统、结构参数和特性参数的表示方法。不同的光学书籍中的坐标系统、结构参数和特性参数的表示方法可能是不一样的，在阅读比较时需特别加以注意。在本书中，如不特别加以说明，所讨论的光学系统均为共轴光学系统。

1. 坐标系统及常用量的符号及符号规则

本章中所采用的坐标系与应用光学中所采用的坐标系完全一样，线段从左向右为正，由下向上为正，反之为负；角度一律以锐角度量，顺时针为正，逆时针为负。对于角度和物、像距，用大写字母代表实际量，用小写字母代表近轴量。

2. 共轴光学系统的结构参数

为了设计出系统的具体结构参数，必须明确系统结构参数的表示方法。共轴光学系统的最大特点是系统具有一条对称轴——光轴，系统中每个曲面都是轴对称旋转曲面，它们的对称轴均与光轴重合，如图 3-1 所示。系统中每个曲面的形状用式（3-1）表示，所用坐标系如图 3-2 所示。

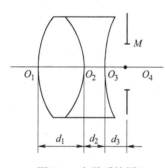

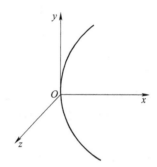

图 3-1　光学系统图　　　　图 3-2　光学系统坐标系

$$x = \frac{ch^2}{1 + \sqrt{1 - Kc^2h^2}} + a_4h^4 + a_6h^6 + a_8h^8 + a_{10}h^{10} + a_{12}h^{12} \tag{3-1}$$

式中，$h^2 = y^2 + z^2$；c 为曲面顶点的曲率；K 为二次曲面系数；a_4、a_6、a_8、a_{10}、a_{12} 为高次非曲面系数。

式（3-1）可以普遍地表示球面、二次曲面和高次非曲面，其等号右边第一项代表基准二次曲面，后面各项代表非曲面的高次项。基准二次曲面系数 K 值不同所代表的二次曲面面形见表 3-1。

表 3-1　二次曲面面形

K 值	$K<0$	$K=0$	$0<K<1$	$K=1$	$K>1$
面形	双曲面	抛物面	椭球面	球面	扁球面

不同的面形，对应不同的面形系数，例如：

球　　面：$K=1$，$a_4 = a_6 = a_8 = a_{10} = a_{12} = 0$；

二次曲面：$K \neq 1$，$a_4 = a_6 = a_8 = a_{10} = a_{12} = 0$。

实际光学系统中绝大多数表面面形均为球面，在计算机程序中为了简便直观，对球面只给出曲面半径 r 一个参数。平面相当于半径等于无限大的球面，在计算机程序中以 $r=0$ 代表，因为实际半径不可能等于零。对于非球面除给出曲面半径 r 外，还要给出面形系数 K、a_4、a_6、a_8、a_{10}、a_{12} 的值。

如果系统中有光阑（见图 3-1），则把光阑作为系统中的一个平面来处理。各曲面之间的相对位置，依次用它们顶点之间的距离 d 表示，如图 3-1 所示。

系统中各曲面之间介质的光学性质，用它们对指定波长光线的折射率 n 表示。大多数情况下，进入系统成像的光束，包含一定的波长范围。由于波长范围通常是连续的，无法逐一计算每个波长的像质指标，为了全面评价系统的成像质量，必须从整个波长范围内选出若干个波长，分别给出系统中各介质对这些波长光线的折射率，然后计算每个波长的像质指标，综合判定系统的成像质量。一般应选出 3~5 个波长。当然对于单色光成像的光学系统，只需计算一个波长就可以了。波长的选取随仪器所用的光能接收器的不同而改变。例如，用人眼观察的目视光学仪器采用 C（656.28nm）、D（589.30nm）、F（486.13nm）3 种波长；用感光底片接收的照相机镜头，则采用 C、D、g（435.83nm）这 3 种波长。

有了每个曲面的面形参数（r、K、a_4、a_6、a_8、a_{10}、a_{12}）和各面顶点间距（d）及每种介质对指定波长的折射率（n），再给出入射光线的位置和方向，就可以应用几何光学的基本定律计算出该光线通过系统以后出射光线的位置和方向。确定了系统的结构参数，系统的焦距和主面位置也就相应确定了。

3. 光学特性参数

有了系统的结构参数，还不能对系统进行确切的像质评价，因为成像质量评价必须在给定的光学特性下进行。从光学设计 CAD 软件的角度出发，应包括以下光学特性参数。

（1）物距 L

同一个系统对不同位置的物平面成像时，它的成像质量是不一样的。从像差理论上说，不可能使同一个光学系统对两个不同位置的物平面同时校正像差。一个光学系统只能用对某一指定的物平面成像。例如，望远镜只能对远距离物平面成像；显微物镜只能用于对指定倍率的共轭面（即指定的物平面）成像。离开这个位置的物平面，成像质量将要下降。因此在设计光学系统时，必须首先明确该系统是用来对哪个位置的物平面成像的。

表示物平面位置的参数是物距 L，它代表从系统第 1 面顶点 O_1 到物平面 A 的距离，符号是从左向右为正，反之为负，如图 3-3 所示。当物平面位于无限远时，在计算机程序中一般用 $L = 0$ 代表。如果物平面与第 1 面顶点重合，则用一个很小的数值代替，如 10^{-5}mm，或更小。

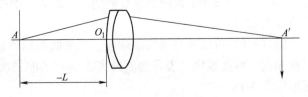

图 3-3　物平面表示方法

（2）物高 y 或视场角 ω

实际光学系统不可能使整个物平面都清晰成像，只能使光轴周围的一定范围成像清晰。因此在评价系统的成像质量时，只能在要求的成像范围内进行。在设计光学系统时，必须指出它的成像范围。表示成像范围的方式有两种：当物平面位于有限距离时，成像范围用物高 y 表示，如图 3-4a 所示；当物平面位于无限远时，成像范围用视场角 ω 表示，如图 3-4b 所示。

（3）物方孔径角正弦值 $\sin U$ 或光束孔径高 h

实际光学系统孔径是一定的，只能对指定的物平面上光轴周围一定范围内的物点成像清晰，而且对每个物点进入系统成像的光束孔径大小也有限制。只能保证在一定孔径内的光线成像清晰，孔径外的光线成像就不清晰了，因此必须在指定的孔径内评价系统的像质。在设计光学系统时，必须给出符合要求的光束孔径。

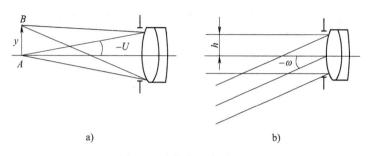

图 3-4　成像范围表示方法

a）物平面位于有限远　b）物平面位于无限远

当物平面位于有限距离时，光束孔径用轴上点边缘光线和光轴夹角 U 的正弦值 $\sin U$ 表示；当物平面位于无限远时，则用轴向平行光束的边缘光线孔径高 h 表示，如图 3-4 所示。

（4）孔径光阑或入瞳位置

对轴上点来说，给定了物平面位置和光束孔径或光束孔径高，则进入系统的光束便完全确定了，就可确切地评价轴上点的成像质量。但对轴外物点来说，还有一个光束位置的问题。如图 3-5 所示，两个光学系统的结构、物平面位置和轴上点光束的孔径角 U 都是相同的，但是限制光束的孔径光阑 M_1 和 M_2 的位置不同，轴外

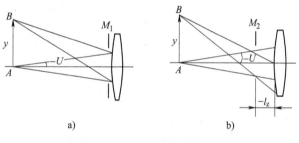

图 3-5　孔径光阑位置

a）给定孔径光阑　b）给定入瞳距离

点 B 进入系统成像的光束改变。当光阑由 M_1 移动到 M_2 时，一部分原来不能进入系统成像的光线能进入系统了；反之，一部分原来能进入系统成像的光线则不能进入系统了。因此对应的成像光束不同了，成像质量当然也就不同了。所以在评价轴外物点的成像质量时，必须给定入瞳或孔径光阑的位置。入瞳的位置用从第 1 面顶点到入瞳面的距离 l_z 表示，符号规则同样是向右为正，向左为负，如图 3-5b 所示。

如果给出孔径光阑，则把光阑作为系统中的一个面处理，并指出哪个面是系统的孔径光阑。在系统结构参数确定的条件下给出孔径光阑，就可以计算入瞳位置。在计算机程序中把入瞳到系统第 1 面顶点的距离作为系统的第 1 个厚度 d_1，它等于$-l_z$。实际透镜的第 1 个厚度为 d_2，如图 3-1 所示。

（5）渐晕系数或系统中每个面的通光半径

实际光学系统视场边缘的像面照度一般允许比轴上点适当降低，也就是轴外子午光束的宽度比轴上点光束的宽度小，这种现象叫作"渐晕"。允许系统存在渐晕有两个方面的原因：一方面是要把轴外光束的像差校正得和轴上点一样好，往往是不可能的，为了保证轴外点的成像质量，把轴外子午光束的宽度适当减小；另一方面，从系统外形尺寸上考虑，为了减小某些光学零件的直径，也需要把轴外子午光束的宽度减小。为了使光学系统的像质评价更符合系统的实际使用情况，必须考虑轴外像点的渐晕。表示系统渐晕状况有两种方式：一种是渐晕系数法，另一种是给出系统中每个通光孔的实际通光半径。

渐晕系数法是给出指定视场轴外点成像光束的上下光的渐晕系数。如图 3-6 所示，孔径光阑在物空间的共轭像为 $M'N'$，轴上点 A 的光束充满了入瞳，轴外点 B 的成像光束由于孔径光阑前后两个透镜通光直径的限制，使子午面内的上光和下光不能充满入瞳，因此存在渐晕。

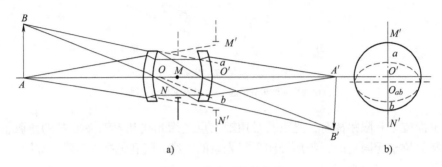

图 3-6　光学系统的渐晕
a）成像光束限制情况　b）成像光束截面

从左视图中可以看到实际通光情况，图 3-6b 中直径为 $M'N'$ 的圆为轴上点的光束截面，子午面内上光的宽度为 $O'a$，下光的宽度为 $O'b$，对应上、下光的渐晕系数为

$$K^+ = \frac{O'a}{O'M}, K^- = \frac{-O'b}{O'M}$$

这时实际子午光束的中心为 O_{ab}，一般把有渐晕的成像光束截面近似用一个椭圆代表，如图 3-6b 中虚线所示。椭圆的中心为 a、b 的中点 O_{ab}，它的短轴为

$$O_{ab}a = O_{ab}b = \frac{K^+ - K^-}{2}O'M'$$

椭圆的长轴为弧矢光束的宽度，一般近似等于 $O'M'$。用这样的椭圆近似代表轴外点的实际通光面积来进行系统的像质评价。

用渐晕系数来描述轴外像点的实际通光状况，显然有一定误差，如果需要对系统进行更精确的评价，则用另一种方式确定轴外点的实际通光面积。这就是给出系统中每个曲面的通光半径 h，计算机通过计算大量光线确定出能够通过系统成像的实际光束截面。例如，如图 3-6a 所示的系统，直接给出第 1～5 面（包括光阑面）的通光半径 h_1～h_5，程序能自动把轴外点对应的实际光阑截面计算出来。这种方式主要是用于最终设计结果的精确评价，如在光学传递函数计算中经常使用。而在设计过程中，如在几何像差计算和光学自动设计程序中则多用渐晕系数法。

有了上面所说的系统结构参数和光学特性参数，利用近轴光线和实际光线的公式，用光路计算的方法即可计算出系统的焦距、主面、像面和像高等近轴参数，也能对系统在指定的工作条件下进行成像质量评价。这些参数就是在设计光学系统过程中进行像质评价所必需输入的参数。

3.3　几何像差的定义及其计算

用于设计阶段的像质评价指标主要有几何像差、垂轴像差、波像差、光学传递函数、点列图、点扩散函数和包围圆能量等。目前国内外常用的光学设计 CAD 软件中，主要使用几何像差和波像差这两种像质评价方法。为了评价一个已知光学系统的成像质量，首先需要根据系统结构参数和光学特性的要求计算出它的成像指标。本节介绍几何像差的概念和计算方法。

1. 光学系统的色差

前面曾经指出，光实际上是波长为 400～760nm 的电磁波。不同波长的光具有不同的颜色，不同波长的光线在真空中传播的速度 c 都是一样的，但在透明介质（如水、玻璃等）中传播的速度 v 随波长而改变。波长长的光线，其传播速度 v 大；波长短的光线，其传播速度 v 小。因为折射率 $n = c/v$，所以光学系统中介质对不同波长光线的折射率是不同的。薄透镜的焦距公式为

$$\frac{1}{f'} = (n-1)\left(\frac{1}{r_1} - \frac{1}{r_2}\right) \tag{3-2}$$

式中，r_1、r_2 分别为薄透镜第 1 面、第 2 面的曲面半径。

因为折射率 n 随波长的不同而改变，所以焦距 f' 也要随着波长的不同而改变。这样，当对无限远的物体成像时，不同颜色光线所成像的位置也就不同。若一个正透镜对无限远物体白光成像，如图 3-7 所示：红光像点 $F'_{红}$ 最远，紫光像点 $F'_{紫}$ 最近，黄光像点 $F'_{黄}$ 居中。这是因为对同一透镜，红光焦距最长，紫光焦距最短。不同颜色光线理想

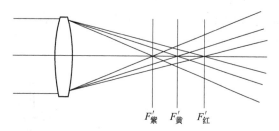

图 3-7　单透镜对无限远轴上物点白光成像

像点位置之差称为近轴位置色差，通常用 C 和 F 两种波长光线的理想像平面间的距离来表示近轴位置色差，也称为近轴轴向色差。若 l'_F 和 l'_C 分别表示 F 与 C 两种波长光线的近轴像距，则近轴轴向色差 $\Delta l'_{FC}$ 为

$$\Delta l'_{FC} = l'_F - l'_C \tag{3-3}$$

同样，根据无限远物体像高 y' 的计算公式，当 $n' = n = 1$ 时，有

$$y = -f'\tan\omega \tag{3-4}$$

式中，ω 为物方视场角。

当焦距 f' 随波长改变时，像高 y' 也就随之改变，不同颜色光线所成的像高也不一样。这种像的大小的差异称为垂轴色差，它代表不同颜色光线的主光线和同一基准像面交点高度（即实际像高）之差。通常这个基准像面选定为中心波长的理想像平面，如 D 光的理想像平面。若 y'_{ZF} 和 y'_{ZC} 分别表示 F 和 C 两种波长光线的主光线在 D 光理想像平面上的交点高度（如图 3-8 所示），则垂轴色差 $\Delta y'_{FC}$ 为

$$\Delta y'_{FC} = y'_{ZF} - y'_{ZC} \tag{3-5}$$

2. 轴上像点的单色像差

下面讨论单色像差，即单一波长的像差。首先讨论轴上点的单色像差，对于共轴系统的轴上点来说，由于系统对光轴对称，进入系统成像的入射光束和出射光束均对称于光轴，如图 3-9 所示。轴上有限远物点发出的以光轴为中心的、与光轴夹角相等的同一锥面上的光线（对轴上无限远物点来说，对应以光轴为中心的同一柱面上的光线），经过系统以后，其

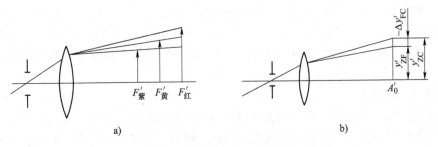

图 3-8　单透镜对无限远轴外物点白光成像

a）不同颜色光线像高差异　b）垂轴色差表示方法

出射光线位于一个锥面上，锥面顶点就是这些光线的聚交点，而且必然位于光轴上，因此这些光线成像为一点。但是，由于球面系统成像不理想，不同高度的锥面（柱面）光线（它们与透镜的交点高度不同，也即孔径不同）的出射光线与光轴夹角是不同的，其聚焦点的位置也就不同。虽然同一高度锥面（柱面）的光线成像聚焦为一点，但不同高度锥面（柱面）的光线却不聚焦于一点，这样成像就不理想。最大孔径的光束聚焦于 $A'_{1.0}$，0.85 孔径的光线聚焦于 $A'_{0.85}$，依次类推。

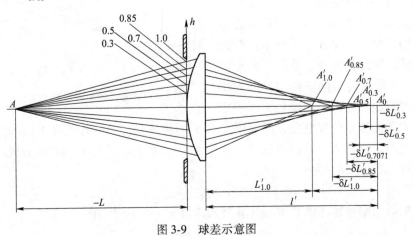

图 3-9　球差示意图

由图 3-9 可见，轴上有限远同一物点发出的不同孔径的光线通过系统以后不再交于一点，成像不理想。为了说明这些对称光线在光轴方向的离散程度，用不同孔径光线对理想像点 A'_0 的距离 $A'_0A'_{1.0}$、$A'_0A'_{0.85}$、… 表示，称为球差，用符号 $\delta L'$ 表示。$\delta L'$ 的计算公式是

$$\delta L' = L' - l' \tag{3-6}$$

式中，L' 为一宽孔径高度光线的聚焦点的像距；l' 为近轴像点的像距，如图 3-9 所示。$\delta L'$ 的符号规则是：光线聚焦点位于 A'_0 的右方为正，左方为负。为了全面而又概括地表示出不同孔径的球差，一般从整个公式中取出 1.0、0.85、0.7071、0.5、0.3 这 5 个孔径光束的球差值 $\delta L'_{1.0}$、$\delta L'_{0.85}$、$\delta L'_{0.7071}$、$\delta L'_{0.5}$、$\delta L'_{0.3}$ 来描述整个光束的结构。如果系统理想成像，则所有出射光线均交于理想像点 A'_0，球差 $\delta L'_{1.0} = \delta L'_{0.85} = \delta L'_{0.7071} = \delta L'_{0.5} = \delta L'_{0.3} = 0$；反之，球差值越大，成像质量越差。

对于轴上点来说，仅有轴向色差 δl_{FC} 和球差 $\delta L'$ 这两种像差，用它们就可以表示一个光

学系统轴上点成像质量的优劣。

3. 轴外像点的单色像差

对于轴外点来说，情况就比轴上点要复杂得多。对于轴上点，光轴就是整个光束的对称轴线，通过光轴的任意截面内光束的结构都是相同的，因此只需考察一个截面即可。而由轴外物点进入共轴系统成像的光束，经过系统以后不再像轴上点的光束那样具有一条对称轴线，只存在一个对称平面，这个对称平面就是由物点和光轴构成的平面，如图 3-10 中的 ABO 平面所示。轴外物点发出的通过系统的所有光线在像空间的聚焦情况就要比轴上点复杂得多。为了能够简化问题，同时又能够定量地描述这些光线的弥散程度，从整个入射光束中取两个互相垂直的平面光束，用这两个平面光束的结构来近似地代表整个光束的结构。这两个平面，一个是光束的对称面 BM^+M^-，称为子午面；另一个是过主光线 BP 与 BM^+M^- 垂直的 BD^+D^- 平面，称为弧矢面。用来描述这两个平面光束结构的几何参数分别称为子午像差和弧矢像差。

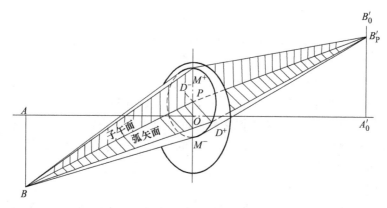

图 3-10　子午面与弧矢面示意图

（1）子午像差

由于子午面既是光束的对称面，又是系统的对称面，位于该平面内的子午光束通过系统后永远位于同一平面内，因此计算子午面内光线的光路是一个平面的三角几何问题，可以在一个平面图形内表示出光束的结构，如图 3-11 所示。

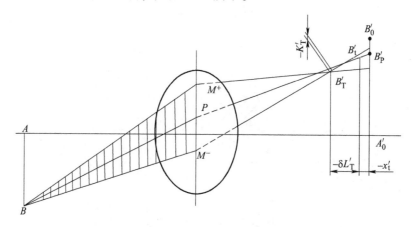

图 3-11　子午面光线像差

图 3-11 为轴外无限远物点发来的斜光束的光路图。与轴上点的情形一样，为了表示子午光束的结构，取出主光线两侧具有相同孔径高的两条成对的光线 BM^+ 和 BM^-，称为子午光线对。该子午光线对通过系统以后当然也位于子午面内，如果光学系统没有像差，则所有光线对都应交在理想像平面上的同一点。由于有像差存在，BM^+ 和 BM^- 光线对的交点 B'_T 既不在主光线上，也不在理想像平面上。为了表示这种差异，用子午光线对的交点 B'_T 离理想像平面的轴向距离 X'_T 表示此光线对交点与理想像平面的偏离程度，称为"子午场曲"。用光线对交点 B'_T 离开主光线的垂直距离 K'_T 表示此光线对交点偏离主光线的程度，称为"子午彗差"。当光线对对称地逐渐向主光线靠近，宽度趋于零时，它们的交点 B'_T 趋近于一点 B'_t，B'_t 点显然应该位于主光线上，它离开理想像平面的距离称为"细光束子午场曲"，用 x'_t 表示。不同宽度子午光线对的子午场曲 X'_T 和细光束子午场曲 x'_t 之差（$X'_T - x'_t$），代表了宽束和细束交点前后位置的差。此差值和轴上点的球差具有类似的意义，因此也称为"轴外子午球差"，用 $\delta L'_T$ 表示，即

$$\delta L'_T = X'_T - x'_t \tag{3-7}$$

式（3-7）描述了光束宽度改变时交点前后位置的变化情况。X'_T、K'_T 和 $\delta L'_T$ 这 3 个量即可表示子午光线对 BM^+ 和 BM^- 的聚焦情况。为了全面了解整个子午光束的结构，一般取出不同孔径高的若干个子午光线对，每一个子午光线对都有它们自己相应的 X'_T、K'_T 和 $\delta L'_T$ 值。孔径高的选取和轴上点相似，取（$\pm 1h_m$，$\pm 0.85h_m$，$\pm 0.7071h_m$，$\pm 0.5h_m$，$\pm 0.3h_m$），其中 h_m 为最大孔径高。同时，为了了解整个像平面的成像质量，还需要知道不同像高轴外点的像差，一般取 1ω、0.85ω、0.7071ω、0.5ω、0.3ω 这 5 个视场角来分别计算出不同孔径高子午像差 X'_T、K'_T 和 $\delta L'_T$ 的值。

（2）弧矢像差

弧矢像差可以和子午像差类似定义，只不过是在弧矢面内。如图 3-12 所示，阴影部分所在平面即为弧矢面。处在主光线两侧与主光线距离相等的弧矢光线对 BD^+ 和 BD^- 相对于子午面显然是对称的，它们的交点必然位在子午面内。与子午光线对的情形相对应，弧矢光线对的交点 B'_S 到理想像平面的距离用 X'_S 表示，称为"弧矢场曲"；B'_S 到主光线的距离用 K'_S 表示，称为"弧矢彗差"；主光线附近的弧矢细光束的交点 B'_s 到理想像平面的距离用 x'_s 表示，称为"细光束弧矢场曲"；$X'_S - x'_s$ 称为"轴外弧矢球差"，用 $\delta L'_S$ 表示，即

$$\delta L'_S = X'_S - x'_s \tag{3-8}$$

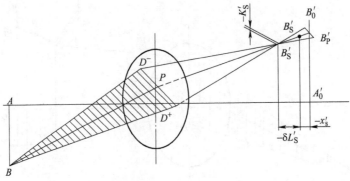

图 3-12　弧矢面光线像差

由于弧矢像差较子午像差，变化缓慢，所以一般比子午光束少取一些弧矢光线对。另外，与子午光线一样，为了了解整个像平面的成像质量，还需要知道不同像高轴外点的像差，一般取 1、0.85、0.7071、0.5、0.3 这 5 个视场计算出不同孔径高的弧矢像差 X'_S、K'_S 和 $\delta L'_S$ 的值。

对于某些小视场大孔径的光学系统来说，由于像高本身较小，彗差的实际数值更小，因此用彗差的绝对数值不足以说明系统的彗差特性。一般改用彗差与像高的比值来代替系统的彗差，用符号 SC' 表示：

$$SC' = \lim_{y \to 0} \frac{K'_S}{y'} \tag{3-9}$$

SC' 的计算公式为

$$SC' = \frac{\sin U_1 u'}{\sin U' u_1} \times \frac{l' - l'_z}{l' - l'_z} - 1 \tag{3-10}$$

对于用小孔径光束成像的光学系统，它的子午和弧矢宽光束像差 $\delta L'_T$、K'_T 和 $\delta L'_S$、K'_S 不起显著作用，它在理想像平面上的成像质量由细光束子午和弧矢场曲 x'_t、x'_s 决定。x'_t 和 x'_s 之差反映了主光线周围的细光束偏离同心光束的程度，称为"像散"，用符号 x'_{ts} 表示：

$$x'_{ts} = x'_t - x'_s \tag{3-11}$$

像散 $x'_{ts} = 0$ 说明该细光束为一同心光束，否则为像散光束。$x'_{ts} = 0$，但是 x'_t、x'_s 不一定为零，也就是光束的聚焦点与理想像点不重合，因此仍不能认为成像符合理想。

对于一个理想的光学系统来说，不仅要求成像清晰，而且要求物像要相似。上面介绍的轴外子午和弧矢像差，只能用来表示轴外光束的结构或轴外像点的成像清晰度。实际光学系统所成的像即使上面所说的子午像差和弧矢像差都等于零，但对应的像高并不一定和理想像高一致。从整个像面来看，物和像的几何形状就不相似。把成像光束的主光线和理想像平面交点 B'_P 的高度 $y_z(A'_0 B'_P)$ 作为光束的实际像高，y'_z 和理想像高 $y'_0(A'_0 B'_0)$ 之差为 $\delta y'_z(B'_0 B'_P)$，即

$$\delta y'_z = y'_z - y'_0 \tag{3-12}$$

用它作为衡量成像变形的指标，称为畸变。

4. 高级像差

在像差理论研究中，把像差与 y、h 的关系用幂级数形式表示，最低次幂对应的像差称为初级像差，而较高次幂对应的像差称为高级像差。上面所讨论的都是实际像差，实际像差包含初级像差和高级像差。一个系统在像差校正完成以后，成像质量的好坏就在于其高级像差的大小。通常对于一定的结构形式，其高级像差的数值基本上是一定的。如果在像差校正完成以后，高级像差很大而导致成像质量不好，就必须更换结构形式。另外，像差校正完成以后，如果各种高级像差能够合理地平衡或匹配，则成像质量会有所提高。因此，在像差校正的后期，初级像差已经校正的情况下，为使系统的成像质量更好，就要求对高级像差进行平衡。高级像差的平衡是一个比较复杂的问题，读者可参考有关书籍。

3.4　垂轴像差的定义及其计算

上面介绍的几何像差的特点是用一些独立的几何参数来表示像点的成像质量，即用单项

独立几何像差来表示出射光线的空间复杂结构。用这种方式来表示像差的特点是便于了解光束的结构，分析它们和光学系统结构参数之间的关系，以便进一步校正像差。但是应用这种方法的缺点是几何像差的数据繁多，很难从整体上获得系统综合成像质量的概念。这时用像面上子午光束和弧矢光束的弥散范围来评价系统的成像质量更加方便，它直接用不同孔径子午、弧矢光线在理想像平面上的交点和主光线在理想像平面上的交点之间的距离来表示，称为垂轴几何像差。由于它直接给出了光束在像平面上的弥散情况，反映了像点的大小，所以更加直观、全面地显示了系统的成像质量。

如图 3-13 所示，为了表示子午光束的成像质量，在整个子午光束截面内取若干对光线，一般取 $\pm 1.0h$、$\pm 0.85h$、$\pm 0.7071h$、$\pm 0.5h$、$\pm 0.3h$、$0h$ 这 11 条不同孔径的光线，计算出它们和理想像平面交点的坐标，由于子午光线永远位于子午面内，因此在理想像平面上交点高度之差就是这些交点之间的距离。求出前 10 条光线和主光线（0 孔径光线）高度之差即为子午光束的垂轴像差：

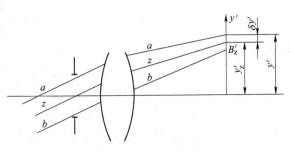

图 3-13　子午垂轴像差

$$\delta y' = y' - y'_z \tag{3-13}$$

对称于子午面的弧矢光线通过光学系统时永远与子午面对称，如图 3-14 所示。只需要计算子午面前或子午面后一侧的弧矢光线，另一侧的弧矢光线就很容易根据对称关系确定。弧矢光线 BD^+ 经系统后与理想像平面的交点 B'_+ 不再位于子午面上，因此 B'_+ 相对主光线和理想像平面交点 B'_p 的位置用两个垂直分量 $\delta y'$ 和 $\delta z'$ 表示，$\delta y'$ 和 $\delta z'$ 即为弧矢光线的垂轴像

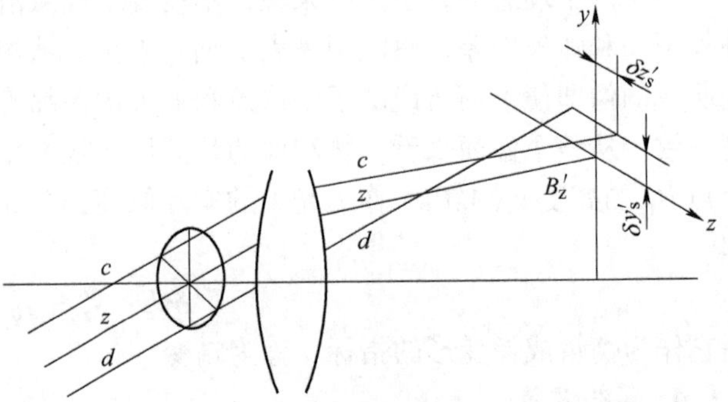

图 3-14　弧矢垂轴像差

差。和 BD^+ 成对的弧矢光线 BD^- 与理想像平面的交点 B'_- 的坐标为 $(\delta y', -\delta z')$，所以只要计算出了 BD^+ 的垂轴像差，BD^- 的垂轴像差也就知道了。

为了用垂轴像差表示色差，可以将不同颜色光线的垂轴像差用同一基准像面和同一基准主光线作为基准点计算各色光线的垂轴像差。与前面计算垂轴色差时一样，一般采用平均波长光线的理想像平面和主光线作为基准计算各色光线的垂轴色差。为了了解整个像面的成像质量，同样需要计算轴上点和若干不同像高轴外点的垂轴像差。对轴上点来说，子午和弧矢垂轴像差是完全一样的，因此弧矢垂轴像差没有必要计算 0 视场的垂轴像差。

在计算垂轴像差 $\delta y'$ 时以主光线为计算基准，这样做的好处是把畸变和其他像差分离开来。畸变只影响像的变形，而不影响像的清晰度。垂轴像差 $\delta y'$ 以主光线为计算基准，它表示光线在主光线周围的弥散范围，$\delta y'$ 越小，光线越集中，成像越清晰，所以 $\delta y'$ 表示成像的清晰度。而如果以理想像点为计算基准，就把畸变和清晰度混淆在一起了，不利于分析和校

正像差。

3.5　几何像差及垂轴像差的图形输出

要了解一个系统的成像质量，需要计算很多像差。为了对成像质量有一个全面、明确的认识，通常把各种像差数据画成曲线，下面是一些常用的像差曲线。

1. 轴上点的球差和轴向色差曲线

把 $\delta L'_D$、$\delta L'_F$、$\delta L'_C$ 3 种球差曲线画在同一张图中，纵坐标代表规化（一种标准情况，称为规格化的情况，简称规化情况）的孔径 h，横坐标代表球差 $\delta L'$，如图 3-15 所示。从图中可以看出 3 种不同颜色光线的球差曲线随孔径的变化情况，也可以看出轴向色差的大小，C 和 F 光线曲线沿横轴方向的位置之差就是轴向色差。根据这 3 条曲线就可以了解轴上点的成像质量。

2. 正弦差（相对彗差）**曲线**

如图 3-16 所示，纵坐标代表孔径 h，横坐标代表正弦差 SC'，根据 3.3 节的式（3-10）计算出结果可做出曲线。前面曾经指出，物点在近轴区域内，也就是小物体，用大孔径光束成像时，除了有球差和轴向色差外，还有彗差，通常用相对彗差即正弦差表示。正弦差曲线，加上球差和轴向色差曲线，就代表了光轴附近也就是像面中心附近区域的成像质量。

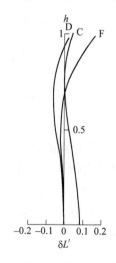

图 3-15　轴上点球差和色差曲线

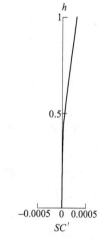

图 3-16　正弦差曲线

3. 畸变和垂轴色差曲线

畸变和垂轴色差都是与主光线有关的像差，因此也把它们画在同一张图上，如图 3-17 所示。横坐标代表 $\delta y'_D$、$\delta y'_F$、$\delta y'_C$，纵坐标代表视场角 ω，同样按归化视场分划。从图中可以看出每种颜色光线的畸变随视场变化的情况，同时也可以看出垂轴色差的大小，F 和 C 光线曲线沿横轴方向的位置之差就是垂轴色差。需要注意的是，3 条曲线都过原点，这是因为当视场角为 0 时，任何颜色光线均没有畸变。

4. 细光束像散曲线

细光束像散表示主光线周围细光束的聚焦情况，$x'_{ts} = x'_t - x'_s$。如图 3-18 所示，横坐标为

x'_t 与 x'_s，纵坐标为视场角 ω。下角 t 代表细光束子午场曲，s 代表细光束弧矢场曲。如果除中心谱线外，还计算了其他两种色光的像差，则细光束子午场曲和弧矢场曲各有 3 条，分别对应 D、F 和 C3 种颜色光线的 x'_t、x'_s。需要注意的是，当视场角为零即 $\omega = 0$ 时，系统没有像散（轴上点只有球差和轴向色差），$x'_{ts} = x'_t - x'_s = 0$，所以 $x'_t = x'_s$，x'_t 和 x'_s 应交于一点，也就是理想像点处。因此各色光 0 视场的 x'_t 和 x'_s 应交于各自的理想像点处，D 光的理想像平面就是过坐标原点的平面，所以 D 光 0 视场的 x'_t、x'_s 应过原点，F 和 C 光线的理想像点与 D 光的不重合，所以 F 和 C 光线 0 视场的 x'_t 和 x'_s 不过原点，其交点与原点的距离恰好就是 F 光和 C 光的 0 孔径轴向球差。

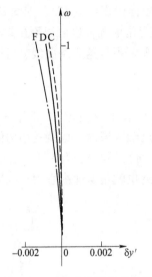

图 3-17　畸变和垂轴色差曲线

图 3-18　细光束像散曲线

畸变和垂轴色差代表了主光线的像差，再加上细光束像散曲线就表示了主光线周围细光束（也就是核心光束）部分的像差。但是实际成像光束必须有一定大小，否则成像太暗。成像光束有一定宽度，就会有宽光束像差。下面讨论轴外点宽光束的像差曲线。

5. 轴外点子午球差和子午彗差曲线

上面所讨论的像差都只与孔径或视场中的一个量有关，而轴外点的宽光束像差则与孔径和视场两个量都有关。如图 3-19 和图 3-20 所示，画出 3 个孔径（$1h$、$0.7071h$、$0.5h$）的轴外点子午球差 $\delta L'_T$ 和子午彗差 K'_T 的曲线。

纵坐标代表视场角 ω，横坐标代表 $\delta L'_T$ 和 K'_T。若输出数据中只给出了 1ω、0.85ω、0.7071ω、0.5ω 和 0.3ω 5 个视场角的 $\delta L'_T$ 和 K'_T，没有给出 0 视场角的 $\delta L'_T$ 和 K'_T，那么曲线和横坐标应交于何处？当视场角为 0 时，不同孔径光线的子午和弧矢彗差都为 0，子午球差就是轴上点相应孔径高度处的球差。因此图 3-20 中各孔径的 K'_T 曲线应过原点，而图 3-19 中各孔径的 $\delta L'_T$ 曲线与横坐标的交点应分别等于各自的轴上点相应孔径的球差值。

在图 3-19 中，3 条 $\delta L'_T$ 曲线基本平行，几乎与横坐标垂直，说明子午球差随视场变化不大。而 3 条曲线在轴向方向上的距离较大，也就是随孔径 h 的不同，子午球差变化比较大，这正是因为视场小、相对孔径较大的原因。3 条 K'_T 曲线近似为直线，只是斜率不同，说明当视场不太大时，子午彗差与视场成一次方的关系。

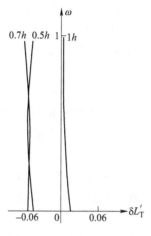

图 3-19　子午球差 $\delta L'_T$ 曲线

图 3-20　子午彗差 K'_T 曲线

6. 子午垂轴像差曲线

前面曾经指出垂轴像差可以全面地反映系统的成像质量。把子午垂轴像差按不同视场角、不同孔径做成曲线，即为光学设计中常用的子午垂轴像差曲线。如图 3-21 所示，从上

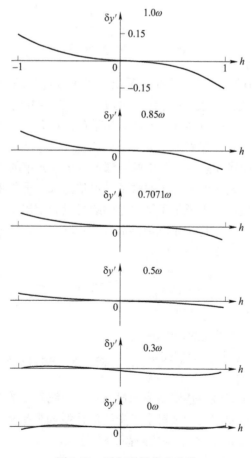

图 3-21　子午垂轴像差曲线

到下按规化视场角 1.0ω、0.85ω、0.7071ω、0.5ω、0.3ω 和 0ω 画出了 6 条曲线。每条曲线中，横坐标表示孔径 h，取相对口径 $\pm1.0h$，$\pm0.85h$，$\pm0.7071h$，$\pm0.5h$，$\pm0.3h$ 和 $0h$；纵坐标表示子午垂轴像差 $\delta y'$。如果计算了其他两种色光的像差，则有 3 条曲线，分别代表 3 种颜色光线 D、F 和 C 的 $\delta y'$。

子午垂轴像差曲线在纵坐标上对应的区间表示了子午光束在理想像平面上的最大弥散范围，显然弥散范围越小越好。没有像差的理想曲线应该是一条与横坐标重合的直线。

但是，只看最大弥散范围还不足以全面反映系统的成像质量，还要看光能是否集中。如图 3-22 所示，两个图形曲线的最大弥散范围在数值上基本是一样的，但图 3-22b 中光能均匀分布在像面上，而图 3-22a 中绝大多数光能都集中在一起，只有少量光线离散较大。所以，虽然两个图形的最大弥散范围一样，但后者却比前者成像质量好，甚至即使后者的最大弥散范围再大些，成像质量仍比前者好。

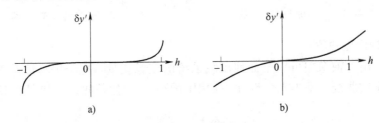

图 3-22　垂轴像差弥散范围
a）光能较为集中　b）光能较为分散

从图 3-21 中不同视场对应的像差曲线可看出子午垂轴像差随视场变化的规律。不同颜色曲线与纵坐标交点位置之差，表示垂轴色差的大小。当 $h=0$ 时的光线代表主光线，不同色光主光线在理想像平面上的交点高度之差即为垂轴色差 $\delta y'_{FC} = \delta y'_F - \delta y'_C$。

单项几何像差和垂轴像差都能表示系统的成像质量。子午光束具有 3 种几何像差：x'_t、X'_T 和 K'_T。子午垂轴像差曲线和这 3 种子午像差都表示子午光束的成像质量，只不过各自的表现形式不同，因此它们之间必然有一定的联系。也就是说，子午垂轴像差曲线的形状是由子午像差 x'_t、X'_T 和 K'_T 决定的。由子午垂轴像差曲线可以确定出 x'_t、X'_T 和 K'_T 的大小，反过来也可以由 x'_t，X'_T 和 K'_T 大致想像出垂轴像差曲线的形状。它们之间存在以下关系。

如图 3-23 所示，将子午光线对 a、b 连成一条直线，该直线的斜率与宽光束子午场曲 X'_T 成比例。当孔径改变时，连线的斜率也变化，表示 X'_T 随孔径变化的规律。当 $h \to 0$ 时，连线斜率便成了过原点的切线斜率，这时 $X'_T \to x'_t$，所以在原点处的切线斜率正比于细光束子午场曲 x'_t。由于子午球

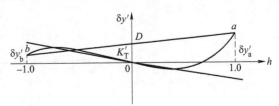

图 3-23　子午垂轴像差与几何像差的关系

差 $\delta L'_T = X'_T - x'_t$，所以子午光线对连线斜率与过原点处切线斜率的夹角正比于宽光束子午球差。显然夹角越大，子午球差越大。某对子午光线对连线和纵坐标的交点 D 到原点的距离，就是该口径对应的子午彗差 K'_T，交点高度越高，K'_T 越大。

7. 弧矢垂轴像差曲线

同样，弧矢垂轴像差可以全面地反映弧矢光束在理想像平面上的弥散情况。如图 3-24 所示，横坐标代表口径，纵坐标代表 $\delta y_s'$、$\delta z_s'$，共做出了 5 个视场角（1.0ω、0.85ω、0.7071ω、0.5ω、0.3ω）的曲线。前面说过，由于弧矢光束对子午面对称，只需计算前半部 $+h$。但为了清楚起见还是把后半部 $-h$ 也画上。前后两半部的弧矢光线对的 $\delta y'$，$\delta z'$ 有如下关系：

$$\delta y_{+h} = \delta y_{-h}$$
$$\delta z_{+h} = -\delta z_{-h}$$

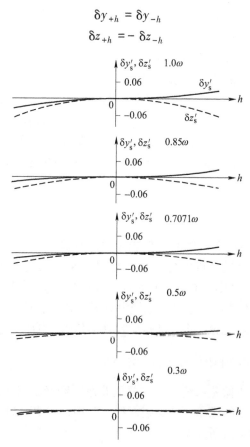

图 3-24　弧矢垂轴像差曲线

与子午垂轴像差曲线类似，弧矢垂轴像差曲线和弧矢宽光束的几何像差的关系，与子午垂轴像差曲线和宽光束子午几何像差的关系是一样的。

上面讨论的像差曲线是经常用到的。在实际设计中，并不是所有的曲线都要画出，系统的光学特性要求不同，需要画出的曲线也不同，应根据情况灵活掌握。

3.6　用波像差、瑞利准则和中心、亮斑所占能量评价成像质量

3.6.1　波像差

上面介绍的是用几何像差作为评价光学系统成像质量的指标，几何像差的优点是计算简

单，意义直观。现在介绍另一种用于评价光学系统质量的指标——波像差。

如果光学系统成像质量理想，则各种几何像差都等于零，由同一物点发出的全部光线均聚焦于理想像点。根据光线和波面之间的对应关系，光线是波面的法线，波面是垂直于光线的曲面。因此在理想成像的情况下，对应的波面应该是一个以理想像点为中心的球面。如果光学系统成像不符合理想，存在几何像差，则对应的实际波面也不再是以理想像点为中心的球面，而是一个一定形状的曲面。把实际波面

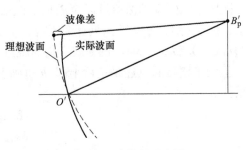

图 3-25　波像差示意图

和理想波面之间的光程差作为衡量该像点质量的指标，称为波像差，如图 3-25 所示。

由于波面和光线存在互相垂直的关系，因此几何像差和波像差之间也存在着一定的对应关系。可以由波像差求出几何像差，也可以由几何像差求出波像差。一般光学设计软件都具有计算波像差的功能，可以方便地计算出已知光学系统的波像差。对像差比较小的光学系统。

3.6.2　瑞利准则

1879 年瑞利（Rayleigh）在观测光谱仪成像质量时提出了一个简单判断："当实际波面与参考球面之间的最大偏离量（即波像差）不超过 1/4 波长时，此实际波面可认为是无缺陷的。"这就是著名的瑞利准则，它的优点是便于实际应用。要点是当波像差的最大值小于 $\lambda/4$ 时，可认为实际光学系统与理想光学系统没有显著差别，这是长期以来用瑞利准则来评价光学系统质量的一个有效经验标准。波像差比几何像差更能反映光学系统的成像质量。

3.6.3　波像差、瑞利准则和中心亮斑所占能量

在理想光学系统或者小像差系统中，主要从波像差和光的衍射观点来评价其成像质量。在这类系统中，点目标所成的像是一个衍射图样。其中，中央亮斑的尺寸和质量分布主要由系统的通光孔径和像差的量值所决定。

表 3-2 为点像的衍射图样中的光能分布情况与波像差之间的关系。

表 3-2　点像的衍射图样中的光能分布情况与波像差之间的关系

波像差	0	$\lambda/16$	$\lambda/8$	$\lambda/4$
中心亮斑所占能量百分比（%）	84	83	80	68

目前世界上通用的光学设计 CAD 软件都有相当丰富的图形显示分析功能。例如，OSLO LT6.1 的点扩散函数图就直观地显示出点像衍射图中的光能分布，从而利用这一关系很方便地判断出光学系统的像质。

上述波差显然只反映单色像点的成像清晰度，它不能反映成像的变形——畸变。如果要校正像的变形，仍利用前面的几何像差畸变进行校正。

对色差则采用不同颜色光的波面之间的光程差表示，称为波色差，用符号 W_c 表示。显

然轴上点的 W_c 代表几何像差中的轴向色差，而轴外点的 W_c 则既有轴向色差也有垂轴色差。

3.7 光学传递函数

在现代光学设计中，光学传递函数是目前已被公认的最能充分反映系统实际成像质量的评价指标。它不仅能全面、定量地反映光学系统的衍射和像差所引起的综合效应，而且可以根据光学系统的结构参数直接计算出来。这就意味着在设计阶段就可以准确地预计到制造出来以后的光学系统的成像质量，如果成像质量不好就可以反复修改甚至重新设计，直到满足成像质量为止，这无疑会极大地提高成像质量、缩短研制设计周期、降低成本和减少人力物力的浪费。

一个光学系统成像，就是把物平面上的发光强度分布图形转换成像平面上的发光强度分布图形。利用傅里叶分析的方法可以对这种转换关系进行研究，它把光学系统的作用看作是一个空间频率的滤波器，进而引出了光学传递函数的概念。这种分析方法是建立在光学系统成像符合线性和空间不变性这两个基本观念上的，所以首先引入线性和空间不变性的概念。

1. 线性和空间不变性

设光学系统的物平面上的强度分布函数是 $\delta_i(x)$，相应地在像平面上就会产生一个强度分布 $\delta_i'(x')$：

$$\delta_i(x) \rightarrow \delta_i'(x')$$

如果此系统成像符合

$$\sum a_i \delta_i(x) \rightarrow \sum a_i \delta_i'(x')$$

其中 a_i 为任意常数，这样的系统就称为线性系统。如果将物和像分别作为光学系统的输入和输出，则一般来说，在非相干光照明条件下，光学系统对发光强度分布而言是一线性系统。

所谓空间不变性就是系统的成像性质不随物平面上物点的位置不同而改变，物平面上图形移动一个距离，像平面上的图形也只是相应地移动一个距离，而图形本身不变。设

$$\delta_i(x) \rightarrow \delta_i'(x')$$

如果系统满足空间不变性，则以下关系成立：

$$\delta_i(x - x_0) \rightarrow \delta_i'(x' - x_0')$$

其中 $x_0' = \beta x_0$，β 为系统的垂轴放大率，通常把 β 规化等于1，这个假定不会影响讨论的实质。

同时满足上面两个条件的系统称为空间不变线性系统。实际上，只有理想光学系统才能满足线性空间不变性的要求。而实际的成像系统，由于像差的大小与物点的位置有关，一般不具有严格的空间不变性。但是，对于大多数光学系统来说，成像质量即像差随物高的变化比较缓慢，在一定的范围内可以看作是空间不变的。如果系统使用非相干光照明，则系统也近似为一线性系统。因此，总是假定光学系统都符合线性空间不变性，这是光学传递函数理论的基础。

空间不变线性系统的成像性质：如果系统符合线性，就可以把物平面上的任意的复杂强度分布分解成简单的强度分布，把这些简单的强度分布图形分别通过系统成像。因为系统符

合线性，把它们在像平面上产生的强度分布合成以后就可以得到复杂图形所成的像。也就是说，系统的线性保证了物像的可分解性和可合成性。在傅里叶光学中，把任意的强度分布函数，分解为无数个不同频率、不同振幅、不同初相位的余弦函数，这些余弦函数称为余弦基元。这种分解的运算就是傅里叶变换。

设物平面图形的强度分布函数为 $I(y, z)$，则 $\tilde{I}(\mu, \nu)$ 为把 $I(y, z)$ 分解成余弦基元后，不同空间频率的余弦基元的振幅和初相位：

$$\tilde{I}(\mu,\nu) = \iint I(y,z)\,\mathrm{e}^{-\mathrm{i}2\pi(\mu y + \nu z)}\,\mathrm{d}y\mathrm{d}z \tag{3-14}$$

在数学上，$\tilde{I}(\mu, \nu)$ 称为 $I(y, z)$ 的傅里叶变换；在信息理论中，$\tilde{I}(\mu, \nu)$ 称为 $I(y, z)$ 的频谱函数。原则上说知道了 $I(y, z)$ 就可以求出它的频谱函数 $\tilde{I}(\mu, \nu)$，反过来，如果知道了一个图形的频谱函数也就可以把那些由频谱函数确定的余弦基元合成，得出物平面的强度分布 $I(y, z)$：

$$I(y,z) = \iint \tilde{I}(\mu,\nu)\,\mathrm{e}^{\mathrm{i}2\pi(\mu y + \nu z)}\,\mathrm{d}\mu\mathrm{d}\nu \tag{3-15}$$

这就是根据线性导出的系统的成像性质。

若把 $\mathrm{e}^{\mathrm{i}2\pi(\mu y + \nu z)}$ 称为一个频率为 (μ, ν) 的余弦基元，则由上面知道，物分布可以看作是大量余弦基元的线性组合，相应地对于像发光强度分布 $I'(y', z')$ 同样有

$$\tilde{I}'(\mu,\nu) = \iint I'(y',z')\,\mathrm{e}^{-\mathrm{i}2\pi(\mu y' + \nu z')}\,\mathrm{d}y'\mathrm{d}z' \tag{3-16}$$

$$I'(y',z') = \iint \tilde{I}'(\mu,\nu)\,\mathrm{e}^{\mathrm{i}2\pi(\mu y' + \nu z')}\,\mathrm{d}\mu\mathrm{d}\nu \tag{3-17}$$

从上面的分析知道，如果系统满足空间不变性，则一个物平面上的余弦分布，通过系统以后在像平面上仍然是一个余弦分布，只是它的空间频率、振幅和初相位会发生变化。空间频率的变化，实际上就代表物、像平面之间的垂轴放大率，关系比较简单。假定把它规化成1，这样物像平面之间的空间频率不变，而只是振幅和相位发生变化。

2. 光学传递函数

（1）光学传递函数定义

现在假设余弦基元 $\delta(y) = \mathrm{e}^{\mathrm{i}2\pi\mu y}$ 对应的像分布为 $\delta'(y')$，即

$$\delta(y) = \mathrm{e}^{\mathrm{i}2\pi\mu y} \rightarrow \delta'(y')$$

可以推导出

$$\delta'(y') = \frac{1}{\mathrm{i}2\pi\mu} \cdot \frac{\mathrm{d}\delta'(y')}{\mathrm{d}y'} \tag{3-18}$$

并可解出

$$\delta'(y') = OTF(\mu)\,\mathrm{e}^{\mathrm{i}2\pi\mu y'} \tag{3-19}$$

式中，$OTF(\mu)$ 是与 y' 无关的复常数，由光学系统的成像性质决定。上面是按一维形式得出的，对于二维形式，有

$$\delta'(y',z') = OTF(\mu,\nu)\,\mathrm{e}^{\mathrm{i}2\pi(\mu y' + \nu z')} \tag{3-20}$$

由上面讨论的空间不变线性系统的成像性质，可以用物、像平面上不同频率对应的余弦基元的振幅比和相位差来表示。前者称为振幅传递函数，用 $MTF(\mu, \nu)$ 表示，后者称为相

位传递函数，用 $PTF(\mu, \nu)$ 表示。二者统称为光学传递函数，用 $OTF(\mu, \nu)$ 表示，它们之间的关系可以用复数的形式表示如下：

$$OTF(\mu,\nu) = MTF(\mu,\nu)\,\mathrm{e}^{\mathrm{i}PTF(\mu,\nu)} \tag{3-21}$$

这样，根据系统的叠加性质，物分布中任一频率成分 $\tilde{I}(\mu, \nu)$ 的像 $\tilde{I}'(\mu, \nu)$ 应该为

$$\tilde{I}'(\mu,\nu) = OTF(\mu,\nu)\,\tilde{I}(\mu,\nu) \tag{3-22}$$

或者

$$OTF(\mu,\nu) = \frac{\tilde{I}'(\mu,\nu)}{\tilde{I}(\mu,\nu)} \tag{3-23}$$

可见，$OTF(\mu, \nu)$ 表示了系统对任意频率成分 $\tilde{I}(\mu, \nu)$ 的传递性质，因此如果一个光学系统的光学传递函数已知，就可以根据式（3-22）由物平面的频率函数 $\tilde{I}(\mu, \nu)$ 求出像平面的频率函数 $\tilde{I}'(\mu, \nu)$，也就可以求出像平面的强度分布函数 $I'(y', z')$。

显然，一个理想的光学系统应该满足 $OTF(\mu, \nu) \equiv 1$，所以根据 $OTF(\mu, \nu)$ 的值就可以说明光学系统的成像质量的优劣。

（2）两次傅里叶变换法

假设某一理想发光点所对应的像分布为 $P(y, z)$，$P(y, z)$ 也称为点扩散函数，若系统符合线性空间不变性质，则余弦基元 $\delta(y, z) = \mathrm{e}^{\mathrm{i}2\pi(\mu y + \nu z)}$ 所对应的像分布为

$$
\begin{aligned}
\delta'(y',z') &= \iint \mathrm{e}^{\mathrm{i}2\pi(\mu y + \nu z)} P(y' - y, z' - z)\,\mathrm{d}y\mathrm{d}z \\
&= \iint \mathrm{e}^{\mathrm{i}2\pi[\mu(y'-y) + \nu(z'-z)]} P(y,z)\,\mathrm{d}y\mathrm{d}z \\
&= \mathrm{e}^{\mathrm{i}2\pi(\mu y' + \nu z')} \iint P(y,z)\,\mathrm{e}^{-\mathrm{i}2\pi(\mu y + \nu z)}\,\mathrm{d}y\mathrm{d}z
\end{aligned} \tag{3-24}
$$

对比上面式（3-20），有

$$OTF(\mu,\nu) = \iint P(y,z)\,\mathrm{e}^{-\mathrm{i}2\pi(\mu y + \nu z)}\,\mathrm{d}y\mathrm{d}z \tag{3-25}$$

因此，光学传递函数 $OTF(\mu, \nu)$ 也可以定义为点扩散函数的傅里叶变换。为了计算光学传递函数就必须根据光学系统的结构参数计算出点扩散函数，为此首先引出光瞳函数的概念。由单色点光源发出的球面波经光学系统后在出瞳处的复振幅分布称为光学系统的光瞳函数，可表示为

$$
g(Y,Z) = \begin{cases} A(Y,Z)\,\mathrm{e}^{\mathrm{i}\frac{2\pi}{\lambda}W(Y,Z)} & \text{在出瞳处} \\ 0 & \text{在出瞳外} \end{cases} \tag{3-26}
$$

式中，Y、Z 为出瞳面坐标；$A(Y, Z)$ 为点光源发出的光波在出瞳面的振幅分布；$W(Y, Z)$ 为系统对此单色光波引入的波像差。假设出瞳面光能分布均匀，则 $A(Y, Z) \equiv$ 常数，为了方便，规定 $A(Y, Z) \equiv 1$。可以推导出，在一定的近似条件下，点扩散函数可由光瞳函数的傅里叶变换的模二次方求得：

$$P(y',z') = \left| \iint g(Y,Z)\,\mathrm{e}^{-\mathrm{i}\frac{2\pi}{\lambda R}(Y \cdot y' + Z \cdot z')}\,\mathrm{d}Y\mathrm{d}Z \right|^2 \tag{3-27}$$

式中，R 为参考球面的半径。这样，光学传递函数的计算只需首先计算出光瞳函数，然后根据式（3-25）和式（3-27）进行两次傅里叶变换，就可以得到各频率（μ，ν）下的光学传递函数值，这就是计算光学传递函数的两次傅里叶变换法。

（3）自相关法

将式（3-27）代入式（3-25），可直接由光瞳函数求得光学传递函数

$$OTF(\mu,\nu) = \iint\limits_{YZ} g(Y,Z)g^*(Y+\lambda R\mu,Z+\lambda R\nu)\,\mathrm{d}Y\mathrm{d}Z \tag{3-28}$$

式中，$g^*(Y,Z)$ 表示 $g(Y,Z)$ 的共轭。由上式，对光瞳函数直接进行自相关积分，也可得光学传递函数，这种计算方法即为计算光学传递函数的自相关法。

3. 光学传递函数的计算

（1）两次傅里叶变换光学传递函数的计算

由上面的讨论知道，子午传递函数 $OTF_t(\mu)$ 和弧矢传递函数 $OTF_s(\nu)$ 分别为

$$OTF_t(\mu) = OTF(\mu,0) \tag{3-29}$$

$$OTF_s(\nu) = OTF(0,\nu) \tag{3-30}$$

则由式（3-22）有

$$\begin{aligned} OTF_t(\mu) &= \int\left[\int I(y',z')\,\mathrm{d}z'\right]\mathrm{e}^{-\mathrm{i}2\pi\mu y'}\,\mathrm{d}y' \\ &= \int I_t(y')\,\mathrm{e}^{-\mathrm{i}2\pi\mu y'}\,\mathrm{d}y' \end{aligned} \tag{3-31}$$

同理

$$\begin{aligned} OTF_s(\nu) &= \int\left[\int I(y',z')\,\mathrm{d}y'\right]\mathrm{e}^{-\mathrm{i}2\pi\nu z'}\,\mathrm{d}z' \\ &= \int I_s(z')\,\mathrm{e}^{-\mathrm{i}2\pi\nu z'}\,\mathrm{d}z' \end{aligned} \tag{3-32}$$

式中

$$I_t(y') = \int I(y',z')\,\mathrm{d}z' \tag{3-33}$$

$$I_s(z') = \int I(y',z')\,\mathrm{d}y' \tag{3-34}$$

分别称为子午线扩散函数和弧矢线扩散函数。在实际计算中，它们不必由上式求出，而可以直接由光瞳函数求出。线扩散函数与光瞳函数的关系为

$$I_t(y') = \lambda R\int\left|\int g(Y,Z)\mathrm{e}^{-\mathrm{i}\frac{2\pi}{\lambda R}Yy'}\,\mathrm{d}Y\right|^2\mathrm{d}Z \tag{3-35}$$

$$I_s(z') = \lambda R\int\left|\int g(Y,Z)\mathrm{e}^{-\mathrm{i}\frac{2\pi}{\lambda R}Zz'}\,\mathrm{d}Z\right|^2\mathrm{d}Y \tag{3-36}$$

这样，用两次傅里叶变换法计算光学传递函数的基本步骤为：

① 计算光学系统的波像差 $W(Y,Z)$。并确定光瞳函数的有效范围，即确定所选定的出瞳的形状，构造光瞳函数 $g(Y,Z)$，当然，这里假定 $A(Y,Z)\equiv1$。

② 对光瞳函数 $g(Y,Z)$ 按式（3-35）和式（3-36）进行傅里叶变换及积分运算，分别得到子午线扩散函数 $I_t(y')$ 及弧矢线扩散函数 $I_s(z')$。

③ 分别对 $I_t(y')$ 和 $I_s(z')$ 做傅里叶变换，即可得到子午和弧矢光学传递函数 $OTF_t(\mu)$

和 $OTF_s(\nu)$。实际上，上面三点可以归结为：求波像差、确定光束截面内通光域、确定傅里叶变换算法。

1）利用样条函数插值计算波像差。前面已经讨论过了，无论是采用自相关法还是采用两次傅里叶变换法计算光学传递函数，都要首先计算光学系统的光瞳函数。假定光束的通光面内振幅均匀分布，即 $A(Y, Z) \equiv 1$。这样，光瞳函数 $g(Y, Z)$ 的计算实际上变为波差函数 $W(Y, Z)$ 的计算及对实际光瞳函数的积分域（即所谓的光瞳边界）的确定。要提高光学传递函数的计算精度，首先要提高波差的计算精度，并精确地确定光束的通光区域。

通过在积分域内逐点计算均匀分布的各点对应的波差值可以计算出整个系统的波像差，但计算量太大。通常采用的方法是在光瞳函数积分面内计算若干条抽样光线的波差，然后用一个波差逼近函数去吻合，再利用此逼近函数计算出积分面内所需求和点的波差值。在波像差插值计算中，幂级数多项式是比较早且常用的波差插值函数。为了提高波差的插值精度，应该增加抽样光线的数量并提高多项式的次数，但高次多项式插值具有数值不稳定性，且插值过程不一定收敛。一般可以采用最小二乘法来确定用于波差插值的幂级数多项式，但当次数增大时，用于求解其系数的法方程组的系数矩阵往往趋于病态，而且即使在插值节点处也仍然存在误差。为此，人们尝试进行改进，例如利用切比雪夫多项式和泽尼克多项式等。由于它们基底的正交性，使得多项式求解的法方程组的条件得到改善，从而提高了波差插值的精度。利用样条函数插值计算波像差也是一种很好的方法，通常采用的是三次样条函数来作为波像差插值函数。有关利用样条函数计算波像差的具体问题请参考有关书籍。

2）确定光束截面内通光域。由于光栏彗差及拦光的影响，使得轴外视场的光束截面形状变得非常复杂。而通光域边界的计算精确与否，将直接影响到传递函数值的计算精度。为了提高光学传递函数的计算精度，有必要精确地确定出射光束截面内的通光域，也就是光瞳函数的积分域。对此，人们做过大量的工作，提出的很多方法大多是确定少量边界点，然后用近似曲线来拟合积分域的边界，例如 W. B. King 提出的椭圆近似法及投影光瞳法。另外还有分段二次插值法、最小二乘曲线拟合法等。在国内的程序中，采用确定较多的通光域的边界点，然后直接用折线拟合边界。

3）利用快速傅里叶变换法计算光学传递函数。利用常规的数值积分技术，用自相关法比用两次傅里叶变换法要快得多。自从 Cooley-Tukey 提出了傅里叶变换的快速计算方法（简称快速傅里叶变换（FFT）之后，则改变了这种状况。将快速傅里叶变换用于两次傅里叶变换法，通常只需自相关法所用时间的五分之一，使得两次傅里叶变换法计算光学传递函数变得实用化。根据前面的讨论，两次傅里叶变换法计算光学传递函数时，第一次傅里叶变换首先由瞳函数求出子午和弧矢的线扩散函数，第二次傅里叶变换由线扩散函数求出子午和弧矢的光学传递函数。在计算机上进行傅里叶变换的过程请参考有关书籍。

（2）自相关法光学传递函数的计算

由前面的讨论，子午传递函数 $OTF_t(\mu)$ 和弧矢传递函数 $OTF_s(\nu)$ 分别为

$$OTF_t(\mu) = \frac{1}{S} \iint_A e^{i\frac{2\pi}{\lambda}\left[W(Y+\frac{1}{2}\lambda\mu R, Z) - W(Y-\frac{1}{2}\lambda\mu R, Z)\right]} dYdZ \tag{3-37}$$

$$OTF_s(\nu) = \frac{1}{S} \iint_A e^{i\frac{2\pi}{\lambda}\left[W(Y, Z+\frac{1}{2}\lambda\nu R) - W(Y, Z-\frac{1}{2}\lambda\nu R)\right]} dYdZ \tag{3-38}$$

式（3-37）的积分域 A_1 如图 3-26a 所示，式（3-38）的积分域 A_2 如图 3-26b 所示。

自相关法光学传递函数的计算程序大体上可以分为三个部分：

1）计算实际出瞳的形状。实际光学系统中，轴外点的出瞳形状是比较复杂的，一般由两个或三个圆弧相交而成。光瞳形状可以用椭圆近似，也可以用阵列或者其他方法表示，但这些方法都比椭圆近似复杂得多，使用较少。

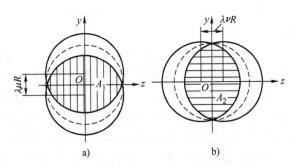

图 3-26　自相关法光学传递函数计算的积分域
a）子午积分域　b）弧矢积分域

2）计算波像差函数。波像差通常采用多项式的形式，由于共轴系统的对称性，波像差的幂级数展开式中应不出现 Z 的奇次项，级数中的各项应由 $(Y^2 + Z^2)$ 和 Y 来构成，取初级、二级和三级共 14 种像差，加上常数项共有 15 项，它们的具体形式为

$$W = A_{00} + A_{10}(Y^2 + Z^2) + A_{01}Y + A_{20}(Y^2 + Z^2)^2 + A_{11}(Y^2 + Z^2)Y + A_{02}(Y^2 + Z^2)Y^2 +$$
$$A_{30}(Y^2 + Z^2)^3 + A_{21}(Y^2 + Z^2)^2Y + A_{12}(Y^2 + Z^2)Y^2 + A_{03}Y^3 + A_{40}(Y^2 + Z^2)^4 +$$
$$A_{31}(Y^2 + Z^2)^3Y + A_{22}(Y^2 + Z^2)^3Y^2 + A_{13}(Y^2 + Z^2)Y^3 + A_{04}Y^4 \tag{3-39}$$

实际光瞳的中心光线和像面的交点作为参考球面波的球心，参考球面波的半径等于像距 L'。为了确定上面的多项式中的 15 个系数，可采用计算抽样光线的方法，再利用最小二乘法求解，就可以确定波差多项式中的 15 个系数。有了 15 个系数，波差函数 $W(Y, Z)$ 就完全决定了。

3）在出瞳规化成单位圆时的传递函数计算公式。在计算波差函数时，把出瞳面上的坐标规化为单位圆，相当于前面传递函数计算公式中的瞳面坐标都除以实际出瞳半径 h_m，同时为了书写简化，设

$$f = \frac{\lambda \mu R}{h_m}, \quad k = \frac{2\pi}{\lambda}$$

代入式（3-37）和式（3-38）以后，得到出瞳规化成单位圆的公式如下：

$$OTF_t(f) = \frac{1}{s} \iint_A e^{ik\left[W(Y+\frac{f}{2},Z) - W(Y-\frac{f}{2},Z)\right]} dYdZ \tag{3-40}$$

$$OTF_s(f) = \frac{1}{s} \iint_A e^{ik\left[W(Y,Z+\frac{f}{2}) - W(Y,Z-\frac{f}{2})\right]} dYdZ \tag{3-41}$$

由于采用了椭圆近似，并把椭圆规化成为单位圆，因此无论是轴上或轴外点，积分区域永远为两个圆的相交部分。

对于弧矢传递函数来说，计算公式为

$$OTF_s(f) = \frac{2}{s} \iint_{\frac{A}{2}} \cos K\left[W\left(Y,Z+\frac{f}{2}\right) - W\left(Y,Z-\frac{f}{2}\right)\right] dYdZ \tag{3-42}$$

同样，也有

$$OTF_t(f) = \frac{2}{s} \iint_{\frac{A}{2}} e^{iK\left[W(Y+\frac{f}{2},Z) - W(Y-\frac{f}{2},Z)\right]} dYdZ \tag{3-43}$$

3.8 点列图

按照几何光学的观点，由一个物点发出的所有光线通过一个理想光学系统以后，将会聚在像面上一点，这就是这个物点的像点。而对于实际的光学系统，由于存在像差，一个物点发出的所有光线通过这个光学系统以后，其与像面交点不再是一个点，而是一弥散的散斑，称为点列图。点列图中点的分布可以近似地代表像点的能量分布，利用这些点的密集程度能够衡量系统成像质量的好坏，如图 3-27 所示。

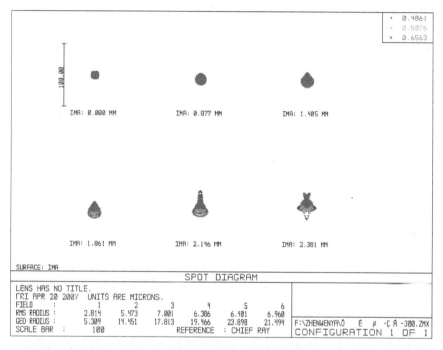

图 3-27 点列图示意图

点列图是一个物点发出的所有光线通过这个光学系统以后与像面交点的弥散图形，因此，计算多少抽样光线以及计算哪些抽样光线是需要首先确定的问题。通常可以以参考光线作为中心，在径向方向等间距的圆周上均匀抽取光线。参考光线就是以此光线作为起始点，即零像差点。参考光线可以选取主光线，也可以选取抽样光线分布的中心，或者取 x 和 y 方向最大像差的平均点。

点列图原则上适用于大像差系统范围，显然追迹光线越多，越能精确反映像面上的发光强度分布，结果越接近实际情况，点列图的计算就越精确，当然计算的时间就越多。

点列图的分布密集状态可以用两个量来表示，一个是几何最大半径值，另一个是方均根半径值。几何最大半径值是参考光线点到最远光线交点的距离，换句话说，几何最大半径就是以参考光线点为中心，包含所有光线的最大圆的半径。很显然，几何最大半径值只是反映像差的最大值，并不能真实反映光能的集中程度。方均根则是每条光线交点与参考光线点的距离的二次方，除以光线条数后再开方。方均根半径值反映了光能的集中程度，与几何最大半径值相比，更能反映系统的成像质量。

点列图适合用于大像差系统时的像质评价，光学设计软件例如 Zemax 中，可以同时显示出艾里斑的大小，艾里斑的半径等于 $1.22\lambda F$，其中字母 F 为系统的 F 数。如果点列图的半径接近或小于艾里斑半径，则系统接近衍射极限。此时应该采用波像差或光学传递函数来表示系统成像质量更为合适。

3.9 包围圆能量

包围圆能量以像面上主光线或中心光线为中心，以离开此点的距离为半径作圆，以落入此圆的能量和总能量的比值来表示，如图 3-28 所示。

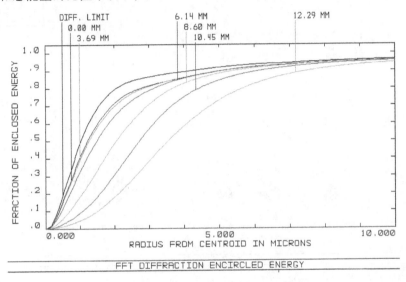

图 3-28　包围圆能量示意图

与点列图计算一样，追迹的光线越多，越能精确反映象面上的包围圆的能量分布，结果越接近实际情况，包围圆的计算就越精确。

3.10 薄透镜系统的初级像差理论

在使用光学自动设计前的长时期内，光学设计是通过设计者人工修改系统的结构参数，然后不断计算像差来完成的。为了加速设计过程，提高设计质量，人们对像差的性质、像差和光学系统结构参数的关系，进行了长期的研究，取得了很多有价值的成果，这就是像差理论。今天，像差理论对光学自动设计过程中原始系统的确定、自变量的选择、像差参数的确定等一系列问题仍有其重要的指导意义。本章重点介绍薄透镜系统的初级像差理论，它是像差理论研究中最有实用价值的成果。在像差理论指导下，光学自动设计能更充分发挥出它的作用。

光学系统的像差除了是结构参数的函数外，同时还是物高 y（或视场角 ω）和光束孔径 h（或孔径角 u）的函数。在光学自动设计中，在 y、h 一定的条件下，把像差和系统结构参数之间的关系用幂级数表示，并且仅取其中的一次项，建立像差和结构参数之间的近似线性关系。

3.10.1 初级像差公式

在像差理论的研究中，则把像差和 y、h 的关系也用幂级数形式表示。把最低次幂对应的像差称为初级像差，而把较高次幂对应的像差称为高级像差。在像差理论的研究中，具有较大实际价值的是初级像差理论。所以本章主要介绍初级像差理论。初级像差理论忽略了 y、h 的高次项，它只是实际像差的初级近似。在 y 和 h 不大的情形，初级像差能够近似代表光学系统的像差性质。下面不做推导给出初级像差和 y、h 的关系。

1. 初级球差

$$\delta L' = a_1 h^2 \tag{3-44}$$

式（3-44）表示初级球差与物高 y 无关，即在视场不大的范围内，轴外点和轴上点具有相同的球差。初级球差和光束孔径 h^2 成正比。

2. 初级彗差

$$K_S' = a_2 h^2 y \tag{3-45}$$

3. 初级子午场曲

$$x_t' = a_3 y^2 \tag{3-46}$$

4. 初级弧矢场曲

$$x_s' = a_4 y^2 \tag{3-47}$$

5. 初级畸变

$$\delta y_z' = a_5 y^3 \tag{3-48}$$

6. 初级轴向色差

$$\Delta L_{FC}' = C_1 \tag{3-49}$$

初级轴向色差与 y、h 无关。

7. 初级垂轴色差

$$\Delta y_{FC}' = C_2 y \tag{3-50}$$

如果一个透镜组的厚度和它的焦距比较可以忽略，这样的透镜组称为薄透镜组。由若干个薄透镜组构成的系统，称为薄透镜系统（透镜组之间的间隔可以是任意的）。对这样的系统在初级像差范围内，可以建立像差和系统结构参数之间的直接函数关系。利用这种关系，可以全面、系统地讨论薄透镜系统和薄透镜组的初级像差性质。甚至可以根据系统的初级像差要求，直接求解出薄透镜组的结构参数。厚透镜可以看作是由两个平凸或平凹的薄透镜加一块平行玻璃板构成，如图 3-29 所示。因此任何一个光学系统都可以看作是由一个薄透镜系统加若干平行玻璃板构成。长期以来薄透镜系统的初级像差理论，一直是光学设计者的有力工具。本章主要介绍薄透镜系统的初级像差理论在光学自动设计过程中的应用。使光学自动设计和像差理论两者相辅相成，更充分有效地发挥出它们各自的作用，使我们能更快更好地完成设计工作。

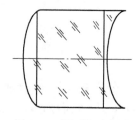

图 3-29　厚透镜示意图

3.10.2 薄透镜初级像差公式

图 3-30 为由两个薄透镜组构成的薄透镜系统。该系统对应的物平面位置、物高（y）和光束孔径（u）是给定的，在系统外形尺寸计算完成以后每个透镜组的光焦度 φ 以及各透镜组之间的间隔 d 也都已确定。由轴上物点 A 发出，经过孔径边缘的光线 AQ 称为第一辅助光线，应用理想光学系统中的光路计算公式（或近轴光路公式）可以计算出它在每个透镜组上的投射高 h_1、h_2；由视场边缘的轴外点 B 发出经过孔径光阑中心 O 的光线 BP 称为第二辅助光线，它在每个透镜组上的投射高 h_{z1}、h_{z2} 也可以用近轴公式计算出来，如图 3-30 所示。这样每个透镜组对应的 φ、h、h_z，都是已知的，称它们为透镜组的外部参数，它们和薄透镜组的具体结构无关。像差既和这些外部参数有关，当然也和透镜组的内部结构参数（r，d，n）有关。薄透镜系统初级像差方程组的作用是把系统中各个薄透镜组已知的外部参数和未知的内部结构参数与像差的关系分离开来，使像差和内部结构参数之间关系的讨论简化。下面直接给出方程组的公式：

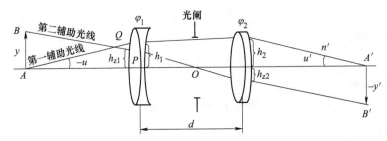

图 3-30　第一、二辅助光线示意图

$$\delta L' = \left[\sum hp \right] / (-2n'u'^2) \tag{3-51}$$

$$K'_S = \left[\sum h_z p - J \sum W \right] / (-2n'u') = \frac{K'_T}{3} \tag{3-52}$$

$$x'_{ts} = \left[\sum \frac{h_z^2}{h} p - 2J \sum \frac{h_z}{h} W + J^2 \sum \varphi \right] / (-n'u'^2) \tag{3-53}$$

$$x'_s = \left[\sum \frac{h_z^2}{h} p - 2J \sum \frac{h_z}{h} W + J^2 \sum \varphi (1 + \mu) \right] / (-2n'u'^2) \tag{3-54}$$

$$\delta y'_z = \left[\sum \frac{h_z^3}{h^2} p - 3J \sum \frac{h_z^2}{h^2} W + J^2 \sum \frac{h_z}{h} \varphi (3 + \mu) \right] / (-2n'u') \tag{3-55}$$

$$\Delta L'_{FC} = \left[\sum h^2 C \right] / (-n'u'^2) \tag{3-56}$$

$$\Delta y'_{FC} = \left[\sum h_z h C \right] / (-n'u') \tag{3-57}$$

以上公式中，n'、u' 分别为系统最后像空间的折射率和孔径角；J 是系统的拉格朗日不变量，$J = n'u'y'$。它们都是已知常数，每个透镜组的外部参数 φ、h、h_z 也是已知的。在括弧 [ ] 内的和式 $\sum$ 中，每个透镜组对应一项。因此以上方程组中每个透镜组共出现 4 个未知参数 p、W、C、μ，它们都和各个透镜组的内部结构参数有关，称为内部参数。这 4 个内部参数中最后一个参数 μ 最简单，它的公式为

$$\mu = \sum \frac{\varphi_i}{n_i} / \varphi \tag{3-58}$$

式中，φ 是该薄透镜组的总光焦度，是已知的；φ_i 和 n_i 分别为该透镜组中每个单透镜的光焦度和玻璃的折射率。对薄透镜组来说，总光焦度等于各个单透镜光焦度之和，即 $\varphi = \sum \varphi_i$，另外玻璃的折射率 n_i 变化不大，一般为 1.5~1.7，因此 μ 近似为一个和薄透镜组结构无关的常数。通常取 μ 的平均值为 0.7。

通过求解薄透镜系统的初级像差方程组，把系统的像差特性参数 p、W、C 做要求，这样，每个薄透镜组的内部参数实际上只剩下 p、W、C 三个。其中 C 只和两种色差有关称为"色差参数"。它的公式为

$$C = \sum \frac{\varphi_i}{\nu_i} \tag{3-59}$$

式中，φ_i 为该透镜组中每个单透镜的光焦度；ν_i 为该单透镜玻璃的阿贝数。

$$\nu = \frac{n-1}{n_F - n_C} \tag{3-60}$$

它是光学玻璃的一个特性常数，n 为指定波长光线的折射率，$(n_F - n_C)$ 为计算色差时所用的两种波长光线的折射率差——色散。由式（3-59）看到，C 只与透镜组中各单透镜的光焦度和玻璃的色散有关，而和各单透镜的弯曲形状无关。其余的两个参数 p、W 决定系统的单色像差，称为"单色像差参数"。它们和透镜组中各个折射面的半径 r_i 和介质的折射率 n_i 有关。无法把 p、W 表示为（r_i，n_i）的函数，而用第一辅助光线通过每个折射面的角度来表示。它们的具体公式是

$$p = \sum \left(\frac{\Delta u_i}{\Delta(1/n_i)} \right)^2 \Delta \frac{u_i}{n_i}; \quad W = \sum \left(\frac{\Delta u_i}{\Delta(1/n_i)} \right) \Delta \frac{u_i}{n_i} \tag{3-61}$$

式中

$$\Delta u_i = u_i' - u_i; \quad \Delta \frac{1}{n_i} = \frac{1}{n_i'} - \frac{1}{n_i}; \quad \Delta \frac{u_i}{n_i} = \frac{u_i'}{n_i'} - \frac{u_i}{n_i} \tag{3-62}$$

式（3-61）中的和式 $\sum$ 是对该薄透镜组中每个折射面求和的结果。例如一个双胶合薄透镜组中有 3 个折射面，则 p、W 分别对这 3 个面求和。

由式（3-53）看到，如果系统消除了像散，$x'_{ts} = 0$，则式（3-53）右边分子应等于零：

$$\left[\sum \frac{h_z^2}{h} p - 2J \sum \frac{h_z}{h} W + J^2 \sum \varphi \right] = 0$$

将上式代入式（3-54）得

$$x'_s = J^2 \sum \mu \varphi / (-2n'u'^2)$$

由于 $x'_{ts} = 0$，因此子午和弧矢场曲相等，即 $x'_t = x'_s$，这时的场曲称为佩茨瓦尔（Petzval）场曲，用符号 x'_p 表示：

$$x'_p = J^2 \sum \mu \varphi / (-2n'u'^2) \tag{3-63}$$

如果 x'_{ts} 不等于零，则由式（3-53）、式（3-54）、式（3-63）可以得到

$$x'_s = x'_p + \frac{1}{2} x'_{ts}; \quad x'_t = x'_p + \frac{3}{2} x'_{ts} \tag{3-64}$$

因此 x'_t、x'_s、x'_p、x'_{ts} 四者中只要确定了其中任意两个，其他两个也就是确定的了。由于 x'_p 具有某些特殊性质，把式（3-63）代替式（3-54）作为薄透镜系统的初级像差方程式。

在式（3-51）~式（3-57）和式（3-63）右边的分母上都有一个与透镜组内部结构无关的常数 n'、u' 组成的常数项。为了简化，把它们都移到等式左边，等式右边只留下与透镜组内部结构有关的部分，并用一组新的符号代表，得到下列方程组：

$$S_{\mathrm{I}} = -2n'u'^2\delta L' = \sum hp \tag{3-65}$$

$$S_{\mathrm{II}} = -2n'u'K'_S = \sum h_z p - J\sum W \tag{3-66}$$

$$S_{\mathrm{III}} = -n'u'^2 x'_{ts} = \sum \frac{h_z^2}{h}p - 2J\sum \frac{h_z}{h}W + J^2\sum \varphi \tag{3-67}$$

$$S_{\mathrm{IV}} = -2n'u'^2 x'_p = J^2\sum \mu\varphi \tag{3-68}$$

$$S_{\mathrm{V}} = -2n'u'\delta y'_z = \sum \frac{h_z^3}{h^2}p - 3J\sum \frac{h_z^2}{h^2}W + J^2\sum \frac{h_z}{h}\varphi(3+\mu) \tag{3-69}$$

$$S_{\mathrm{IC}} = -n'u'^2\Delta L'_{FC} = \sum h^2 C \tag{3-70}$$

$$S_{\mathrm{IIC}} = -n'u'\Delta y'_{FC} = \sum h_z h C \tag{3-71}$$

$S_{\mathrm{I}} \sim S_{\mathrm{V}}$ 称为第一至第五像差和数；S_{IC}、S_{IIC} 称为第一和第二色差和数。今后在讨论像差和结构参数的关系时，直接应用这些像差和数的公式，它们和像差之间只相差一个常数因子。

3.10.3　薄透镜初级像差性质

薄透镜系统初级像差公式有两个重要用途，一是根据初级像差公式讨论像差的性质，以指导像差优化设计；二是利用薄透镜初级像差公式，在一些系统比较简单的情况下来求解系统的结构参数。薄透镜组是复杂光学系统的基本组成单元，了解薄透镜组的像差性质，是分析光学系统像差性质的基础。下面讨论薄透镜组的像差性质，先讨论薄透镜组的单色像差特性。

1. 一个薄透镜组只能校正两种初级单色像差

由初级像差公式可以看到，在 5 个单色像差方程式（3-65）~式（3-69）中，每个薄透镜组只出现两个像差特性参数 p、W。不同结构的薄透镜组对应不同的 p、W 值，它们是方程组中的两个独立的自变量。利用这两个自变量，最多只能满足两个方程式，因此一个薄透镜组最多只能校正两种初级像差。当使用适应法自动设计程序进行像差校正时，一个薄透镜组不论它有多少自变量（透镜组中可能有多个曲率和玻璃光学常数可以作为自变量使用），但是它不能校正两种以上的初级单色像差（不包括高级像差）。

2. 光瞳位置对像差的影响

当薄透镜系统中各个透镜组的光焦度和间隔不变，只改变孔径光阑（光瞳）的位置时，初级像差方程组中的 h、p、W 都不变，而 h_z 改变，从而引起像差的改变。

1）球差与光瞳位置无关。在 S_{I} 的式（3-65）中不出现 h_z，球差显然和光瞳位置无关。

2）彗差与光瞳位置有关，但球差为零时，彗差即与光瞳位置无关。

在 S_{II} 的式（3-66）中，出现与 h_z 有关的项，因此一般来说彗差与光瞳位置有关，但是如果该薄透镜组的球差为零，则对应 $p=0$，这时 S_{II} 中与 h_z 有关的项 $h_z p=0$，因此 S_{II} 与光瞳位置无关。

3）像散与光瞳位置有关，但是如球差、彗差都等于零，则像散与光阑位置无关。

由式（3-67），S_{III} 显然与光瞳位置 h_z 有关，但是当该薄透镜组的球差、彗差等于零，则 $p=W=0$，这时 S_{III} 就不再与 h_z 有关。

在像差与光瞳位置无关的情形，如果把入瞳或光阑位置作为一个自变量加入自动校正，实际上并不增加系统的校正能力。

4）光瞳与薄透镜组重合时，像散为一个与透镜组结构无关的常数。

由式（3-67）看到，如果某个透镜组 $h_z=0$，则该透镜组的像散值为

$$x'_{\text{ts}} = \frac{S_{\text{III}}}{-n'u'^2} = \frac{J^2\varphi}{-n'u'^2} = \frac{-n'}{f'}y'^2$$

由上式看到，此时像散由薄透镜组的焦距 f' 和像高 y' 所决定，而与透镜组的结构无关。

5）当光瞳与薄透镜组重合时，畸变等于零。

由式（3-69）看到如果 $h_z=0$，则 S_{V} 中和该透镜组对应的各项均为零。

6）薄透镜组的 Petzval 场曲 x'_{p} 近似为一与结构无关的常量。

由式（3-68）看到薄透镜组的 x'_{p} 为

$$x'_{\text{p}} = \frac{S_{\text{IV}}}{-2n'u'^2} = \frac{J^2\mu\varphi}{-2n'u'^2} = \frac{-n'y'^2}{2f'}\mu$$

前面已经说过，μ 对薄透镜组来说近似为一与结构无关的常数，大约等于 0.7。由上式看到，x'_{p} 显然也应该是一个与结构无关的常数。

3. 薄透镜组的色差特性

1）一个薄透镜组消除了轴向色差必然同时消除垂轴色差。

薄透镜组的两种色差，由唯一的色差参数 C 确定，由式（3-56）看到，当轴向色差等于零，则 $C=0$。由式（3-57）看到垂轴色差也同时等于零。

2）欲消薄透镜组色差必须使用两种不同 ν 值的玻璃。

根据式（3-70）、式（3-71），欲消薄透镜组色差，必须满足 $C=0$，根据式（3-59），得

$$C = \sum \frac{\varphi_i}{\nu_i} = 0$$

如果薄透镜组中各个透镜用同一 ν 值的玻璃，则有

$$\sum \frac{\varphi_i}{\nu_i} = \frac{1}{\nu} \sum \varphi_i = 0 \text{ 或 } \sum \varphi_i = 0$$

薄透镜组的总光焦度等于各个透镜光焦度之和，因此满足消色差条件，薄透镜组的总光焦度必须等于零，光焦度为零的薄透镜组不能成像没有实际意义。因此具有指定光焦度的消色差薄透镜组必须用两种不同 ν 值的玻璃构成。

3）薄透镜组的消色差条件与物体位置无关。

消色差条件 $\sum \dfrac{\varphi_i}{\nu_i} = 0$ 中不出现与物体位置有关的参数，因此一个薄透镜组对某一物平面消了色差，对任意物平面都没有色差。

上面是薄透镜组像差的某些普遍性质，这些性质虽由薄透镜组的初级像差公式导出，实

际上对大多数厚度、间隔不很大的透镜组，同样在一定程度上具有这些特性。它们是使用光学自动设计程序进行像差校正时必须注意的。

4. 光学系统消场曲的条件——Petzval 条件

根据式（3-64）

$$x'_s = x'_p + \frac{1}{2}x'_{ts};$$

$$x'_t = x'_p + \frac{3}{2}x'_{ts}$$

由以上两式可以看到，欲使光学系统的子午和弧矢焦面都和理想像面重合，即 $x'_t = x'_s = 0$，系统必须满足的条件是

$$x'_{ts} = 0, \qquad x'_p = 0$$

根据式（3-64），x'_{ts} 除了和光焦度 φ 有关外，同时和透镜的内部结构参数 (p, W) 以及光阑位置 (h_z)、物体位置 (h) 等一系列因素有关，因此比较容易校正。但是根据式（3-68）

$$S_{IV} = -2n'u'^2x'_p = J^2\sum\mu\varphi$$

x'_p 只和透镜的光焦度 φ，以及透镜材料的折射率 $\mu = 1/n$ 有关，所以是一种较难校正的像差。根据式（3-63）光学系统消除场曲的条件是

$$\sum\mu\varphi = \sum\frac{\varphi}{n} = 0$$

上式是根据薄透镜系统初级像差公式求得的。对厚透镜来说，可以看作是两个平凸或平凹的薄透镜加一块平行玻璃板构成。平行玻璃板的场曲 $S_{IV} = 0$，因此对厚透镜来说，φ 相当于透镜厚度假定等于零时的光焦度，称它为"相当薄透镜光焦度"。为了区别，用符号 $[\varphi]$ 代表相当薄透镜光焦度。这样上面消场曲的条件变为

$$\sum\frac{[\varphi]}{n} = 0 \tag{3-72}$$

上式无论对薄透镜系统或厚透镜系统都能应用，对薄透镜系统来说 $[\varphi]$ 就是薄透镜的实际光焦度 φ。式（3-72）称为光学系统的消场曲条件也叫 Petzval 条件。下面根据公式讨论一下能够校正场曲的光学系统的结构。

（1）正、负光焦度远离的薄透镜系统

对薄透镜系统来说式（3-72）变为

$$\sum\frac{\varphi}{n} = 0$$

由于玻璃的折射率 n 变化不大，为 1.8~1.5，以下关系近似成立：

$$\sum\frac{\varphi}{n} \approx \frac{1}{n}\sum\varphi = 0$$

对密接薄透镜组来说，$\sum\varphi$ 就等于透镜组的总光焦度，因此要消除场曲，透镜组的总光焦度等于零，这个透镜就没有实际意义。要使 $\sum\varphi = 0$ 而系统的总光焦度又不等于零，必须采用正、负透镜远离的薄透镜系统。要 $\sum\varphi = 0$，系统中必须既有正光焦度的透镜又有负

光焦度的透镜。最简单的系统如图 3-31 所示。一个为正透镜，一个为负透镜，它们的光焦度大小相等、符号相反，即 $\varphi_2 = -\varphi_1$，因此 $\sum \varphi = 0$，但是由于它们中间有一个间隔 d，其组合光焦度不等于零：

$$\varphi = \varphi_1 + \varphi_2 - d\varphi_1\varphi_2 = d\varphi_1^2$$

适当选择透镜之间的间隔 d，可以获得所要求的组合光焦度。

（2）弯月形厚透镜

一个弯月形厚透镜相当于一个平凸透镜和一个平凹透镜再加一块平行玻璃板，它等效于两个分离薄透镜，因此能校正场曲，如图 3-32 所示。

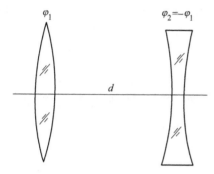

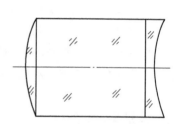

图 3-31　正、负透镜远离的薄透镜系统　　　　图 3-32　弯月形厚透镜

以上两种基本结构单元，是一切消场曲光学系统中所必须具备的，因此很容易直观地判断光学系统是否有可能校正场曲。

习　题

1. 说明有哪些常用的像质评价指标，它们都有什么特点？

2. 轴上点有哪些像差？

3. 色差有什么特点？采用什么方法才能校正色差？

4. 初级像差公式有什么用处？

5. 为什么说薄透镜初级像差理论最具有实际用处？

6. 什么样的光学系统结构形式才有可能消场曲？

▶ 第4章

光学材料和光学设计的经济性、工艺性

光学零件是由各种光学材料加工而成的，材料性能和加工工艺都会对零件的质量产生影响。光学材料是实现各种光学功能的载体，其性能指标直接影响光学零件和光学系统的质量水平。因此，有必要了解光学材料的种类、各自应用范围及其主要光学参数。

光学零件的工艺性决定了零件制造的生产效率和良品率，而经济性则决定了产品的竞争力。所以，有必要了解影响工艺性的主要因素，以及提高产品经济性的主要途径。

本章主要介绍：透射材料的种类及其主要光学参数、光学零件对光学材料的要求、影响工艺性的主要环节以及提高产品经济性的主要方法。

4.1 光学材料简介

光学材料的种类很多，包括透射材料、反射材料、膜系材料、偏振材料以及各种特殊功能材料等，这里主要介绍制作透镜、棱镜、分划板等零件的透射材料。

透射材料分为光学玻璃、光学塑料和光学晶体3大类，主要光学特性包括工作波段的主折射率、色散以及光谱透过率3项，而其他影响光学性能的指标还包括化学稳定性、光学均匀性、表面粗糙度、热膨胀系数以及可加工性等。

4.1.1 无色光学玻璃

光学玻璃是指对折射率、色散和透射比等光学特性有特定要求，且光学性质均匀的玻璃。无色光学玻璃是最常用的光学材料，其制造工艺成熟，品种齐全，一般能透过波长为 $0.35 \sim 2.5 \mu m$ 的各种色光，超出这个波段范围的光将会被光学玻璃强烈地吸收。

1. 光学玻璃的种类

常用的硅酸盐玻璃按光学性质可分为冕牌玻璃和火石玻璃两大类。相对而言，冕牌玻璃具有低折射率、低色散特性，而火石玻璃具有高折射率、高色散特性。我国的无色光学玻璃是根据国家标准 GB/T 903—2019《无色光学玻璃》制造的，两大类又可细分为18种类型，见表4-1。

在玻璃类型代号后面添加数字1、2、3等，如K1、K2、…、K9和K10等，表示按折射率从低到高的顺序来区分不同牌号的玻璃。例如，K9是国产性能最稳定、均匀且价格低廉的玻璃，用途最为广泛。目前，我国国产光学玻璃目录中列出的无色光学玻璃共计135种，其中冕牌玻璃57种、冕火石玻璃3种、火石玻璃75种。

表 4-1　国产无色光学玻璃的类型

玻璃类型代号	玻璃类型名称	玻璃类型代号	玻璃类型名称
FK	氟冕玻璃	QF	轻火石玻璃
QK	轻冕玻璃	F	火石玻璃
K	冕牌玻璃	BaF	钡火石玻璃
PK	磷冕玻璃	ZBaF	重钡火石玻璃
ZPK	重磷冕玻璃	ZF	重火石玻璃
BaK	钡冕玻璃	LaF	镧火石玻璃
ZK	重冕玻璃	ZLaF	重镧火石玻璃
LaK	镧冕玻璃	TiF	钛火石玻璃
KF	冕火石玻璃	TF	特种火石玻璃

2. 光学玻璃的主要性能参数

透射材料的折射特性一般以夫琅和费特征谱线的折射率表示。工作于可见光波段的常规光学玻璃常以 D 光的折射率 n_D、F 光和 C 光的折射率 n_F、n_C 为主要特征参数，如图 4-1 所示。这是因为 F 光和 C 光位于人眼敏感光谱区的两端，而 D 光位于其中，比较接近人眼最灵敏的谱线 555nm。图 4-2 则给出了一般光学系统中 3 种色光的典型校正曲线。

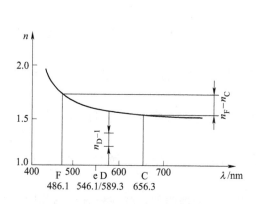

图 4-1　透射材料的典型色散曲线

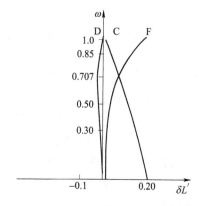

图 4-2　三种色光的典型校正曲线

在可见光波段，常用以下两个指标表征光学玻璃的折射率和色散：

1）平均折射率 n_D。

2）阿贝数 $\nu_D = (n_D - 1) / (n_F - n_C)$。阿贝数越大，色散越低，反之色散越大。

国产光学玻璃的各种光学常数在国产光学玻璃目录（见"无色光学玻璃"的相关数据⊖）中可以查到。图 4-3 为国产光学玻璃的 n_D-ν_D 图，根据此图，可以了解国产光学玻璃的整体分布情况。

3. 光学零件对光学玻璃的要求

光学零件付诸加工时，必须在零件图中给出对光学材料的具体要求，以便加工厂家采购合适等级的原材料。光学玻璃一般要根据光学系统的质量需求标出以下质量指标：

1）折射率允许误差——玻璃实际折射率与标准数值的允许误差值（分三类）和同一玻

⊖　请登录机工教育服务网（www.cmpedu.com）搜索本书，在本书主页上"内容简介"栏目获取下载方式。

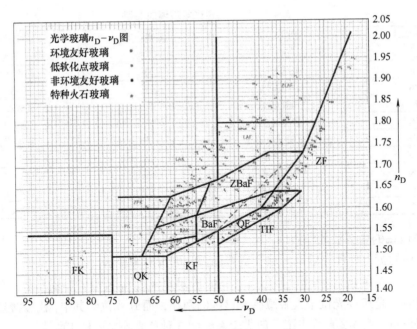

图 4-3　国产光学玻璃的 n_D-ν_D 图

璃中折射率的不一致差值（这里指 D 光，分四级），可用分光光度计、棱镜折射仪等仪器进行测量。

2）中部色散允许误差——玻璃实际中部色散与标准数值的允许差值和同一批玻璃中中部色散的不一致性，共分三类四级。

3）光学均匀性——一块玻璃内部折射率逐渐变化而造成的不均匀程度，分为五类，用平行光管、星点板和显微镜检测。

4）应力双折射——玻璃内部的残余应力所引起的双折射，用最大光程差表示，可分为五类，用应力双折射仪检测。

5）条纹度——玻璃中因折射率显著不同而造成的透明的丝状或层状疵病程度，共分两类三级，用条纹仪测量。

6）气泡度——玻璃中残存的气体（气泡）和杂质（结石）的程度，按最大气泡允许值分为九类。

7）光吸收系数——白光通过玻璃中每厘米路程时被吸收光通量与起始光通量的百分比，分为五类。

按照光学零件图的制图标准，右上角应该给出"对材料的要求"表格，见表 4-2。表中给出了普通照相物镜的典型取值，仅供参考。真实取值应通过公差分析获得。

表 4-2　"材料要求"表格及取值示例

对材料的要求	
Δn_D	3C
$\Delta \nu_D$	3C
光学均匀性	4

（续）

对材料的要求	
光吸收系数	4
应力双折射	3
条纹度	2C
气泡度	1C
对零件的要求	
N	3
ΔN	0.5
ΔR	A

表 4-2 中"对材料的要求"部分，原则上应根据光学系统像差设计的要求来确定。不同用途的光学零件对光学玻璃材料的要求，可参阅参考文献［12］表 2-4 给出的经验数据。

表 4-2 中"对零件的要求"部分，其中 N、ΔN 表示光学零件表面误差数值，指被检表面相对于参考表面的偏差（称面形偏差）；在圆形检验范围内，通过垂直位置所观察到的干涉条纹（通称光圈）的数目、形状、变化和颜色来确定。被检光学表面的曲率半径相对于参考光学表面曲率半径的半径偏差，此偏差对应的光圈数用 N 表示。ΔN 为允许的最大像散光圈数和局部光圈数，也称均衡度。ΔR 指零件加工时使用标准样板的精度，分为 A、B 两级。

4. 折射率插值公式

国产光学玻璃目录还给出了常用激光波长处的折射率。如果某波长在国产光学玻璃目录中没有与之相应的折射率，则需要根据玻璃折射率随波长变化的色散公式进行插值计算，得到相应波长的折射率。常用光学玻璃的色散公式有：

（1）哈特曼公式

$$n = n_0 + C/(\lambda_0 - \lambda)^\alpha \qquad (4-1)$$

式中，n_0、C、λ_0 和 α 为与介质折射率有关的系数。α 值对于低折射率玻璃可取为 1，对于高折射率玻璃取为 1.2。系数 n_0、C 和 λ_0 可由国产光学玻璃目录中已知的 3 个介质折射率求出，然后再根据公式计算所需波长的折射率。

（2）赫兹别尔格（Herzberger）公式

$$n_\lambda = A + B_\lambda^2 + \frac{C}{(\lambda^2 - 0.035)} + \frac{D}{(\lambda^2 - 0.035)^2} \qquad (4-2)$$

式中，n_λ 为所计算波长的折射率；λ 为波长；A、B、C、D 为 4 个待定系数，通过计算已知的任意 4 种波长的折射率，建立 4 个方程式，就可解出 4 个系数。将已知 4 个系数代入式（4-2）即可算出任意波长折射率 n_λ，计算时波长的单位取 μm。该公式的计算精度在小数点后 5 位，波长范围是 $0.40400 \sim 0.76300 \mu m$。

（3）肖特公式

上述公式待定系数少，计算精度低且光谱范围窄，为了提高计算精度和扩大光谱范围，肖特提出具有 6 个待定系数的折射率插值公式

$$n_\lambda^2 = a_0 + a_1\lambda^2 + a_2\lambda^{-2} + a_3\lambda^{-4} + a_4\lambda^{-6} + a_5\lambda^{-8} \qquad (4-3)$$

式中，n_λ 为所计算波长的折射率；λ 为波长，以 μm 为单位；a_0、a_1、a_2、a_3、a_4、a_5 为待定系数，在一般的国产光学玻璃目录中都会给出这 6 个系数，可算出任意波长折射率 n_λ。式（4-3）的计算精度为 3×10^{-6}，光谱范围为 $0.36500\sim1.04000\mu m$。

4.1.2 光学塑料

光学塑料是指可用来代替光学玻璃的有机材料，因其具有价格便宜、密度小、重量轻、易于模压成型、成本较低、生产效率高和不易破碎等诸多优点，近年来已在许多光学仪器中逐步取代光学玻璃。其主要缺点是热膨胀系数和折射率的温度系数比光学玻璃大得多，制成的光学零件受温度影响大，成像质量不稳定。

采用模具注塑成型方式加工时，大批量生产摊薄了模具成本，零件价格低廉，且易于复杂曲面成型加工，制造各种非球面、微镜阵列、菲涅尔透镜和二元光学零件及光栅等，因此光学塑料在光学系统中得到了越来越广泛的应用。

光学塑料的折射率 $n_D = 1.42\sim1.69$，阿贝数 $\nu_D = 65.3\sim18.8$。依据受热后性能变化特征，可分为热塑性光学塑料和热固性光学塑料两大类。

光学塑料有上百种之多，应用较多的品种有以下几类。

1. 聚甲基丙烯酸甲酯（PMMA）

PMMA 俗称有机玻璃，是光学性能最好的塑料，因其折射率与冕牌玻璃相近，故称为冕牌光学塑料。其缺点是力学和电学性能一般，热膨胀系数是无机玻璃的 $8\sim10$ 倍，吸湿性偏高。

PMMA 具有质轻、工艺简单、价格低廉的优点，可通过热压成型或注射成型，还可机械加工，适用于制造量大面广的塑料光学零件，是光学塑料应用最广的一种，如照相机的取景器、教学投影仪的菲涅尔透镜、生物医学工程的人工晶体、接触眼镜，还大量用于塑料光纤、光盘基板等。

2. 聚苯乙烯（PS）

PS、PMMA 和 PC 一起被称为三大透明塑料，PS 属于热塑性塑料，成本比 PMMA 低一半，容易模压成型。因其折射率、色散系数、透过率与火石玻璃相仿，也称火石光学塑料。因此，它在光学仪器应用的一个重要方面是做成负透镜，与 PMMA 材料的正透镜组合成消色差双胶合透镜组。但它的光学稳定性、耐紫外辐射都不及 PMMA，受光照或长期存放后，往往会出现变浊和发黄现象。

3. 聚碳酸酯（PC）

PC 是综合性能优良的透明工程塑料，光学性能仅低于 PMMA，但耐热耐寒，在 $-135\sim120^\circ\text{C}$ 能保持力学性能稳定。其缺点是 PC 制品的硬度低，耐磨性差，双折射率高；PC 熔体的黏度高，成型时对水敏感，成型后残余应力高。注射、挤出和吹塑高质量的 PC 透明制品有较高的工艺要求。

4. 苯乙烯-丙烯腈共聚物（SAN）

SAN 的透光率与 PS 相当，但折射率稍低。SAN 材料最高连续使用温度比 PS 高 10°C，力学性能、耐候性和耐应力开裂也得到改善；刚性较高、抗划痕性较好、制品的尺寸稳定；同时又有 PS 较好的模塑流动性，但仍未明显改善老化发黄的倾向。

5. 苯乙烯-甲基丙烯酸甲酯共聚物（MS）

MS 由 70%苯乙烯与 30%甲基丙烯酸甲酯共聚而成，共聚物的透光率优于 PS，又保持了 PS 的良好流动性。它改善了 PMMA 的耐候性、耐油性和耐磨性。

6. 聚 4-甲基-1 戊烯（TPX）

TPX 是结晶型的透明塑料，透光率为 90%，密度仅为 $0.83g/cm^3$，最低的折射率为 1.465，紫外线透过率仅次于无机玻璃。其熔体黏度低，能注射、挤出和吹塑各种制品，由于耐药性、耐热性好，大多应用于医疗器械，也用于家用电器、照明用具、食品容器和薄膜。

7. 透明聚酰胺

透明聚酰胺是一种无定型的聚合物，透光率可达 90%，吸水率较高为 0.41%，但低于大多数聚酰胺品种。它兼有普通聚酰胺的良好力学性能，且抗刻痕和耐应力开裂优于 PMMA 和 PC。

表 4-3 列出了常用光学塑料及其主要光学性能指标。

表 4-3　常用光学塑料及其主要光学性能指标

材料名称	透明波段/nm	折射率 n_D	阿贝数 ν_D	折射率温度变化系数/℃	线膨胀系数 $\alpha/10^{-5}℃^{-1}$
聚甲基丙烯酸甲酯（PMMA）	390~1600	1.491	57.2	-0.000125	6.3
聚苯乙烯（PS）	360~1600	1.590	30.8	-0.000150	8
聚碳酸酯（PC）	395~1600	1.586	34.0	-0.000143	7
丙烯酸有机玻璃（ACRYLIC）	—	1.492	55.3		6
聚双烯丙基二甘醇碳酸酯（CR-39）	—	1.498	57.8		9~10
苯乙烯-丙烯腈共聚物（SAN）	—	1.567	34.7		
苯乙烯-丙烯酸酯共聚物（NAS）	300~1600	1.564	35.0	-0.000140	7
聚 4-甲基-1 戊烯（TPX）	—	1.465	56.2		
环状烯烃聚合物 Zeonex（COC）	—	1.533	56.2	-0.000650	6.5

4.1.3　光学晶体

当光学系统工作在紫外或红外波段时，一般光学玻璃中的掺杂成分会对光波强烈吸收从而使光能快速衰减，变得不透明而无法工作。而光学晶体由于成分单一，在紫外、可见光和红外都有良好的透过率，且色散很低，因此在紫外和红外波段，各种光学晶体得到广泛的应用，并进入声光、电光、磁光和激光各领域。

工作在不同波段时，对光学晶体会有不同的要求。例如，工作在红外波段时，除了常规性能，还需要考虑其热学参数，如光谱透过率及其随温度的变化、折射率和色散及其随温度的变化、自辐射特性等。

表 4-4 给出了常用光学晶体的基本特性。

表 4-4　常用光学晶体的基本特性

原料	折射率	传输范围/ nm	密度/ （g/cm³）	热膨胀系数 α/10⁻⁶℃⁻¹
熔融石英	1.4858（308nm）	0.185～2.5	2.20	0.55
CaF$_2$	1.399（5.0μm）	0.170～7.8	3.18	18.85
BaF$_2$	1.460（3.0μm）	0.150～12	4.88	18.4
蓝宝石	1.755（1.0μm）	0.180～4.5	3.98	8.4
硅	3.4179（10μm）	1.200～7	2.33	4.15
锗	4.003（10μm）	1.900～16	5.33	6.1
ZnSe	2.40（10μm）	0.630～18	5.27	7.8
ZnS	2.2（10μm）	0.380～14	4.09	6.5
LiF	1.39（500nm）	0.150～5.2	2.64	37
KBr	1.526（10μm）	0.280～22	2.75	43
MgF$_2$	$n_o = 1.3836$　$n_e = 1.3957$（405nm）	0.130～7	7.37	a：13.7　b：8.48
YVO$_4$	$n_o = 1.9500$　$n_e = 2.1554$（1.3μm）	0.400～5	4.22	a：4.46　b：11.37
方解石	$n_o = 1.6557$　$n_e = 1.4852$（633nm）	0.210～2.3	2.75	a：24.39　b：5.68
石英	$n_o = 1.5427$　$n_e = 1.5518$（633nm）	0.200～2.3	2.65	7.07

4.1.4　反射镜材料

对于反射镜材料，人们最早是使用铜镜（一种铜锡合金）制造反射镜面。但铜镜材料重，镜面加工困难，抛光后的反射率不高，也不耐久。自发明用化学镀银和真空镀铝等方法获得高反射率镀层后，对镜面材料本身的反射率已无过高要求。人们就采用抛光性能优良、热膨胀系数较小的玻璃来制造光学镜面。长期以来，热膨胀系数较小的硼硅酸玻璃是制造大镜面的主要材料。热膨胀系数更小的熔石英曾被认为是理想的镜面材料，但熔炼比较困难，直到 1970 年前后才制造出数块直径 4m 的熔石英镜坯。在发现了热膨胀系数接近于零的微晶玻璃以后，已改用这种材料制造大型镜面。虽然金属有较大的热膨胀系数，但具有很高的热导率，能较快地和周围环境温度达到平衡，且可采用高效率的切削加工，所以也受到人们的重视。例如，大型红外望远镜中大量使用铝质反射镜，而空间探测仪器中则广泛使用强度高而比重小的铍质镜面。一般金属的抛光性能较差，通常需要在表面加镀一层抛光性能好的材料（如化学镀镍层），再进行光学精密加工。

目前常用的反射式光学系统的反射镜材料参数性能对比见表 4-5。其中，超低膨胀玻璃、微晶玻璃、金属铝和熔石英是传统的反射镜材料，而金属铍和碳化硅是 20 世纪末发展起来的新型反射镜材料。与反射镜材料选择有关的物理量见表 4-6。

表 4-5　几种反射镜材料参数性能对比

材料序号	反射镜材料	密度 ρ /(g/cm³)	弹性模量 E/GPa	热膨胀系数 $\alpha/10^{-6}K^{-1}$	热导率 $\lambda/[W/(m\cdot K)]$	比刚度 E/ρ (GN·m/kg)	热稳定系数 k/α	泊松比 μ
1	反应烧结碳化硅	3.04	330	2.4	170	112	70.83	0.16
2	金属铍	1.85	287	11.3	216	155	19.12	0.07
3	超低膨胀玻璃	2.21	67	0.015	1.3	30.3	86.67	0.24
4	微晶玻璃	2.53	92	-0.09	1.6	36.4	17.78	0.24
5	金属铝	2.70	68	22.5	167	25.2	7.42	0.33
6	熔石英	2.19	73	0.5	1.4	33.3	2.8	0.17

表 4-6　与反射镜材料选择有关的物理量

物理量	定义与符号表示	单位	期望值
密度	ρ	kg/m³	低
弹性模量	E	MPa	高
比刚度	E/ρ	GN·m/kg	高
各向同性	材料性能方向性比率	—	接近 1
热膨胀系数	α	K^{-1}	低
热导率	λ	W/(m·K)	高
热稳定系数	k/α	—	高
比热容	c_p	J/(kg·K)	高
泊松比	μ	—	低
面形峰谷值	变形与未变形的差值/PV	mm	低
表面粗糙度	表面的离面度/RMS	mm	低
可获得时间	制备周期	d	低
制造成本	价格/直径	RMB/m	低

4.2　光学设计的经济性

　　评价一个光学系统设计优劣的主要依据是：性能和成像质量以及系统的复杂程度。一个好的设计除了在基本功能（光学性能、成像质量）上能满足用户需求外，还应做到结构尽量简单、材料尽量普通、加工难度尽量降低和装配工艺尽量简化等，以保证低成本。在光学系统设计中应用现代管理技术价值工程（简称 VE）的原理，可提高光学仪器产品质量和降低产品成本。要实现这一目标，依据价值工程的基本公式 $V($价值$)=F($功能$)/C($成本$)$，遵循以下 5 个途径即可奏效：①增加功能，降低成本；②功能略有下降，成本大幅度降低；③功能不变，成本下降；④成本不变，功能增加；⑤成本略增，功能大幅度增加。

编者的多年实践表明，在新产品研发和老产品改进中应用价值工程对提高产品质量、降低成本、增加效益的影响十分显著。因篇幅关系未能展开阐述，感兴趣的读者可阅读参考文献 [2] 的 4.3.4 节、4.3.5 节以及参考文献 [19] 和参考文献 [20]。

光学仪器常常从以下几个方面来提高产品的经济性：

1）瞄准核心功能：通过对光学系统进行功能分析，增补和完善必要功能，剔除其过剩功能，从而降低整体成本，提高核心价值。

2）通过对比选取合适材料和部件：①尽可能地选用标准件。采用标准件后，可节约制造工时，缩短制造周期；②在满足功能要求的情况下，尽量选择综合成本最低的常规材料。成都光明光电集团提供的国产玻璃库里，给出了每种玻璃的生产频次和价格因子，选择玻璃材料时可以作为参考。

3）考虑结构形状的后期加工与装配工艺：形状应尽量简单，避免异形件，方便加工、方便装配。

4）加工精度的合理选取：通过公差分析，在保证仪器使用寿命和零部件基本功能的前提下选取合理的加工精度。

4.3 光学设计的工艺性

4.3.1 光学设计软件设计结果的后续工作

使用目前国际流行的光学设计 CAD 软件的优化设计结果，往往是让误差函数最小的"数值最优解"，但不一定是符合设计的经济性与工艺性的"最优解"。为此必须从设计的经济性和工艺性的角度来调整设计结果，这就是本小节主要探讨的内容。

1. 玻璃牌号的"汉化"

"洋"软件默认或自带的玻璃牌号均为国外牌号，且主要是德国肖特集团的，而国外玻璃材料昂贵，远远高于国产玻璃，这不仅对产品成本影响很大，同时不易采购。因此建议尽可能采用国产玻璃材料来替代进口玻璃，如可查询中、德玻璃牌号对照表（查"中、德玻璃牌号对照表"⊖）来解决。编者把这一过程简称为"汉化"。因中、外玻璃相比也有一定差距，替代后的结果也许像质会变差一些，接着再利用光学设计 CAD 软件稍稍优化就能得到好的结果。

2. 充分利用镜片制造企业的"对样板"资源

"汉化"后结果可作为执行方案的备用方案。为了提高效率，缩短试制周期，降低试制成本，应充分利用镜片制造企业的"对样板"资源，也称为"套样板"。这一过程注意两者的镜片曲率 R 数值应尽量靠近，以像质和像距为"准绳"，不能太勉强，对"套"不了的就做新样板来应对。值得注意的是，若"套样板"后像质变差，再利用光学设计 CAD 软件优化，从而得到最终执行方案。

3. 制订工艺性技术指标

工艺性指标主要有：①镜片曲率 R 和厚度等参数公差；②由"通光孔径+余量"确定镜

⊖ 请登录机工教育服务网（www.cmpedu.com）搜索本书，在本书主页上"内容简介"栏目获取下载方式。

片外径、倒角等；③膜系设计。

下面用一个设计实例来说明光学设计时的工艺改进工作。

图4-4，是放开所有的结构参数（半径R、厚度d、材料折射率n），完全靠光学设计软件的自动优化功能得到的一个像质非常优异的成像物镜结构图，分辨率达到了衍射极限，其参数见表4-7。

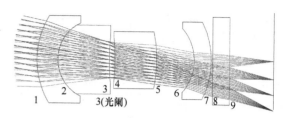

图4-4　自动优化结果的结构图

表4-7　自动优化结果的参数表

表面编号	表面类型	Y半径/mm	厚度/mm	玻璃
物面	球面	无限	490.0000	
1	球面	9.3224	2.3619	846670.2379
2	球面	4.4748	5.8606	762378.3729
3（光阑）	球面	24.5932	0.6722	
4	球面	-22.0000	4.8000	801827.2938
5	球面	-15.2949	4.2659	
6	球面	-5.3742	2.0000	692097.3069
7	球面	-9.2305	0.2000	
8	球面	无限	2.0000	743972.4485
9	球面	无限	5.0000	
像面	球面	无限	0.0000	

不难看出，该结果有以下几个特点：

1）4片透镜加1片保护玻璃，自动优化程序得到的结果，5种玻璃全不相同，有高折射率玻璃，也有镧系玻璃，原材料种类多且成本高。

2）第3面的曲率半径比较大，所以矢高很小，加工、检测难度高。

3）第3片透镜前后表面（第4面、第5面）接近同心，定心磨边时容易偏心。

因此，完全自动优化的结果既不具备经济性，也不具备工艺性。有经验的设计者会将其改进成类似图4-5所示的结果，其参数见表4-8。

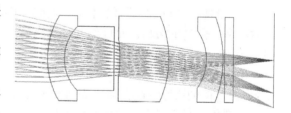

图4-5　工艺改进后的结构图

表4-8　工艺改进后的参数表

表面编号	表面类型	Y半径/mm	厚度/mm	玻璃
物面	球面	无限	490.0000	
1	球面	9.7270	2.0000	HZF13_CDG
2	球面	5.3460	6.0000	HZBAF52_C

（续）

表面编号	表面类型	Y 半径/mm	厚度/mm	玻璃
3（光阑）	球面	无限	0.6800	
4	球面	−15.1650	6.0000	HZBAF52_C
5	球面	−12.2920	4.5600	
6	球面	−5.9220	2.0000	HZBAF52_C
7	球面	−13.8270	0.2000	
8	球面	无限	1.1000	HK9L_CDGM
9	球面	无限	5.0000	
像面	球面	无限	0.0000	

新结果像质同样达到衍射极限，但工艺性得到很大改善：

1）保护玻璃采用最常见的 K9 玻璃，而另外 4 片透镜则采用两种生产频次高、价格因子低的玻璃，原材料种类少且成本低。

2）第 3 面直接指定为平面，加工、检测难度降低，生产效率提高。

3）第 3 片透镜不再同心，有效减小偏心。

显然，新结果经济性和工艺性得到提高，更具有竞争力。

4.3.2　光学零件与光学冷加工工艺适配性

影响光学零件成本的主要因素除材料外就是加工难易程度，工艺性好可较大幅度地降低成本。而零件良好的工艺性是在设计阶段考虑并赋予的。

了解光学冷加工的工艺过程是提高工艺性的基础。通常需要从以下几个方面来考察工艺性：

1. 材料选择方面

1）尽量选择生产频次高、价格因子低的材料。

2）一个系统材料种类越少越好，便于生产管理和提高效率。

3）尽量选择"好加工"的材料。例如，国产 FK61 材料或国外的萤石材料，对校正色差非常有利，但是价格高，而且加工时易崩边、胶合时易炸裂，工艺性很差，除非不得已应尽量少采用。

2. 镜片面形方面

1）凸透镜的边厚不能太薄，而且要给定心磨边留出余量。太薄了装卡不稳定、易崩边；定心磨边余量少了容易造成光轴偏斜。

2）凹透镜的中心厚度不能太薄，否则加工应力会影响面形精度，甚至造成伤裂。

3）弯月透镜的质心不能过于偏离玻璃体，否则加工应力或机械装配应力会造成面形形变。

4）不要出现半球面形，加工难、检测难。

5）前后表面尽可能不出现同心现象，否则定心磨边时容易偏心。

6）如果有非球面，要注意不能出现面形起伏，难以加工。

3. 结构方面

1）系统结构尽量简单，避免出现偏心、倾斜结构。

2）实现同样功能，镜片数量越少越好。

3）总体尺寸尽可能小，大而沉的系统会因应力而产生各种问题。

4）光学件与结构件的硬度、热胀冷缩特性应尽量匹配。

习　题

1. 常用透射材料分为几大类？各有什么特点？

2. 选择光学玻璃时，有哪些指导性原则？

3. 在绘制零件图时，应对光学材料提出哪些要求？高精度零件和一般精度零件应分别如何取值？

4. 请列举几种通过改善工艺性而提高经济性的有效措施。

第 **2** 部分

光学系统（部件）设计

第 5 章

代数法求解光学部件初始结构

对光起反射、折射、衍射、偏振、滤光和分色等作用的零件（如透镜、反射棱镜、分划板、玻璃平板、滤光片、光栅和光纤等）称为光学零件。而光学部件则是光学系统中的几个光学零件胶合或按某种要求组合而成的，并在该系统的功能上有一定独立作用的组成部分，如物镜、目镜、聚光镜和组合棱镜等。

如前述 1.3 节指出：光学部件的初始结构常用代数法和逐步修改法这两种方法确定。

本章主要讨论根据一定像差要求，按初级像差理论来求解初始结构参数（r、d、n），以进一步作为校正像差（像差设计）用。

在解初始结构参数时，往往不考虑高级像差，又略去透镜的厚度，因此它只是一个近似解，其近似程度取决于所要求的视场和孔径的大小。为使初级像差系数和系统的结构有紧密的关系，把初级像差系数变换成以参量 p 和 W 表示的形式，并着重讨论用 p、W 形式的初级像差系数进行光学设计的一般方法。

5.1 概述

本章重点介绍用薄透镜系统的初级像差理论，求解单片薄透镜、双胶合薄透镜、两组双胶合透镜和齐明弯月透镜的初始结构，同时介绍近年来编者探索在传统的 pW 法之外的单透镜的简易设计方法。

求解这些简单光组透镜或透镜组的初始结构的意义在于：它们是组成复杂光学部件与系统的结构单元，学会设计这些结构单元有助于进一步提高对复杂光学部件与系统的设计质量，因为各结构单元的像差对部件与系统的像差总量均有不同程度的贡献。

5.2 单片薄透镜初始结构的设计计算

5.2.1 基于 pW 法的单片薄透镜的结构设计计算

由 3.10 节已知，对于薄透镜，无须逐个分析初级像差赛德尔和数 $S_{\text{I}} \sim S_{\text{V}}$，而只需抓住

像差特性参数 p、W、$\sum \dfrac{\varphi}{n}$ 三个量，就能说明全部单色像差状况。因此，此处只需讨论 p、W 与 r、n 的关系，实质上也就是讨论 S_I、S_II 与 r、n 的关系。

为什么先以物在无限远作为讨论对象？因为有不少镜头的实际工作状况就是无限远物体，此外更主要的是各种镜头的物距有远有近，不能为各种镜头都单独分析一套规律，所以第一步先分析无限远物距的规律，然后再找出任意物距（近距）和无限远像距像差之间的联系，这样就能找出任意物距（无论近距或远距）时像差的普遍规律了。

此外，在实际镜头中，焦距 f'（或 $\varphi = 1/f'$）长短不一，孔径大小也不一，不可能为每种焦距、每种孔径单独分析像差情况，于是讨论规化情况，也就是说把焦距和孔径统一到 $f' = 1$，$h = 1$，$\varphi = 1$ 上来。采用规化条件后，无损于像差本身的客观规律，而带来的优点却是把所有各种不同的情况统一到 $h\varphi = 1$ 的相同状况下来讨论，这样讨论的结果完全适合于任何焦距、孔径的镜头。

取规化条件：$h\varphi = 1$ 在无限远物距时，$u_1 = 0$，$u_2' - u_1 = h\varphi = 1$，故 $u_2' = 1$。如图 5-1 所示，$\triangle ABF$ 为等腰直角三角形，故 $h = 1$，$f' = 1$，$\varphi = 1$。在此规化条件下的 p 用 p^∞ 表示。

目的是找出 p^∞ 和单片薄透镜的 r 和 n 的关系，以便根据所需的 p^∞ 找出单片薄透镜的 r 和 n。经过推导，可得出单片薄透镜的 p^∞ 和 r_1、r_2、n 的关系。

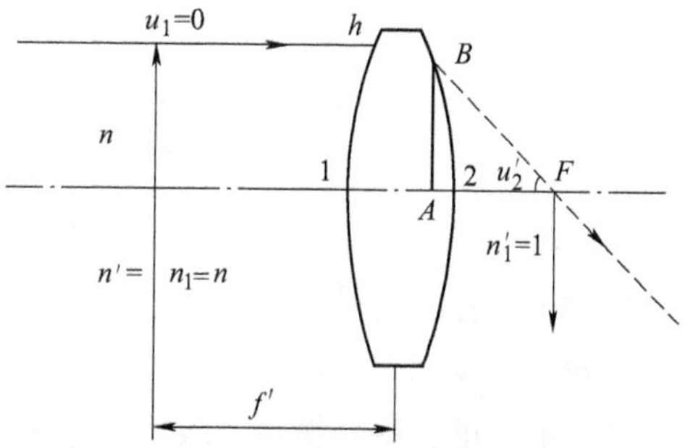

$$W^\infty = W_0 = \left(\frac{1}{2(n+2)} \right)$$

图 5-1 无限远物距时的单片薄透镜

对单片薄透镜，物在无限远时，公式如下（Q 代表透镜的弯曲）：

$$p^\infty = aQ^2 + bQ + c \tag{5-1}$$

$$W^\infty = -\frac{a+1}{2}Q - \frac{b}{3} \tag{5-2}$$

$$\begin{cases} a = 1 + \dfrac{2}{n} \\[2mm] b = \dfrac{3}{n-1} \\[2mm] c = \dfrac{n}{(n-1)^2} \end{cases} \tag{5-3}$$

$$\frac{1}{r_1} = Q + \frac{n}{n-1} \tag{5-4}$$

$$\frac{1}{r_2} = Q + 1 \tag{5-5}$$

从式（5-1）~式（5-5）可引出以下结论：

1. 分析一

$$p^\infty = aQ^2 + bQ + c = \left(1 + \frac{2}{n} \right)Q^2 + \frac{3}{n-1}Q + \frac{n}{(n-1)^2} \tag{5-6}$$

式（5-6）是 Q 的二次方程式，故 p^∞（也即球差 S_I）随弯曲 Q 的变化是二次抛物线关系。

用取导数求极小值的方法可以求出，当 $\dfrac{\mathrm{d}p^\infty}{\mathrm{d}Q}=0$ 时，取极小值 $p^\infty=p_0$（p_0 即单片薄透镜物在无限远时的 p^∞ 的极小值，即图 5-2 中抛物线底部处的 p^∞ 值，也即 $p_0=p^\infty_{极小}$）。

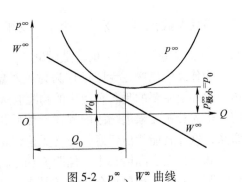

图 5-2　p^∞、W^∞ 曲线

由式（5-6），当 $\dfrac{\mathrm{d}p^\infty}{\mathrm{d}Q}=0$ 时，有

$$Q = Q_0 = \frac{-b}{2a} = -\frac{3n}{2(n-1)(n+2)} \tag{5-7}$$

则

$$p^\infty_{极小} = p_0 = c - \frac{b^2}{4a} \tag{5-8}$$

$$p_0 = \frac{n}{(n-1)^2}\left[1 - \frac{9}{4(n+2)}\right] \tag{5-9}$$

注：Q_0 即极小值 p_0 所在位置的 Q 值（见图 5-2）。今后，在本章中凡带下标"0"者都代表与极小值有关的量。

一般光学玻璃的 $n=1.5\sim1.7$，故由式（5-9）求出 $p_0=1.36\sim2.14$。

可见单片正透镜，物在无限远时球差永为正值，不可能为零，由图 5-2 来看，其表现是抛物线和横坐标轴没有交点，p_0 不可能为零。

例 5-1　一单片薄透镜，$n=1.5$，物在无限远，试求其球差最小时的弯曲（即求 r_1、r_2）。

解：由式（5-7），球差最小时的弯曲为

$$Q = -\frac{3n}{2(n-1)(n+2)} = -1.29$$

再把此 Q 值代入式（5-4）及式（5-5）求出

$$r_1 = 0.58, r_2 = -3.45$$

即 $\dfrac{r_1}{r_2} = -\dfrac{1}{6}$，即 r_1 较凸，r_2 较平。这一结论虽然是针对无限远物体推出的，但对近距离物体也有参考价值。例如，一单片薄透镜用于近距离物体成像，则球差较小的形状必是一面较平，一面较凸，且较平之面朝向物、像距中较短的一方，许多聚光镜就利用这一球差较小的原理，如图 5-3 所示。

整个聚光镜由两片构成，每片都符合球差较小形状。通常为了工艺方便，较平的那面直接做成平面。值得指出，上述的形式（像差最小）只适用于球差。此形式对于其他像差不一定好，如在许多目镜中靠近人眼那一片（简称接目镜）做成图 5-4 中 I 的形式，即平面向着较远的物距，这是对球差不利的形状。若为了改善球差，应将 I 镜翻转，但在一般目镜中主要矛盾是彗差和像散，而图 5-4 中 I 镜的形状对像散有利。

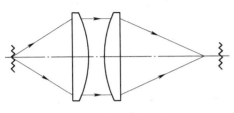

图 5-3　球差较小原理

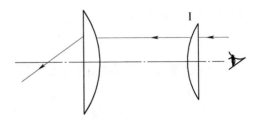

图 5-4　接目镜形状

2. 分析二

$$W^{\infty} = -\frac{a+1}{2}Q - \frac{b}{3} = -\frac{n+1}{n}Q - \frac{1}{n-1} \qquad (5\text{-}10)$$

式（5-10）是 Q 的一次方程式，故 W^{∞} 随弯曲 Q 的变化是直线关系。由式（3-66）可知，当光阑位于密接薄透镜组处时，$S_{II} = -JW$，故 S_{II}（彗差）随弯曲的变化也是直线关系，并参见图 5-2。

当球差处于极小位置时，即图 5-2 的极小值 p_0 处，此时的 W 称为 W_0。把式（5-7）的 Q_0 值代入式（5-2），得球差极小值，此时有

$$W^{\infty} = W_0 = \frac{1}{2(n+2)}$$

一般，当玻璃的 $n = 1.5 \sim 1.7$ 时，$W_0 \approx 0.14$，0.14 是较小的数值，也就是说，单片薄透镜弯曲到球差最小时，其彗差也较小，在图 5-2 上的表现就是正好在球差最小的弯曲（极小值）附近，W^{∞} 直线穿过横坐标轴。

以上结论是针对无限远物体的，对于近距（任意物距）规律性与上述的情况相似，只是在数值上稍有差别。

3. 单透镜结构参数设计过程

为了帮助读者掌握基于 pW 法的单透镜结构参数设计方法，编者曾提出"单透镜结构参数设计过程简表"，在此基础上，增补为"单透镜结构参数设计框图"（见图 5-5），据此框图读者就比较容易进行单透镜结构参数设计计算了。

图 5-5 中，以物体位于无限远时的 p、W 值作为透镜的基本像差参量，记为 $\bar{p}^{\infty}$ 和 $\bar{W}^{\infty}$；为简化计算和掌握 p、W 与结构参数的变化规律，如上述常以 p^{∞}、W^{∞} 规化于一定条件下的值作为像差质量，在此规化条件下的 p、W 值以 $\bar{p}^{\infty}$ 和 $\bar{W}^{\infty}$ 来表示。

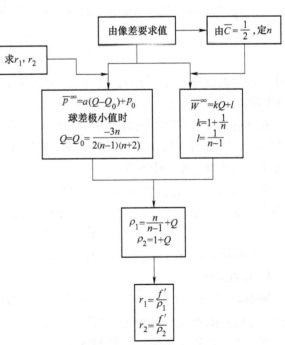

图 5-5　单透镜结构参数设计框图

值以 $\bar{p}^{\infty}$ 和 $\bar{W}^{\infty}$ 来表示。在图 5-5 中，习惯上用 $\bar{C}$ 或 C 来表示规化色差，和 $\bar{p}^{\infty}$、$\bar{W}^{\infty}$ 一样也是

单透镜的基本像差参量之一。对于单透镜，$C = \dfrac{n}{(n-1)^2}$（n 为构成单透镜玻璃材料的折射率）。

4. 具有必要厚度的透镜曲率半径的确定

（1）确定光学零件外径

因为光学零件必须要用镜框固定，光学零件外径=通光孔径+装配余量，固定方式不同，光学零件外径所需余量可按参考文献［12］查阅确定。

（2）确定必要的厚度

光学零件外径确定后，为了使透镜在加工过程中不易变形，要求它有一定厚度。透镜的中心厚度 d、边缘最小厚度 t 和外径 D 之间必须满足一定的比例关系：①可按参考文献［12］查阅确定；②按式（5-11）和式（5-12）计算确定。

对凸透镜：

$$3d + 7t \geq D \text{ 高精度}$$
$$6d + 11t \geq D \text{ 中精度} \qquad (5\text{-}11)$$
$$\text{其中还必须满足 } d > 0.05D$$

对凹透镜：

$$8d + 2t \geq D \text{ 且 } d \geq 0.05D \text{ 高精度}$$
$$16d + 4t \geq D \text{ 且 } d \geq 0.03D \text{ 中精度} \qquad (5\text{-}12)$$

如图 5-6 所示，对凸透镜或凹透镜，其 d 和 t 之间关系均可以按照式（5-13）求得。式中，h_i、h_{i+1} 为透镜组第 i 和第 $i+1$ 面的矢高（见图 5-6）。

$$h_i = r_i \pm \sqrt{r_i^2 - \left(\dfrac{D_i}{2}\right)^2} \qquad (5\text{-}13)$$

式中，根号前正负号与 r 异号。将式（5-11）和式（5-12）代入式（5-13），就可求得凸透镜和凹透镜的必要厚度。

在薄透镜变换成厚透镜的过程中，为了保持 β、p、W 和光焦度不变，其每面 u 和 u' 角度保持不变，同时第一近轴光线在物方主面上的高度要保持不变。

值得指出，从几何光学出发，由薄透镜公式计算得到的 r 加上中心厚度（即变厚）后，r 要变。因为把厚度加上去，可能算出 f' 与原来要求不一致，通过 r 求出符合要求的 r^* 再计算。至此薄透镜变厚，透镜的初始结构设计即告完成。

5. 应用实例

例 5-2 设计一个焦距 $f' = 50\text{mm}$，通光孔径 $D_0 = 38\text{mm}$，物体位于无限远的小球差凸透镜，要求低色散。

解：通常选用价格低、低色散玻璃，可以初步选用 K9 玻璃（$n_D = 1.51637$，$\nu = 64.07$）。

1）取规化条件（$u_1 = 1$，$h_1 = 1$，$f' = 1$ 和 $u_k' = 1$）时，有

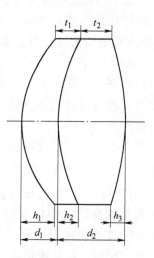

图 5-6 矢高求解示意图

$$Q = Q_0 = \frac{-3 \times 1.51637}{2 \times (1.51637 - 1) \times (1.51637 + 2)} = -1.252682$$

$$\rho_2 = 1 + Q = 1 - 1.252682 = -0.252682$$

$$\rho_1 = \frac{1.51637}{1.51637 - 1} + Q = 1.6839139$$

则

$$r_1 = \frac{1}{\rho_1} = 0.593855, r_2 = \frac{1}{\rho_2} = -3.957543$$

2）当 $f' = 50$mm 时，则 $r_1 = 0.593855 \times 50$mm $= 29.6927$mm，$r_2 = -3.957543 \times 50$mm $= -197.87715$mm。

加入中心厚度，所求的单透镜初始结构如图 5-7 所示。

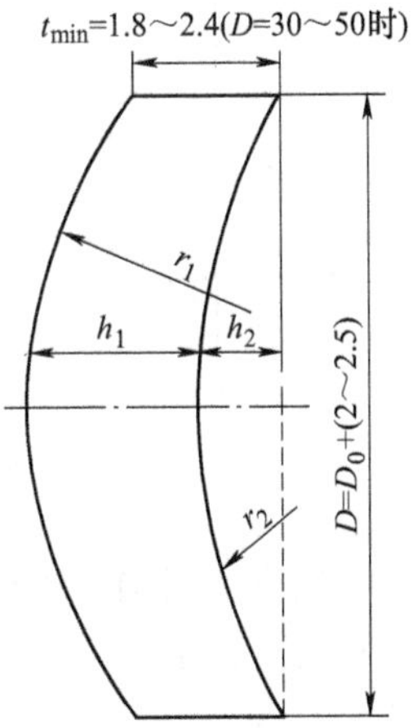

5.2.2　单片透镜初始结构的简易设计

对于平凸（平凹）和正弯月（负弯月）类型透镜可以通过一些简易方法设计出其初始结构参数。

1. 单片平凸透镜初始结构的简易设计

由几何光学可知，单透镜可看作是由两个折射面组合而成的。在空气中，单透镜以光焦度形式表示为 $\varphi = \varphi_1 + \varphi_2 - \dfrac{d}{n}\varphi_1\varphi_2$（$\varphi$、$\varphi_1$、$\varphi_2$ 分别为透镜 1、2 折射面的光焦度，d 为中心厚度，n 为玻璃折射率），若第 2 折射面为平面（即 $\varphi_2 = \infty$），则有 $\varphi_2 = \dfrac{n-1}{-r_2} = 0$，$\varphi = \varphi_1 = \dfrac{n-1}{r_1}$，$f' = \dfrac{1}{\varphi} = \dfrac{r_1}{n-1}$，所以

$$r_1 = f'(n - 1) \tag{5-14}$$

加入中心厚度，可得到初始结构，平凹透镜可仿此设计。

图 5-7　单透镜初始结构示意图

2. 正弯月（负弯月）透镜初始结构的简易设计

正弯月透镜可通过平凸透镜分别对平面 R 和凸面优化，再通过焦距缩放得到要求的尺寸。同理，负弯月透镜可通过对平凹透镜两个面的优化、缩放而成。

3. 应用实例

例 5-3　设计一个 $f' = 50$mm，通光孔径 $D_0 = 38$mm，物体位于无限远，较小球差弯月凸透镜，并要求低色散。

解：选用 K9 玻璃，$n_D = 1.51637$，$\nu = 64.07$。

1）计算凸面值，据式（5-14）有

$$r_1 = 50\text{mm} \times (1.51637 - 1) = 25.8185\text{mm}$$

2）计算矢高 h，据式（5-13）有

$$h = 25.8185\text{mm} - \sqrt{25.8185^2 - \left(\frac{41}{2}\right)^2}\text{mm} = 10.12\text{mm}$$

3）确定厚度：查表加边缘最小厚度 1.8~2.4mm，在这里选 2mm，故透镜厚度 $d = 10.12$mm+2mm $= 12.12$mm。

4）以上述数据为初始结构，如图 5-8a 所示，球差为 -2.8888mm。上机，通过光学设计 CAD 软件计算光路。设光阑在第 1 面，与凸面轴向距离为 0，光线在第 1 面上的投射高 $h = D_0/2$。第一步单优化凸面，其余参数不变，如图 5-8b 所示，球差为 -2.5217mm；第二步单优化平面，其余参数不变，如图 5-8c 所示，球差为 -2.4418mm，$f' = 56.9857$mm；第三步焦距缩放至 $f' = 50$mm，此时球差为 -2.1425mm，如图 5-8d 所示。3 次迭代结果与初始结构球差相比减少了 0.7463mm，最终为正弯月透镜，达到设计要求。

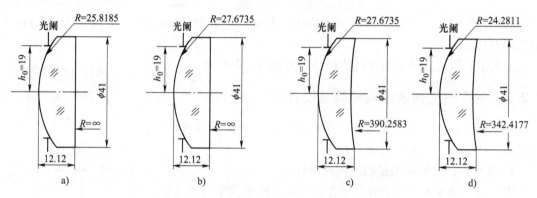

图 5-8 单片平凸透镜初始结构参数简易设计优化程序图示

当然也可以同时优化平面与凸面，球差也能减少，但得到的是双凸单透镜，读者在学习了第 9 章后，不妨一试。

5.3 双胶合薄透镜初始结构的设计计算

5.3.1 双胶合薄透镜物在无限远时的 p^∞、W^∞ 与结构参数的关系

本小节只是把薄透镜的初始像差结论具体应用到双胶合透镜，与单片透镜相同，先从物在无限远为讨论对象，且取规化条件：$h\varphi = 1$（见图 5-9）。物在无限远时 $u_1 = 0$，$u_3 - u_1 = h\varphi = 1$，故 $u_3 = 1$，$\triangle ABF$ 为 45° 直角三角形，故 $h = 1$，$\varphi = 1$，$f' = 1$。

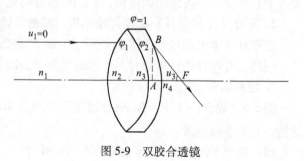

图 5-9 双胶合透镜

对双胶合透镜，物在无限远时

$$\sum p^\infty = aQ^2 + bQ + c \tag{5-15}$$

$$\sum W^\infty = -\frac{a+1}{2}Q - \frac{b-\varphi_2}{3} \tag{5-16}$$

其中

$$a = 1 + 2\frac{\varphi_1}{n_1} + 2\frac{1-\varphi_1}{n_2} \tag{5-17}$$

$$\mu = \frac{\varphi_1}{n_1} + \frac{\varphi_2}{n_2} \tag{5-18}$$

$$b = \frac{3\varphi_1^2}{n_1 - 1} - \frac{3\varphi_2^2}{n_2 - 1} - 2\varphi_2 \tag{5-19}$$

$$c = \frac{n_1\varphi_1^3}{(n_1 - 1)^2} + \frac{n_2\varphi_2^3}{(n_2 - 1)^2} + \frac{n_2\varphi_2^2}{n_2 - 1} \tag{5-20}$$

$$\frac{1}{r_1} = \frac{\varphi_1}{n_1 - 1} + \frac{1}{r_2} \tag{5-21}$$

$$\frac{1}{r_2} = \varphi_1 + Q \tag{5-22}$$

$$\frac{1}{r_3} = \frac{1}{r_2} - \frac{1 - \varphi_1}{n_2 - 1} \tag{5-23}$$

5.3.2　对 p^∞、W^∞ 基本关系的分析

式（5-15）及式（5-16）是双胶合薄透镜 $\sum p^\infty$ 与 $\sum W^\infty$ 的基本关系式，下面进一步分析此二式。

1. 分析一

$\sum p^\infty$（也即球差 S_{I}）随弯曲 Q 的变化是二次抛物线关系。联系过去的设计结果（见图 5-2）用取导数求极小值的方法求出，即 $\dfrac{\mathrm{d}\sum p^\infty}{\mathrm{d}Q} = 0$ 时，有

$$Q = Q_0 = -\frac{b}{2a} \tag{5-24}$$

从而得

$$\sum p^\infty_{\text{极小}} = p_0 = c - \frac{b^2}{4a} \tag{5-25}$$

p_0 即双胶合薄透镜，物在无限远时 $\sum p^\infty$ 的极小值，Q_0 即 $\sum p^\infty$ 极小值时的弯曲。

2. 分析二

由式（5-16）可知，$\sum W^\infty$ 随弯曲 Q 的变化是直线关系。又由式（3-66）可知，当光阑位于密接薄透镜光组处时，$S_{\mathrm{II}} = -JW$。故此时彗差随弯曲的变化是直线关系。

当 $\sum p^\infty$ 取极小值 p_0（即弯曲 $Q = Q_0 = -\dfrac{b}{2a}$）时，由式（5-16）得此时的 $\sum W^\infty$（称为 W_0）为

$$W_0 = \frac{Q_0(u - 1) + \varphi_2}{3} \tag{5-26}$$

从大量的实际镜头计算中发现，对于大多数双胶合薄透镜的 W_0 值，其变化范围不大。例如，在双胶合透镜中，当冕牌玻璃在前时，$W_0 = 0.1$；当火石玻璃在前时，$W_0 = 0.2$。0.1~0.2 是较小的数值，也就是说双胶合透镜弯曲到球差极小时，其彗差也较小。在图 5-10 上的表现是：在球差极小的弯曲 Q_0（极小值）附近，$\sum W^\infty$ 直线正好穿过横坐标轴。这一结

论具有实用意义。

图 5-10 所示的双胶合透镜,虽然符合上述结论,但其 $\sum p^\infty_{极小} = p_0$(也即 S_I)为负而且为极小值(绝对值为最小)。故尽管有上述结论,但不能说任一双胶合透镜,其球差好,彗差必好。

3. 分析三

根据前面的结论:薄透镜光组的全部初级单色像差($S_I \sim S_V$)仅仅取决于 p、W、$\sum \dfrac{\varphi}{n}$ 三个量,

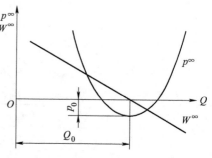

图 5-10　双胶合薄透镜的 p^∞、W^∞ 曲线

联系到这里,双胶合透镜的全部初级单色像差仅仅取决于 p^∞、W^∞ 两个量。

现在证明,每一双胶合透镜的 p^∞ 和 W^∞ 两个量之间有一定的内在联系,它们可以用该透镜的 p_0 一个量来代表。也就是说,当需要设计 p^∞ 和 W^∞ 等于某两值的镜头时,只需找出 p_0 等于其一值的镜头,这样的 p_0 值一定能满足所需要的 p^∞、W^∞ 值。于是,问题又可以进一步简化,从两个量(p^∞、W^∞)变成只要抓住一个量 p_0,这样在镜头设计时,只需要根据 p_0 一个量来找出满足一定的像差要求的双胶合玻璃。

下面分析 p^∞、W^∞ 和 p_0 之间的关系。

如果将 p^∞ 配成 Q 的二次方,得

$$p^\infty = a(Q - Q_0)^2 + p_0 \tag{5-27}$$

$$W^\infty = -\frac{a+1}{2}(Q - Q_0) + W_0 \tag{5-28}$$

$$\begin{cases} p_0 = c - \dfrac{b^2}{4a} \\[2mm] Q_0 = -\dfrac{b}{2a} \\[2mm] W_0 = \dfrac{1-\varphi_1}{3} - \dfrac{3-a}{6}Q_0 \end{cases} \tag{5-29}$$

以上即为透镜结构参数和 p^∞、W^∞ 的关系式。为了讨论像差特性参数 p^∞、W^∞ 和玻璃材料的关系,从上面公式中消去与透镜形状有关的因子($Q - Q_0$)得到

$$p^\infty = p_0 + \frac{4a}{(a+1)^2}(W^\infty - W_0)^2 \tag{5-30}$$

前面说过,当冕牌玻璃在前时 $W_0 = 0.1$,火石玻璃在前时 $W_0 = 0.2$,而且,对不同玻璃组合 a 值变化不大,在 $2.3 \sim 2.45$ 之间,取 $a = 2.35$,则 $4a/(a+1)^2 \approx 0.84$(为方便计算,取 0.85),将这些数值代入式(5-30),则有:

冕牌玻璃在前时

$$p^\infty = p_0 + 0.85(W^\infty - 0.1)^2 \tag{5-31}$$

火石玻璃在前时

$$p^\infty = p_0 + 0.85(W^\infty - 0.2)^2 \tag{5-32}$$

将 a 和 $(a+1)/2$ 的近似值代入式(5-27)、式(5-28)可得

$$p^\infty = 2.35(Q - Q_0)^2 + p_0 \tag{5-33}$$

$$W^{\infty} = -1.67(Q - Q_0) + p_0 \tag{5-34}$$

式（5-31）、式（5-32）有很大的实用意义（虽为近似），因为它说明了一个重要的近似规律：在双胶合透镜中，一对玻璃的 p^{∞}、W^{∞} 和这对玻璃的 p_0 有上述关系。由消像差要求求出所需的 p^{∞}、W^{∞} 后，就能按式（5-32）近似求出所需的 p_0。换言之，要是 p_0 能满足此值的一对玻璃，就能满足所需的 p^{∞}、W^{∞}，也就满足所需的消像差要求，这样就大大方便了双胶合玻璃的选择。实际工作中，利用式（5-31）~式（5-34）等求解双胶合透镜的结构参数。实际计算中，可由 p^{∞}、W^{∞} 和规化的 C 值求玻璃材料和结构参数。规化的 C 值是总光焦度 $\varphi = 1$ 时的 C 值，表示色差要求。$C = \sum(\varphi/\nu) = \varphi_1/\nu_1 + \varphi_2/\nu_2$，由于双胶合透镜中 $\varphi_2 = 1 - \varphi_1$，故 $C = \varphi_1(1/\nu_1 - 1/\nu_2) + 1/\nu_2$。

实际步骤如下：

1）由 p^{∞}、W^{∞} 求 p_0 可利用 $p^{\infty} = p_0 + 0.85(W^{\infty} - W_0)^2$ 求解，其中 W_0，当冕牌玻璃在前时取 0.1，火石玻璃在前时取 0.2。

2）根据 p_0 和规化 C 查双胶合透镜 p_0 表找出所需要的玻璃组合，同时查出 φ_1 和 Q_0 值。

3）根据 Q_0 和 p^{∞}、W^{∞} 求 Q，由式（5-33）、式（5-34）可解出

$$Q = Q_0 \pm \sqrt{\frac{p^{\infty} - p_0}{2.35}} \tag{5-35}$$

$$Q = Q_0 - (W^{\infty} - W_0)/1.67 \tag{5-36}$$

由式（5-35）求得两个 Q 值，取和式（5-36）相近的 Q 值，再求二者的平均值作为要求的 Q 值。

4）根据 Q 值求 r_1、r_2、r_3

$$1/r_2 = \varphi_1 + Q \tag{5-37}$$

$$1/r_1 = \varphi_1/(n_1 - 1) + 1/r_2 \tag{5-38}$$

$$1/r_3 = 1/r_2 - (1 - \varphi_1)/(n_2 - 1) \tag{5-39}$$

由以上公式求出的半径，对应透镜组的焦距为 1，如果所要设计的焦距为 f'，则要把所有求出的半径乘以焦距 f' 才能得到实际的结构参数。

4. 双胶合透镜组结构设计过程

为帮助读者掌握基于 pW 法的双胶合透镜组结构参数设计方法。在参考文献［41］中提出的"双胶合薄透镜组结构参数设计过程简表"的基础上，编者略增补为"双胶合薄透镜组结构参数设计框图"，如图 5-11 所示。

5. 应用实例

例 5-4 设计一个共轭距为 195mm，垂轴放大率 $\beta = -3$，数值孔径为 0.1 的显微物镜，用 pW 方法求其初始解。

解：

1）选型。由于数值孔径和垂轴放大率较小，视场角也不大，只需校正球差、正弦差、色差，因此可以选用双胶合物镜。

2）求物距、像距及轴上物点入射光束高度。

由 $\begin{cases} \beta = \dfrac{l'}{l} = -3 \\ l' - l = 195\text{mm} \end{cases}$ 解得

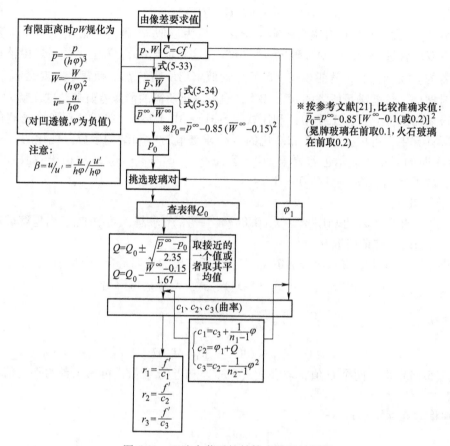

图 5-11 双胶合薄透镜结构参数设计框图

$$l = -48.75\text{mm}, \quad l' = 146.25\text{mm}$$

把 l、l' 值代入高斯公式 $\dfrac{1}{l'} - \dfrac{1}{l} = \dfrac{1}{f'}$，可求得焦距 $f' = 36.5625\text{mm}$，其入射光束高度为

$$h_1 = l_1 u_1 = l u_1 = (-48.75) \times (-0.1)\text{mm} = 4.875\text{mm}$$

3) 对像差参量规化。

$$h_1 \varphi = \frac{h_1}{f'} = \frac{4.875}{36.5625} = 0.133333$$

$$\bar{u}_1 = \frac{u}{h_1 \varphi} = \frac{-0.1}{0.133333} = -0.75$$

为了消除双胶合透镜组初级位置色差、初级球差、初级正弦差，所以 $\overline{C}_{\mathrm{I}} = 0$，$\bar{p} = 0$，$\overline{W} = 0$，取 $u = 0.6$，则

$$\bar{p}^\infty = \bar{p} + \bar{u}_1(4\overline{W} + 1) + \bar{u}_1^2(5 + 2u) = -0.75 + (-0.75)^2 \times (5 + 2 \times 0.6) = 2.7375$$

$$\overline{W}^\infty = \overline{W} + \bar{u}_1(2 + u) = (-0.75) \times (2 + 0.6) = -1.95$$

4) 求 p_0。由于 $\overline{W}^\infty < 0$，取火石玻璃在前较好，则

$$p_0 = \bar{p}^\infty - 0.85(\overline{W}^\infty + 0.2)^2 = 2.7375 - 0.85 \times (-1.95 + 0.2)^2 = 0.1344$$

5) 由 p_0 和 $\overline{C}_1$ 选取玻璃组合。查"中、德玻璃牌号对照表"[⊖]，有三对玻璃可选，见表 5-1。

表 5-1 可选玻璃对

玻璃对	F5-BaK3	BaF8-ZK3	ZF3-K10
n	1.6242、1.5467	1.6259、1.5891	1.7172、1.5181
ν	35.9、62.8	39.1、61.2	29.5、58.9

一般选折射率和阿贝数之差较大的玻璃对有利于校正像差，但要考虑价格等因素。这里选取 ZF3 和 K10 玻璃对。

6) 查"中、德玻璃牌号对照表"[⊖]，得 ZF3 和 K10 玻璃对的参数如下：

$$\varphi_1 = -1.003401, a = 2.470705$$

$$b = -23.03576, c = 53.86328$$

$$K = 1.735352, L = -8.346389$$

$$Q_0 = 4.661779, p_0 = 0.169459, W_0 = -0.256558$$

7) 求形状系数 Q。

$$Q = Q_0 \pm \sqrt{\frac{\overline{p^\infty} - p_0}{a}} = 4.661779 \pm \sqrt{\frac{2.7375 - 0.169456}{2.470705}} = 5.68812 \text{ 或 } 3.64226$$

$$Q = Q_0 + \frac{\overline{W^\infty} - W_0}{\frac{a+1}{2}} = 4.661779 + \frac{(-1.95 + 0.256558) \times 2}{3.470705} = 3.68593$$

取 $Q = 3.64226$。

8) 求球面半径。

$$\rho_1 = Q + \frac{n_1}{n_1 - 1}\varphi_1 = 3.64226 + \frac{1.7172}{1.7172 - 1} \times (-1.003401) = 1.2398$$

$$\rho_2 = Q + \varphi_1 = 3.64226 - 1.003401 = 2.638859$$

$$\rho_3 = Q + \frac{n_2}{n_2 - 1}\varphi_1 - \frac{1}{n_2 - 1}$$

$$= 3.64226 + \frac{1.5181}{1.5181 - 1} \times (-1.003401) - \frac{1}{1.5181 - 1} = -1.22796$$

$$r_1 = \frac{f'}{\rho_1} = \frac{36.5625}{1.2398}\text{mm} = 29.4906\text{mm}$$

$$r_2 = \frac{f'}{\rho_2} = \frac{36.5625}{2.638859}\text{mm} = 13.8554\text{mm}$$

$$r_3 = \frac{f'}{\rho_3} = \frac{36.5625}{-1.22796}\text{mm} = -29.7750\text{mm}$$

⊖ 请登录机工教育服务网（www.cmpedu.com）搜索本书，在本书主页上"内容简介"栏目获取下载方式。

5.4 两组双胶合透镜初始结构设计

一般的单组双胶合透镜，在像质较好的条件下，孔径只能做到$\frac{D}{f'} \approx \frac{1}{5}$（或$u'-u \approx 0.1$），否则高级球差太大；视场角只能做到$2\omega = 10°$，否则像散太大。而采用两组双胶合透镜能增大孔径和视场角。

5.4.1 选型

密接型（或近于密接）的两组双胶合物镜（见图 5-12）应用于大孔径、小视场物镜中，其目的就是使偏角$u'-u$由两组共同分担，以减小高级像差。这种紧贴型主要用来消除球差、色差、彗差 3 种像差，只是孔径$\frac{D}{f'} = \frac{1}{2}$（或$u'-u = 0.25$）可以比单组更大而已，不能消除像散，视场也不能大。对称型目镜也是两组双胶含透镜（见图 5-13），但它属于小孔径、大视场系统，它的像差分析见参考文献［30］。

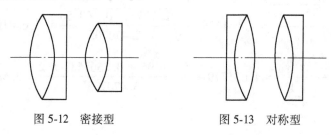

图 5-12 密接型　　　　　图 5-13 对称型

5.4.2 方案选择

1. 方案一

当玻璃选择合适时，前组可单独消除球差、色差、彗差 3 种像差，后组也可单独消除此 3 种像差，于是，前后组合成的整个物镜必能消除此 3 种像差。但是这种方案是有缺点的，因为由初级像差理论可知，当前后组$S_{\rm I}$、$S_{\rm II}$分别为零时，不论光阑位置在哪里，$S_{\rm III}$必为定值：$S_{\rm III} = J^2 \sum \varphi$，在此处为$S_{\rm III} = J^2(\varphi_{\rm I} + \varphi_{\rm II})$。

所以这种消像差方案的缺点是不能消像散。也就是说，方案一没有充分利用该种形式物镜的潜力。

2. 方案二

令Ⅰ组球差不等于零（例如，Ⅰ组$S_{\rm I} =$负值），Ⅱ组球差不等于零（例如，Ⅱ组$S_{\rm I} =$正值），而Ⅰ、Ⅱ两组合成的$\sum S_{\rm I} = 0$。此时，有可能消除像散（使$S_{\rm III} = 0$）。这是更合理的，因为它是充分利用了这种形式消像差潜力的方案。

从理论上分析，这种形式还能消除畸变$S_{\rm V}$，但由实践经验知道，消畸变的要求将导致半径过小，使其他像差的高级量迅速增大，所以在实际中这种形式一般不消畸变。

这种形式前、后组全为正焦距，故场曲$S_{\rm III} = J^2 \sum \frac{\varphi}{n}$永为正值，无法消除。场曲是限制这种形式视场扩大的主要矛盾。

在保证像质较好的条件下，这种形式的孔径能达到 $u' - u = 0.25$ 左右 $\left(\dfrac{D}{f'} \approx \dfrac{1}{2}\right)$，视场

角 2ω 能达到 $20°$ 左右，属于大孔径、中等视场系统（对比单组双胶合透镜只能做到 $u' - u =$

$0.1\left(\dfrac{D}{f'} \approx \dfrac{1}{5}\right)$，$2\omega = 10°$。

这种形式能消除轴上色差和倍率色差，因为前后组共有 $C_{前}$、$C_{后}$ 两个变量，能够使整组
的 $\sum C_1$ 和 $\sum C_m$ 达到所需的值。

消除两种色差的另一种简便方法是
使前组、后组分别单独消除轴上色差，
此时 $C_{前} = 0$，$C_{后} = 0$，从初级像差理论
可知，此时不论光阑位置何在，倍率色
差必为零。

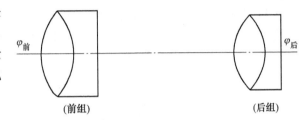

图 5-14　佩茨瓦尔型

3. 方案三

佩茨瓦尔型（见图 5-14）是由两
组双分开的消色差前后双胶合光组构成的，相对孔径 $\dfrac{D}{f'} \approx \dfrac{1}{4}$，因没消场曲，视场角较小
$2\omega = 15°$，从而制约了它的应用。

5.5　小气隙双分离透镜

5.5.1　双胶合组变小气隙双分离透镜的目的

有时，把双胶合透镜的胶合面分开一个小间隙（气隙 d 可能
小到零点几毫米，见图 5-15）。双胶合透镜变成小气隙双分离透镜
的目的有以下几个：

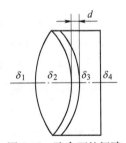

图 5-15　胶合面的间隙

1）在大孔径物镜（如 $\dfrac{D}{f'} > \dfrac{1}{4} \sim \dfrac{1}{3}$ 的物镜）中，分离的作用是
减小高级球差。

2）在孔径不大的物镜中，分离的目的是便于调整 $f'_{合}$。例如，
在某些焦距值要求很准的双目测距仪望远物镜和平行光管中，虽然 $\dfrac{D}{f'}$ 只有 $\dfrac{1}{6} \sim \dfrac{1}{10}$，也采用双
分型，目的是在装调时可以靠改变气隙 d 以微量改变 $f'_{合}$，由此补偿玻璃材料或加工误差引
起的焦距误差。

3）当透镜外径较大时，如 $D_{外} > 100mm$，胶合将引起困难，在使用过程中易裂开，此时
也宜用非胶合双分离透镜。

5.5.2　小气隙双分离透镜能减小高级球差

双胶合透镜之所以能消除球差是由于胶合面（r_2）产生的负球差能抵消 r_1、r_3 两面所产

生的正球差，故 r_3 必须产生大量的负球差（表现形式是 r_3 半径较小，弯得厉害）。由于 r_3 较小，必然产生大量的高级负球差，这就是双胶合透镜高级球差的来源，当边缘光线球差消除到零时，高级球差在像差曲线上的表现是光束孔径的 0.7071（即 0.707 带，最大光束孔径为 1）的"肚子"太大。图 5-16 是两个镜头的球差曲线，两者的边缘光线球差都已消除为零，但镜头 I 的带球差大，镜头 II 的带球差小。

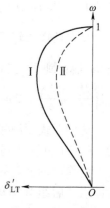

图 5-16　球差曲线

双胶合改成小气隙双分后如图 5-17 所示，r_1、r_2、r_4 产生正球差，r_3 产生大量负球差。光线经 a 镜后会聚，由于气隙的存在，b 镜上的入射高 h_3 低于 h_2。a 镜本身有正球差，且越是边缘的光线，球差越厉害，故相对来说，h_3 降低得越厉害，于是边缘光线产生的高级负球差相应地降低，结果使"肚子"减小。

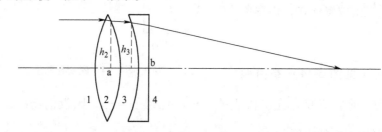

图 5-17　小气隙双分离透镜光路图

分步照相机物镜就是利用小气隙双分离来改善高级球差的。

5.6　齐明弯月透镜结构参数求解

由像差理论知道，在下列两种情况下，折射面不产生某些像差：①物体在折射面球心时，不产生球差、彗差；②物体在不晕点时，不产生球差、彗差、像散（不产生此 3 种像差时称为"不晕"或"齐明"）。于是，人们利用这一性质设计出齐明透镜（球心不晕透镜）。齐明透镜在显微物镜、聚光镜的前组（或前组的主要组成部分）得到广泛的应用，聚光镜的初始结构计算和用试验法设计显微物镜时，有时该初始结构不能很好地符合设计要求，就需要替换某些组元，这就不能不涉及齐明透镜的计算。

源于 20 世纪 60 年代平场物镜设计时的分组计算法在折射式物镜设计计算中是相当有效的。显微物镜有条件地被分配成两组，开始阶段可独立地校正像差，当两组结合时注意：①必须得到要求的光学特性，如工作距离等；②保证必要的像差校正。实践证明，利用折射面齐明特性适用于数值孔径很大的光来通过的前组，这样使后组光束孔径可降低很多，且前组不会引起很大的像差，同时因后组数值孔径较小，可根据三级像差理论利用代数法来计算。例如，设计平场物镜时，应使前后两组结合时 $S_{IV} \approx 0$，前组的 S_{IV} 值就可据此决定。

5.6.1　显微物镜齐明弯月前组初始结构设计

众所周知，两光学介质的分界球面具有三对共轭的齐明点。在所有的齐明点上没有球差，并且满足正弦条件，而对于某些点也没有三级像散。图 5-18 是半径为 r 的球面，物空

间的折射率为 n，像空间的折射率为 n'，点 A_1 和
A_1'、A_2 和 A_2'、A_3 和 A_3' 分别为第 1、第 2 和第 3 类
型的共轭齐明点。

点 A_1 和 A_1' 与折射面的顶点重合，即它们满足条
件 $s=s'=0$。在此点上球差、彗差和像散都为零。

点 A_2 和 A_2' 也重合在一起并位于折射面的中
心 C 上，条件 $s=s'=r$ 是对它们的正确表达。在
此点上球差和彗差都为零，但像散不等于零。

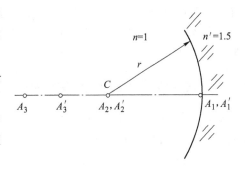

图 5-18　折射面的齐明点

对于齐明点 A_3 和 A_3'，它们到折射面顶点的
距离、折射面的半径和光学介质的折射率三者之间具有下列关系式：

$$\begin{cases} s = r\left(1 + \dfrac{n'}{n}\right) \\ s' = r\left(1 + \dfrac{n}{n'}\right) \end{cases} \tag{5-40}$$

在这种点上，如同在点 A_1 和 A_1' 上一样，球差、彗差和像散都为零。

利用齐明点的上述性质和它们之间的关系，可以形成 4 种类型的齐明弯月透镜，如图 5-19
所示。在 A 型弯月透镜中，第 1 面有第 2 类齐明点，而第 2 面则有第 3 类齐明点；在 B 型弯
月透镜中，两个面都有第 2 类齐明点；在 C 型弯月透镜中，第 1 面有第 3 类齐明点，而第 2
面则有第 2 类齐明点；在 D 型弯月透镜中，两个面都有第 3 类齐明点。

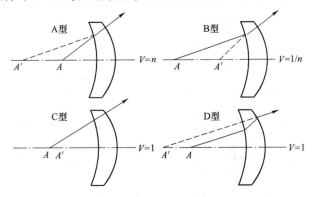

图 5-19　四种类型的齐明弯月透镜

在显微镜物镜中，A 型弯月透镜得到最广泛的应用。它的优点是工作距离大，等于第 1
面的半径，垂轴放大率也大，等于折射率。缺点是第 1 面产生像散和很大的色差，因此在计
算视场不大的单色物镜时才应用这样的弯月透镜作为前置透镜。A 型弯月透镜的结构元素可
以按式（5-41）确定。

$$\begin{cases} r_1 = s_1 \\ r_2 = \dfrac{s_2}{1 + \dfrac{n'}{n}} \\ s_2 = s_1 - d \end{cases} \tag{5-41}$$

式中，d 为弯月透镜的厚度，根据结构上的要求来选择。

在计算低倍物镜时，有时利用 C 型和 D 型弯月透镜。它们的放大率等于 1，因此它们不能降低后组的孔径。第 1 类齐明点用得相当少，主要用于计算不要求工作距离的系统。

5.6.2 聚光镜第1片齐明透镜初始结构设计

利用上述特性可构成不产生球差、彗差的单片正透镜，如图 5-20 所示。灯丝 A 放在第 1 面 r_1 的球心，光线 1 过 r_1 时不折射，不产生球差、彗差。

光线继续前进，射到第 2 面后，适当选择半径 r_2，使 A 点正好处于 r_2 面的不晕点之位置，光线经 r_2 折射后按 $2'$ 方向出射第 2 面，也不产生球差、彗差、像散（所谓"球心-不晕镜"，即物体位于一面的球心，且位于另一面的不晕点）。

不晕面似乎是没有球差、彗差、像散 3 种像差的理想折射面。然而，一切事物都是一分为二的，由于不晕面的半径和物（像）距之间有一定的配合关系（见图 5-21），即

$$r = \frac{ln}{n' + n} \tag{5-42}$$

$$r = \frac{ln'}{n' + n} \tag{5-43}$$

$$\frac{l}{l'} = \frac{n'}{n} = \frac{u'}{u} \tag{5-44}$$

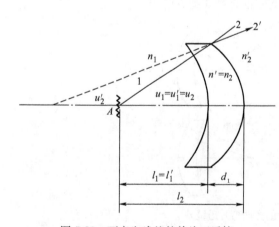

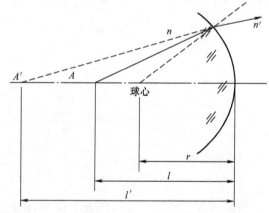

图 5-20　不产生球差的单片正透镜　　　　图 5-21　不晕面的半径与物（像）距之间关系

也就是说，r 和 l 是相互制约的。若 l 已定，则满足不晕情况的 r 必须符合式（5-42）；反之，若 r 已定，则满足不晕情况的 l 也必须符合式（5-42）。

由式（5-42）、式（5-43）可见，满足不晕情况的 r、l 和 l' 必同号（即物和像必定位于球面的同一边，并同在凹面那一边），这样就限制了不晕面的应用范围，不是在任意物像距时都能应用。

由式（5-44）可见，不晕情况的横向放大率 $\beta = \frac{nu}{n'^2 u} = \frac{n^2}{n'^2}$ 也是受限制的。

在本例中，当不晕面的 $n = 1.5163$，$n' = 1$ 时，$\beta = \frac{1.5163^2}{1^2} = 2.3$，也即不晕情况只能用

于放大率等于 2.3 时。

可见，不是在任意透镜中都能应用初看似乎很有利的不晕特性。

在聚光镜设计中，β、r、l、l_1' 等没有严格的要求，在上述限制下仍有足够的周旋余地，但是由式（5-45）可得，不晕面的偏折负担（偏角）为

$$u' - u = \frac{n'u}{n} - u = \left(\frac{n' - n}{n}\right)u \qquad (5\text{-}45)$$

一般，由式（5-45）可见，当 u 角越大时，不晕面负担的偏角越大，也即不晕面能分担很大的偏角而不产生球差、彗差、像散 3 种像差，此时采用它更有利。u 角特大的高倍显微物镜（$\sin u$ 达 0.8 左右）和大孔径聚光镜宜于采用球心不晕镜。

习　　题

1. 已知一个单透镜的折射率 $n = 1.5$，试求 $\overline{W}^\infty$ 分别为 -10、-3 及 -1 时的曲率半径 r_1 和 r_2。

2. 已知一个火石玻璃在前的双胶合透镜组：$n_1 = 1.6475$，$\nu_1 = 33.9$；$n_2 = 1.6475$，$\nu_2 = 64.1$。$\overline{W}^\infty$ 分别取 -1 和 2.234123。试求此胶合面曲率半径 r_2。

3. 试设计一个 $f' = 1000\text{mm}$，$y = 13.6\text{mm}$，$\dfrac{D}{f'} = \dfrac{1}{10}$ 的双分离望远物镜。

4. 试设计一个双胶合透镜组构成的望远物镜，焦距 $f' = 200\text{mm}$，相对孔径 $\dfrac{D}{f'} = \dfrac{1}{5}$，用 pW 方法求其初始解。

5. 设计一个共轭距为 195mm，垂轴放大率 $\beta = -4$，数值孔径 $NA = 0.1$ 的显微物镜，用 pW 方法求其初始解。

第 6 章

典型光学部件设计

　　本章介绍典型光学部件设计，主要有目视光学系统中的望远物镜、显微物镜和目镜的设计，还有照相物镜、投影物镜和近年来应用十分广泛的电荷耦合器件（CCD）图像传感器成像物镜的设计。

　　对于典型光学部件设计的论述，首先阐述各自主要的光学特性、结构类型和设计方法，接着让读者通过设计实例体验设计的可操作性。

6.1　望远物镜设计

6.1.1　望远物镜光学特性与结构类型

1. 光学特性

　　望远镜一般由物镜、目镜和棱镜（或透镜）转像系统构成，望远物镜是整个望远系统的一个组成部分。

　　入射光瞳直径（或物镜孔径）D 决定物镜的分辨本领。物镜成像大小与物镜的焦距 $f'_物$ 成正比。而 D 和 $f'_物$ 又分别决定系统的外形尺寸；$D/f'_物$（相对孔径）决定物镜结构的复杂程度以及像面的光照度；视场角 2ω 决定观察范围。因此，物镜 3 个重要的光学特性是相对孔径 $D/f'_物$、焦距 $f'_物$ 和视场角 2ω。具体来讲，望远物镜的光学特性有：

　　（1）相对孔径不大

　　在望远系统中，入射的平行光束经过系统以后仍为平行光束，因此物镜的相对孔径（$D/f'_物$）和目镜的相对孔径（$D'/f'_目$）是相等的。目镜的相对孔径主要由出瞳直径 D' 和出瞳距离 l'_z 决定。目前观察望远镜的出瞳直径 D' 一般为 4mm 左右，出瞳距离 l'_z 一般要求 20mm 左右，为了保证出瞳距离，目镜的焦距 $f'_目$ 一般不能小于 25mm。这样目镜的相对孔径为

$$\frac{D'}{f'_目} = \frac{4}{25} \approx \frac{1}{6}$$

　　所以，望远物镜的相对孔径 $\dfrac{D}{f'_物}$ 一般小于 $\dfrac{1}{5}$。

　　（2）视场角较小

　　望远物镜的视场角 ω 和目镜的视场角 ω' 以及系统的视觉放大率 Γ 之间有以下关系：

$$\tan\omega = \frac{\tan\omega'}{\Gamma} \tag{6-1}$$

　　目前常用目镜的视场角 $2\omega'$ 大多在 70° 以下，这就限制了物镜的视场，通常望远物镜的

视场角不大于 10°。

望远物镜一般主要校正轴向边缘球差 $\delta L'_m$、轴向色差 $\Delta L'_m$ 和边缘孔径的正弦差 SC'_m，而不校正 x_{ts}、x'_p 和 $\Delta y'_z$，以及垂轴色差 $\Delta y'_{FC}$。

由于望远物镜要和目镜、棱镜（或透镜）转像系统组合起来使用，所以在设计物镜时，应考虑到它和其他部分之间的像差补偿关系。在物镜光路中有棱镜的情形，棱镜的像差一般要靠物镜来补偿，即由物镜来校正棱镜的像差。另外，目镜中常有少量球差和轴向色差无法校正，也需要依靠物镜的像差给予补偿。所以，物镜的 $\delta L'_m$、SC'_m、$\Delta y'_{FC}$ 常常不是校正到零，而是要求它们等于指定的数值。

望远镜属于目视光学仪器，设计目视光学仪器（包括望远物镜、显微物镜和目镜）一般对 F(486.3nm) 和 C(656.28nm) 光计算和校正色差，对 D(589.3nm) 或 d(587.56nm) 光校正单色像差。

2. 结构类型

望远镜分折射式、反射式和折反射式 3 类。

（1）反射式和折反射式物镜

反射式和折反射式物镜在大孔径、长焦距的望远系统中采用。因为反射镜不产生色差，光路反射转折可以缩短轴向长度。

（2）折射式物镜

折射式物镜种类很多，如图 6-1 所示。它们的主要光学特性、特点如下：

1）双胶合：视场角 $2\omega<10°$；不同焦距适用的最大相对孔径 $f'\dfrac{D}{f'}$ 为 50mm/$\dfrac{1}{3}$、150mm/$\dfrac{1}{4}$、300mm/$\dfrac{1}{6}$、1000mm/$\dfrac{1}{10}$。

2）双胶合-单：相对孔径 $\dfrac{D}{f'}$ 为 $\dfrac{1}{3} \sim \dfrac{1}{2}$；透镜孔径 $D<100$mm；视场角 $2\omega<5°$。

3）单-双胶合：相对孔径 $\dfrac{D}{f'}$ 为 $\dfrac{1}{3} \sim \dfrac{1}{2.5}$；透镜孔径 $D\leqslant100$mm；视场角 $2\omega<5°$。

4）三分离：相对孔径 $\dfrac{D}{f'}$ 为 $\dfrac{1}{3} \sim \dfrac{1}{1.5}$；视场角 $2\omega<4°$。

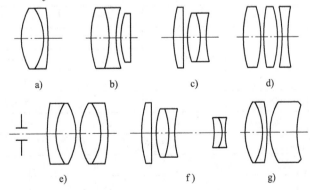

图 6-1　折射式望远物镜

a）双胶合　b）双胶合-单　c）单-双胶合　d）三分离　e）对称　f）摄远（一）　g）摄远（二）

5）对称：适合于短焦距（$f' < 50mm$）、大视场（$2\omega < 30°$）、小相对孔径的系统使用$\left(\dfrac{D}{f'} < \dfrac{1}{5}\right)$。

6）摄远（一）：由正负两个分离薄透镜组构成，系统长度小于焦距，系统的相对孔径受前组相对孔径的限制；摄远（二）：由双胶合厚弯月透镜构成。

6.1.2 设计实例：双胶合、双分离物镜设计

双胶合、双分离物镜为最简单的镜头，可从相关资料找到合适或相近的结构（如通过焦距缩放可达到焦距要求等），通过计算机进行光路计算，一般比较容易得到良好的结果。

1. 双胶合物镜设计

双胶合物镜是一种常用的望远物镜，它结构简单，光能损失小，合理选择玻璃和弯曲能校正球差、彗差和色差，但不能消除像散、场曲与畸变，故视场角不大，一般不超过10°；二级光谱与色球差也不能校正，一般在焦距不长、相对孔径不大的系统中采用。若物镜焦距加大，相对孔径则随之减少，在获得优良像质的情况下，它们之间的对应关系见表6-1。

表6-1 物镜焦距与相对孔径的对应关系

焦距f'/mm	50	100	150	200	300	500	1000
相对孔径D/f'	1/3	1/3.5	1/4	1/5	1/6	1/8	1/10

例如，激光测距瞄准物镜即是一个双胶合物镜，后有正像斯米特屋脊棱镜（表6-2结构图中虚线所示为展开图）。该物镜结构参数见表6-2。

表6-2 双胶合物镜结构参数

主要技术指标	结 构
$D/f' = 1/5$ $D = 40mm$ $f' = 199.4066mm$ $2\omega = 5°$	

参数						
面号	r/mm	D/mm	n_D	ν	D_0/mm	玻璃
1	126.73				40	
2	−85.06	7	1.5163	64.1	39.65	K9
3	−258.00	4.2	1.6475	33.9	39.613	ZF1
4	∞	125.543			25.272	
5	∞	74.4945	1.5163	64.1	19.662	K9

像差数据			
h/h_m	$\delta L'$	SC'	$(D-d)\delta n$
1	0	0.000163	0.00013773
0.707	−0.0436	0.000014	−0.00003828

2. 双分离物镜设计

双分离物镜：正负透镜（一块凸透镜、一块凹透镜）用一空气隙隔开，弯曲较双胶合物镜自由，能减少中间带球差，加大相对孔径 $\left(可达\dfrac{1}{2.5} \sim \dfrac{1}{3}\right)$ ，视场角达 $12°$ ，色、球差不能校正，二级光谱由于透镜分离而略有增大。它和双胶合物镜比较有如下优缺点：

1）适用于直径加大的情况。双胶合物镜因受胶层应力及脱胶的影响，直径不宜超过100mm，而双分离物镜没有这种限制。

2）光能损失比双胶合物镜大些。

3）双分离物镜装配对中困难，使用中也容易丧失共轴性。

设计实例见表6-3。

表6-3 双分离物镜结构参数

主要技术指标	结 构
$D/f' = 1/4$ $f' = 118.596$mm $2\omega = 5°$	

参数						
面号	r/mm	D/mm	n_D	ν	D_0	玻璃
1	59.46				25	
2	−47.33	4.5	1.5163	64.1	24.614	K9
3	−43.43	2.1			23.777	
4	−175.12	2	1.6725	32.23	23.741	ZF2

像差数据			
h/h_m	$\delta L'$	SC'	$(D-d)\delta n$
1	−0.0047	−0.000117	0.0590
0.85	0.0042	0.000052	0.0220
0.707	0.0017	0.000097	0.0023
0.5	−0.0024	0.000076	−0.0279
0	0	0	−0.0611

6.2 显微物镜设计

6.2.1 显微物镜光学特性与结构类型

1. 显微物镜概述

显微镜（Microscope）是指为提高人们获得微小细节信息能力的光学仪器。具体地说，它由物镜和目镜组合而成。显微物镜的作用是把被观察的物体在目镜的焦面上放大为一个实像，然后通过目镜成像在无限远供人眼观察。整个显微镜的性能——视觉放大率和衍射分辨率主要是由它的物镜决定的。在一架显微镜上通常都配有若干个不同倍率的物镜和目镜供互换使用。为保证物镜的互换性，要求不同倍率的显微物镜的共轭距——由物平面至像平面的距离相等，我国国家标准 GB/T 2609—2015《显微镜 物镜》规定了机械筒长为 160mm 和像距为无限远的显微物镜术语和定义，及其分类、基本参数、要求、试验方法、标志和包装等方面的技术要求。图 6-2 为机械筒长为 160mm 的显微镜光路图；而图 6-3 为像距无限远显微镜光路图。被观察物体通过像距无限远物镜以后，成像在无限远，在物镜的后面另有一固定不变的镜筒透镜，再把像成在目镜的焦面上。

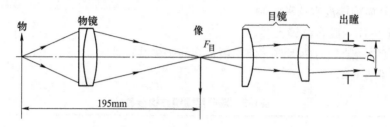

图 6-2　机械筒长为 160mm 的显微镜光路图

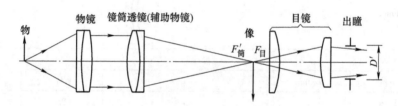

图 6-3　像距无限远显微镜光路图

2. 显微物镜的光学特性

显微物镜能将近距物体成一放大实像（见图 6-4），它的孔径光阑在镜组附近或后焦面上。短焦距、大孔径、小视场是显微物镜的特点。选用或设计时，考虑的光学特性包括下述几个方面（其中最重要的是放大率、数值孔径和线视场）。

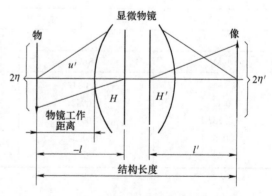

图 6-4　显微物镜成像

（1）物镜放大率

根据物镜成像规律满足以下关系式：

物镜共轭距 $G = l' - l$

结构长度 $= G + HH'$

物镜共轭距又称物-像距离，指光学安装的基本尺寸，它是物面和第一次像之间在空气中的沿轴距离。当共轭距为有限距离时，物镜放大率 $\beta_物 = $ 像高/物高 $\approx l'/l$；当共轭距为无限远时，物镜放大率 $\beta_{\infty物} = $ 镜筒透镜焦距/物镜焦距。H 与 H' 分别为显微物镜的主平面，HH' 为两个主平面之间的距离。

物镜焦距

$$f' = \frac{-G}{\beta_物 + 1/\beta_物 - 2} \tag{6-2}$$

国家标准 GB/T 2609—2015《显微镜 物镜》规定了适用于机械筒长为 160mm 和像距为无限远的显微物镜。通常结构长度是一定的，两个主平面的距离 HH' 很小。由式（6-2）可见，高倍物镜焦距短。显微物镜以放大率作为标志，为便于选用，相当于给出了焦距。

（2）视场

物方视场

$$2y = 2y'/\beta_{物} \tag{6-3}$$

像方视场 $2y'$ 由镜筒直径限制，是一定值，单位为 mm。国家标准 GB/T 22132—2008《显微镜 可换目镜的直径》规定：显微镜目镜外壳直径 d_1 分别为 $\phi23.2h8$（生物、金相、偏光等显微镜，h8 表示公差等级为 h8）、$\phi25.0h8$、$\phi30.0h8$（偏光、体视显微镜和广角目镜）和 $\phi34.0h8$（体视显微镜），上述直径单位均为 mm。由此可知，视场实际尺寸为上述规定尺寸减去目镜筒厚度。例如，对于 $\phi23.2h8$ 生物显微镜最大视场取 20mm。

（3）数值孔径

数值孔径（NA）的大小直接影响分辨率和像的光亮度，它是物镜的主要指标。显然，物镜结构和校正像差的复杂程度基本上取决于数值孔径。

β 和 f' 有如下关系：当共轭距 L 一定时，$f' = [-\beta/(1-\beta)^2]L$。对无限筒长物镜来说，$f' = -$ 镜筒透镜焦距/放大率。从这两式可看出，β（绝对值）越大，f' 越短。因此，放大率的内涵与焦距是一致的。$NA = n\sin u$（n 为物镜物方折射率，u 为物方孔径角之半）。对于非浸液物镜来说，NA 与 D/f' 近似符合以下关系：$D/f' = 2NA$，如 10× 显微物镜，当 $NA = 0.25$ 时相当于 $D/f' = 1/2$，这反映了 NA 与 D/f' 是一致的。显微物镜的视场角由目镜视场决定，对无限筒长显微镜来说，镜筒透镜（取 $f'_{透} = 250$mm 时）物方视场角（等于物镜像方视场角）$\tan\omega = y'/f'_{透} = 0.04$，$\omega = 2.3°$。所以物镜视场角 2ω 不大于 5°，有限筒长显微镜也大致相当。可见，显微物镜的光学特性参数通过 β、NA 很容易转换为用 f'、D/f' 和 2ω 来描述。

以下再介绍一些与使用有关的光学参数。

（4）物方介质

前已指出，普通显微物镜的物方介质折射率 $n = 1$，为了提高数值孔径，选用高折射率的物方介质，如杉木油（$n = 1.151$）、水（$n = 1.333$）、甘油（$n = 1.463$）、溴代萘（$n = 1.656$）等。

（5）盖玻片厚度

盖玻片指在显微标本片中覆盖生物标本的玻璃片。观察生物或化学标本宜用盖玻片将它展平，以免脏污和干裂，有利于保存。盖玻片在物方成像光路内，控制它的折射率（$n_e = 1.525 \pm 0.0015$）和厚度，厚度一般为 $0.17^{0}_{-0.04}$ mm，40× 以上的高倍物镜要求厚度为 $0.17^{0}_{-0.02}$ mm。

（6）机械筒长

对于有限像距的物镜机械筒长是指转换器物镜的定位面和观察目镜定位面之间的距离，根据 GB/T 22057.1—2008《显微镜 相对机械参考平面的成像距离 第 1 部分：筒长 160mm》规定为（160±0.5mm），镜筒上端面是安装目镜的定位面。对于无限像距的物镜，机械筒长可认为无限远。显微物镜是按一定的机械筒长设计的，当然也有一些特殊的物镜允许改变筒长。在选用互换物镜时必须注意与机械筒长是否适配。对于物镜后面须加棱镜等光学零件的系统，棱镜的等效空气层厚度应计算在机械筒长之内。

（7）工作距离

物镜工作距离是指物镜前表面顶点到物平面的沿轴距离。物镜倍率高、焦距短、工作距离小，如100×物镜工作距离为0.19mm。观察具有较大厚度的对象要求工作距离大，这对于高倍物镜是困难的。

标准显微物镜筒表面都有标记，写明放大率、数值孔径、机械筒长及盖玻片厚度的数值（后3项均以mm为单位）（见图6-5）。盖玻片厚度处若刻为"—"，表示盖玻片可用可不用；刻为"0"，表示不用盖玻片。机械筒长与盖玻片厚度常刻在一起，因为它们与物镜的像差校正有关。此外，常用物镜外壳表面有不同的颜色圈，长工作距离物镜、相衬物镜、偏光物镜在物镜类别前分别加C、X、P为标志；总之，显微物镜的每种标志，都应符合 GB/T 22056—2018《显微镜 物镜和目镜的标志》的要求。

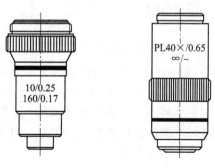

图6-5　显微物镜外形图

物镜用螺纹与显微镜本体连接，按国家标准物镜螺纹有两种：①根据 GB/T 22055.1—2008《显微镜 物镜螺纹　第1部分：RMS 型物镜螺纹（4/5in⊖×1/36in）》，本部分规定了显微镜物镜和物镜转换器或镜筒的螺纹尺寸，适合于代号为 WJ4/5in×1/36in 的物镜螺纹，除螺纹长度以外，给出的所有数值与国际通用标准一致；②根据 GB/T 22055.2—2008《显微镜 物镜螺纹　第2部分：M25×0.75mm 型物镜螺纹》，本部分规定了不同于 RMS 标准的联接显微镜物镜与物镜转换器的 M25 型螺纹的尺寸。

国产显微镜的放大率和数值孔径的适配关系、物镜像方清晰范围要求，均应符合 GB/T 2609—2015《显微镜 物镜》规定，见表6-4和表6-5。

表6-4　显微镜物镜的放大率和数值孔径的适配

放大率	数值孔径					
	消色差物镜	半复消色差物镜	复消色差物镜	平场消色差物镜	平场半复消色差物镜	平场复消色差物镜
1×	—	—	—	0.03	—	—
1.6×	—	—	—	0.04	—	—
2×	—	0.07	0.08	0.05	0.07	0.08
2.5×	—	—	—	0.07	—	—
4×	0.10	0.13	0.16	0.10	0.13	0.16
10×	0.25	0.30	0.30	0.25	0.30	0.32
20×/25×	0.35	0.55	0.60	0.40	0.50	0.65
40×	0.65	0.75	0.80	0.65	0.75	0.80
50×		0.75	0.80	0.65	0.75	0.80

⊖ 1in＝0.0254m。

（续）

放大率	数值孔径					
	消色差物镜	半复消色差物镜	复消色差物镜	平场消色差物镜	平场半复消色差物镜	平场复消色差物镜
60×/63×	0.80	0.85	0.90	0.65	0.85	0.90
80×/100×	—	0.85	0.90	0.80	0.85	0.90
100×浸液	1.25	1.25	1.30	1.25	1.25	1.30

注：物镜的数值孔径名义值不应小于表6-4的规定。

表6-5　数值孔径对物镜像方清晰范围（直径）的要求　　　（单位：mm）

数值孔径	消色差物镜	半复消色差物镜	复消色差物镜	平场消色差物镜	平场半复消色差物镜	平场复消色差物镜
≤0.2	10	14	15	像方清晰范围用 PFN 表示，PFN = 0.85 × OFN（OFN 由与之匹配的目镜给出，其数列为 18，19，20，…，30 等）		
>0.2~0.4	8	13	14			
>0.4~0.8	7	12	13			
>0.8~1.0	6	11	12			
>1.0	5	10	11			

注：物镜成像应清晰，像方清晰范围（直径）不得小于表6-5的规定。

3. 结构基本类型

根据用途不同，GB/T 2609—2015《显微镜 物镜》把显微物镜分为消色差物镜、半复消色差物镜、复消色差物镜、平场消色差物镜、平场半复消色差物镜和平场复消色差物镜6个类别。各类物镜应校正好相应的像差。普及型显微镜一般使用消色差物镜；实验室和研究型显微镜由于具有摄影、摄录等功能，一般使用平场物镜，使显微摄影或在图像传感器上获得全视场清晰的像。

（1）消色差物镜

消色差物镜是指对两条谱线校正轴向色差的物镜。现有普及型显微镜物镜大多属于消色差物镜，能满足一般的显微观察需要。它应校正好球差、色差和彗差。按 NA 大小，消色差物镜有 4 种形式，如图 6-6 所示。

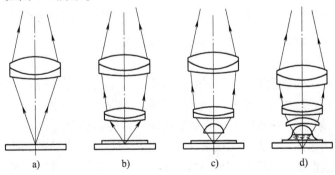

图 6-6　消色差型显微物镜

a）双胶合物镜　b）李斯特型物镜　c）阿米西型物镜　d）阿贝型油浸物镜

1）双胶合物镜：用于低倍显微物镜，放大倍数为 1×~5×，NA 为 0.1~0.15。

2）两组双胶合物镜——李斯特型物镜：中倍显微物镜用，放大倍数为 8×~20×，NA 为 0.25~0.3。前后双胶合组分别消除位置色差，则倍率色差自动校正；前后两组连接消除球差、彗差和像散，但场曲不能校正。

3）阿米西型物镜：在李斯特型物镜前加一不晕半球形透镜构成，用于中倍及高倍显微物镜，放大倍数为 25×~40×，NA 为 0.4~0.65。

如图 6-7 所示，物点 A 出射光孔径角 u_1，经平面折射成虚像于 A'，正好在半球面的不晕点上，最后成像于 A''。由不晕条件及折射定律得

$$\sin u_3 = \sin u_2 / n = \sin u_1 / n^2$$

所以

$$\sin u_1 = n^2 \sin u_3$$

可见，加入前片能将数值孔径提高为原来的 n^2 倍。

因李斯特型物镜数值孔径为 0.3，玻璃折射率 n 取 1.5，代入上式得阿米西型物镜能够负担的数值孔径 $\sin u_1 = (1.5)^2 \times 0.3 = 0.675$。故一般 40× 物镜 NA 取 0.65。

不晕半球透镜材料及结构参数确定后，它所产生的色差，以及平面产生的球差和彗差为已知量，由后面两组双胶合透镜来抵消。

4）阿贝型油浸物镜　在阿米西型物镜前片与中组之间加一块弯月正透镜便成此型，放大倍数可达 90×~100×，NA 为 1.25~1.4。

油浸物镜的前片选用折射率与浸油相同或略高的玻璃，如图 6-8 所示。第 1 面平面基本上不产生像差，第 2 面是不晕面，也不产生球差和彗差，但存在残留色差。设前片之后的正弯月镜及两组双胶合透镜相当于阿米西型，能承担 NA 为 0.6，则 $\sin u_3 = 0.6$，由不晕条件得

$$\sin u_1 = n \sin u_3 = 1.5 \times 0.6 = 0.9$$

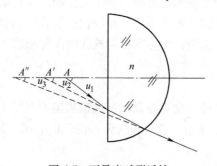

图 6-7　不晕半球形透镜

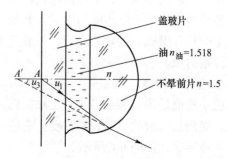

图 6-8　油浸显微物镜原理

所以，阿贝型油浸物镜的 $NA = n_{油} \sin u_1 = 1.518 \times 0.9 = 1.3662$。

（2）平场消色差物镜

平场物镜是一种小的或没有像面弯曲的显微物镜。在光学系统设计中着重校正了物镜的像面弯曲和像散，有效地扩大了视场，提高了成像的清晰度，从而获得平整而清晰的像场，所以称为"平场物镜"。平场消色差物镜是指场曲和像散得到很好校正的消色差物镜。平场消色差物镜除了必须达到消色差物镜的要求外，还应很好校正物镜的场曲。

显微物镜的正透镜多、物距短，所以场曲大。图 6-9 列出了国产平场消色差物镜的几种形式。高倍物镜前片做成弯月形，第一面用凹面代替原来阿米西型的不晕半球透镜的平面。它产生负值 S_{IV} 校正场曲。中倍物镜在靠近像方处加一弯月形厚透镜校正 S_{IV}。低倍物镜采用

三片式照相镜头结构改善像散和场曲。正透镜尽量用高折射率材料。由于一般显微镜的线视场不大，平像场主要是校正初级场曲 S_{IV}。

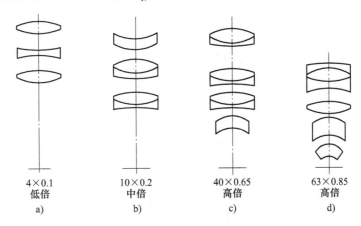

4×0.1	10×0.2	40×0.65	63×0.85
低倍	中倍	高倍	高倍
a)	b)	c)	d)

图 6-9 平场消色差显微物镜

（3）复消色差物镜、半复消色差物镜和平场复消色差物镜、平场半复消色差物镜

大孔径、高分辨率显微镜不允许有大的二级光谱和色球差等缺陷，于是出现复消色差物镜，它是对三条谱线校正轴向色差的物镜，二级光谱和色球差减少到消色差物镜残余色差的几分之一；二级光谱比消色差物镜小的物镜称为半复消色差物镜。场曲和像散得到很好校正的复消色差物镜，称为平场复消色差物镜，如图 6-10 所示。平场复消色差物镜分为平场半复消色差物镜和平场复消色差物镜两种。平场半复消色差物镜是一种二级光谱比消色差物镜小的物镜，它用特种材料少，质量介乎消色差与复消色差之间，除必须达到平场消色差物镜的要求外，还应较好地校正物镜的二级光谱。目前高级研究显微镜广泛采用平场复消色差物镜，平场复消色差物镜除了必须达到平场消色差物镜的要求外，还应该很好地校正物镜的二级光谱和色球差。设计制造高分辨率、大孔径显微物镜的困难在于校正二级光谱、色球差和倍率色差。校正二级光谱常选用萤石（CaF_2，晶体）这种低折射率、低色散材料作凸透镜。由于材料折射率低，球面半径又小，又需增加镜片数量，结构复杂；倍率色差不可能完全校正。为此在使用复消色差物镜时常配备"补偿目镜"以补偿倍率色差，才能取得良好效果。图 6-11 列出四种 40× 显微物镜结构及其色差校正曲线，其像质非常好。

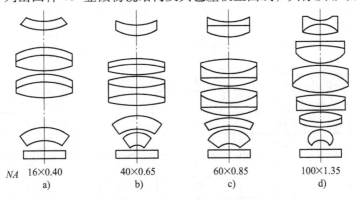

| NA | 16×0.40 | 40×0.65 | 60×0.85 | 100×1.35 |
| | a) | b) | c) | d) |

图 6-10 平场复消色差显微物镜

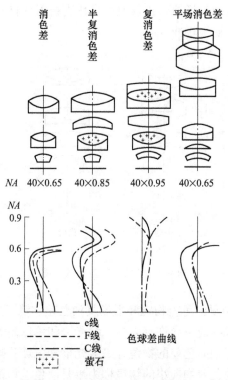

图 6-11　各种物镜色差校正比较

6.2.2　设计实例：生物显微镜 25× 消色差物镜设计

1. 选择初始结构

选择初始结构[28]，见表 6-6。

表 6-6　25× 消色差物镜初始结构参数

主要技术数据	结　　　　构
$\beta=25$ $NA=0.40$ $f'=7.225\mathrm{mm}$ $L=195\mathrm{mm}$ 工作距离 $=0.971\mathrm{mm}$	

参　　　数						
面号	r/mm	d/mm	n	ν	D_0/mm	玻璃
1	∞（光阑）	0.0001	1		5.7	
2	14.289	2.6	1		5.7	K9
3	-8.279	1.31	1.5163	64.1	5.7	F6
4	-42.76	2.46	1.6248	35.6	5.8	
5	7.1526	2.59	1		5.5	—②

（续）

面号	参　　数					
	r/mm	d/mm	n	ν	D_0/mm	玻璃
6	-7.079	1.31	1.52008	63.7	5	F6
7	353.689	2.46	1.6248	35.6	4.5	
8	4.207	2.9	1		3.3	BaK7
9	∞	0.97	1.5688	56.0	2	
10	∞	0.17	1			K9
11	∞		1.5163	64.1		

① 第6片玻璃（10#/11#）为0.17mm厚的盖玻片。

② 无对应的国产玻璃牌号。

2. 换玻璃

换玻璃是光学设计中常用来校正像差，提高像质的主要手段之一。本例因为第3块玻璃（5#/6#）无对应的国产玻璃牌号，因此第二胶合组必须更换玻璃。原则上应尽量选用胶合面两边玻璃的折射率差 Δn 相同的玻璃组合，可使胶合面的曲率半径 r_6 不变，这样可使原来系统的像差不会发生太大的变化。此外还应注意使其阿贝数差 $\Delta \nu$ 尽量靠近。为此用 BaK2-ZF1 代替原结构的第二胶合组（5# ~ 7#），与原结构比，$\Delta n_D - \Delta n_D^*$（新结构）= 0.00293 相当接近；$\Delta \nu_D - \Delta \nu_D^* = 2.22$。

在玻璃材料确定以后，还要把更换玻璃的各个透镜的半径做相应改变，目的是使每个折射面对应的薄透镜光焦度不变。把系统中的每一个折射面，都看作是一个平凸或平凹的薄透镜，在更换玻璃以后，保持它们的光焦度不变，并且让它们之间的厚度和间隔不变，这样可以使系统的像差特性变化不大。根据薄透镜的光焦度公式，欲保持各个折射面的光焦度不变，新的玻璃折射率 n^* 及表面曲率 c^* 和原来的 n、c 之间应符合以下关系：

$$c^* = n^* - 1 = c(n - 1)$$

由此得到的新的半径 r^* 和原来的半径 r 的关系如下：

$$r^* = r\frac{n^* - 1}{n - 1} \tag{6-4}$$

式（6-4）是通用的换玻璃时描述 n、n^*、r、r^* 四个参量的公式，具有很重要的使用价值。在本例的光学系统中胶合面的半径保持不变，因为胶合面两边的折射率差基本不变。新结构半径按式（6-4）求得，r_5 由 6.887mm 改为 7.1526mm，r_7 由 341.2mm 改为 353.596mm。

当加入新的玻璃组合后，显然会破坏像差的平衡，需要重新进行校正，把换玻璃后的结构在计算机上进行光路计算。本例的优化结果如图 6-12 所示。

6.2.3　设计实例：16×无限远像距长工作距离平场消色差物镜设计

设计一个无限远像距长工作距离平场消色差物镜：16×，$NA = 0.32$，像方视场为 21mm，无盖玻片。

1. 对初始结构选择的思考

在设计显微物镜尤其是设计计算大孔径物镜时，试验法仍然是重要的方法。如前述，这

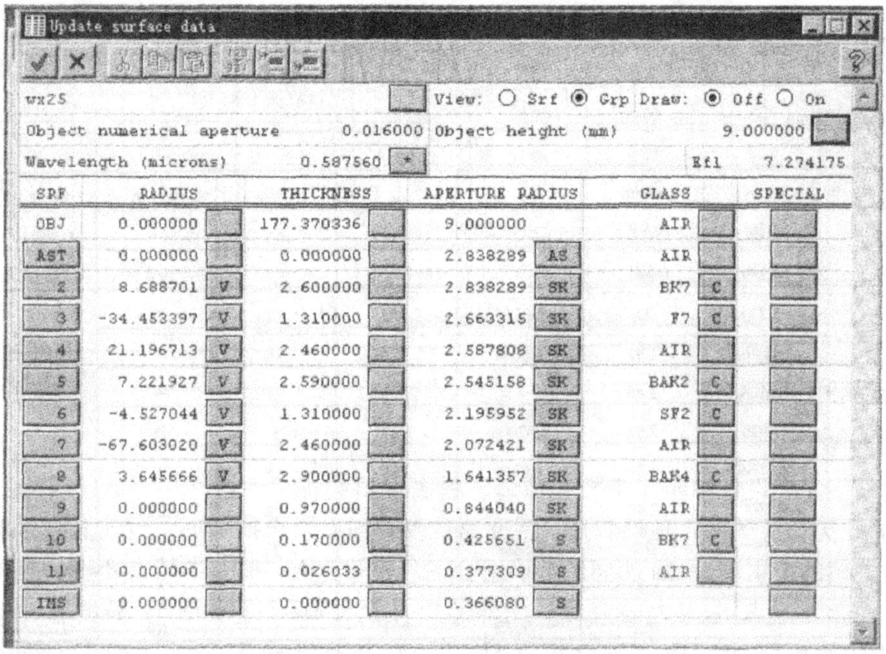
Update surface data

wx25 View: Srf Grp Draw: Off On

Object numerical aperture 0.016000 Object height (mm) 9.000000

Wavelength (microns) 0.587560 Efl 7.274175

SRF	RADIUS		THICKNESS	APERTURE RADIUS		GLASS		SPECIAL
OBJ	0.000000		177.370336	9.000000		AIR		
AST	0.000000		0.000000	2.838289	AS	AIR		
2	8.688701	V	2.600000	2.838289	SK	BK7	C	
3	-34.453397	V	1.310000	2.663315	SK	F7	C	
4	21.196713	V	2.460000	2.587808	SK	AIR		
5	7.221927	V	2.590000	2.545158	SK	BAK2	C	
6	-4.527044	V	1.310000	2.195952	SK	SF2	C	
7	-67.603020	V	2.460000	2.072421	SK	AIR		
8	3.645666	V	2.900000	1.641357	SK	BAK4	C	
9	0.000000		0.970000	0.844040	SK	AIR		
10	0.000000		0.170000	0.425651	S	BK7	C	
11	0.000000		0.026033	0.377309	S	AIR		
IMS	0.000000		0.000000	0.366080	S			

图 6-12　消色差显微物镜优化后的结构参数

种方法是设计者在开始计算之前，先查找一个光学特性与所设计物镜尽可能接近的原始结构。还应再次强调：在利用这种方法设计计算物镜时，初始结构的选择是决定性的因素，它在各方面都与最后结果密切相关。初始结构的正确选择主要取决于设计者的实践经验的积累和对现代显微镜发展水平的认识，同时也与他的设计技巧有关。

思考之一：平场消色差物镜与普通消色差物镜和复消色差物镜比较，它的视场显著增大；欲增大视场，必须更精确地校正视场像差，首先是像面弯曲、像散和彗差，且要求消色差。

思考之二：校正场曲一般有两条途径：①在物镜结构中设置“厚的”凹面，且有很大的曲率半径的弯月透镜（一个或几个），被配置到系统的不同部分，这种结构方式虽使像面弯曲得到校正，但由于引入厚透镜，物镜工作距离将大大减少，因此该种结构不可取；②采用“反摄远”物镜的结构形式，即远离的正负透镜组，且负组在后，有利于光组合成主面外移，以获得较大的工作距离，同时这样的结构可能校正 4 种单色像差——球差、彗差、场曲和像散；至于色差校正就得靠 1~2 组胶合组来实现。分析认为选“②”的结构可达到设计要求。

2. 选初始结构

在参考文献［28］中选出如表 6-7 所示的初始结构。

该结构后组为具有负光焦度的双胶合组，它们间折射率差 Δn_D 为最小，凸透镜用低色散（高 ν 值）玻璃，凹透镜为高色散（低 ν 值），这样可校正色差；前组为有“单-双-单”结构的正光焦度光组，双胶合组为了校正色差，也在一定程度上可校正球差。

表 6-7　16×长工作距离物镜初始结构参数

主要技术指标	结　　构
$\beta = 16$ $f' = 15.77\text{mm}$ $NA = 0.32$ $L = \infty$ 工作距离 $= 14.15\text{mm}$	

			参　　数			
面号	r/mm	d/mm	n_D	ν	D_0/mm	玻璃
1	−15.922				10.0	
2	110.66	1.3	16.128	36.9	10.6	F2
3	−23.39	4.0	1.613	60.6	11.5	ZK7
4	36.14	25			16.0	
5	−57.02	4.1	1.613	60.6	15.8	ZK7
6	33.57	0.5			15.2	
7	−26.42	4.4	1.5831	59.3	14.3	ZK2
8	∞	1.4	1.76157	26.5	13.7	ZF12
9	13.122	0.1			13.0	
10	18.535	2.7	1.613	60.6	11.6	ZK7
11	∞	14.15				
12	∞	1.5	1.45845	67.6		—①

注：光组长度 $\sum d = 58.15\text{mm}$ 超过了国家标准物镜座装面到像面距离为 45mm 的规定，为非标准镜头。

① 厚 1.5mm 盖玻片是一种低折射率、低色散（高 ν 值）的冕牌玻璃，国产无此牌号。

3. 分析结构差异，改结构

初始结构已很接近拟设计镜头的要求，两者最大的差异是有无盖玻片，而平板玻璃盖玻片会产生一定的球差。初始结构已把这个球差补偿掉，拟设计的镜头要把盖玻片去掉，势必增加球差、色差，所以在设计中更换胶合组，用 K5-ZF6 替代 ZK2-ZF12 的组合，主要为了增加折射率差 Δn_D 和阿贝数差 $\Delta \nu$，这对消色差、校正球差有利，为保持双胶合组的光焦度变化不大，应对其曲率半径按式（6-4）进行变换。因为新旧玻璃组合的折射率差不等，胶合面的曲率半径也要变，可按正负透镜单独计算得到一个变化范围。然后再调整，其调整原则是使胶合组光焦度在换玻璃前后变化不大。

4. 计算迭代，校正像差

把新参数录入计算机后计算迭代，使结果在像差容限内，并进一步校正，计算结果见表 6-8。该物镜的像差校正情况如图 6-13 所示。

表 6-8　16×长工作距离物镜的结构参数（计算结果）

主要技术指标	结　　　构
$\beta = 16$ $f' = 15.48$mm $NA = 0.35$ $L = \infty$ 工作距离 $= 14.808$mm	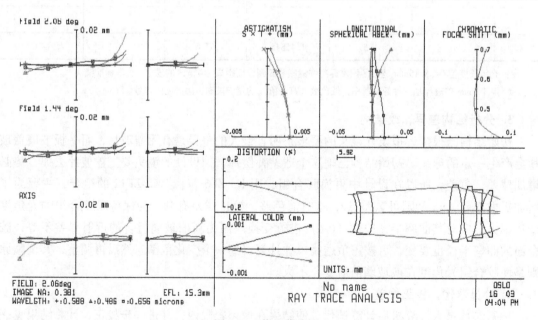

面号	r/mm	d/mm	n_d	ν	$\dfrac{D_0}{2}$/mm	玻璃
1	∞	0			4.907507	
2	−14.6161	1.5			5.85	
3	−14.5437	1.3	1.61295	36.95	6.1	F2
4	−21.5683	4	1.62041	60.29	6.8	ZK9
5	37.51320	25			9.1	
6	−31.1608	4.1	1.62041	60.29	8.9	ZK9
7	28.41290	0.5			8.8	
8	−19.2642	4.4	1.51007	63.36	7.6	K5
9	58.06499	1.4	1.75523	27.53	7.38	ZF6
10	11.74129	0.1			7.38	
11	21.05150	2.7	1.62041	60.29	6.4	ZK9
12	∞	14.48435			5.859406	

图 6-13　像差曲线图

6.2.4 设计实例：生物显微镜多功能光电质检仪远心物镜设计

1. 概述

XJ-1 型生物显微镜多功能光电质检仪（以下简称质检仪）是广西梧州光学仪器厂和清华大学精仪系承担的广西科技攻关与产品试制项目。该仪器可用于显微镜行业成品检验和车间在线质量监控的光电计量仪器，是光机电结合的产物。

生物显微镜整机性能传统的检测方法是根据光学原理，质检人员借助有关检具根据GB/T 2985—2008《生物显微镜》目视判定。这种方法在一定程度上带有主观随意性，劳动强度大，且精度难以提高。质检仪采用光电转换技术，把变化的光信号转换成变化的电信号，通过信号保真处理进行放大，从而在仪表上显示出被测产品几何量的偏移。使用该仪器可弥补传统方法的不足，用于检测生物显微镜 5 项整机性能，即可检测：①显微镜光轴与物镜螺纹轴线同轴度；②物镜转换器定位误差；③棱镜镜筒做 360°旋转时目镜焦平面上像中心的位移；④粗微动滑板移动方向与仪器光轴平行度偏差；⑤聚光镜滑板移动方向与仪器光轴平行度偏差。该仪器具有精度高（μm 级）、重复性好、减轻操作人员劳动强度等特点。中国光学仪器产品质量监督检验中心在使用该仪器后证实："作为专用的显微镜光电检测工具还是首创"；经广东国际联机检索中心检索，当时国外尚未发现同类产品。1990 年 2 月项目通过广西科委组织的技术鉴定，还获准为中国专利（专利号：90203042.6），鉴定认为："该仪器作为显微镜光电检测为国内外首创，其设计有独特之处，达到 20 世纪 80 年代国际先进水平。"该仪器"对工厂成批生产显微镜的质量检验，同常规法比较，效率较高，可减轻质检人员劳动强度和疲劳，是一种高效直观的显微镜检测仪器"。

上述生物显微镜整机性能检测中，前 3 项实质是测量显微镜物镜、转换器组件、棱镜组件的机械轴与显微镜光学系统光轴的几何量偏移。质检仪采用光电传感器将这些偏移通过光信号变化转换为电信号变化，然后将电信号放大、处理在仪器上显示出来，把检测值与标准的允差做比较，则可作为产品质量的判断依据。

在整机检测粗微动滑板移动方向、聚光镜滑板移动方向与仪器光轴平行度偏差时，实质是测量这两种滑板在运动过程中与显微镜光学系统光轴的偏移量。由于是动态测量，因离焦使光电接收器的光敏面与物镜像面不能严格重合，因而给测量带来变值系统误差。要消除这种误差必须加入远心光路。利用计算机对远心光路进行数值计算，并通过研制远心物镜来实现。

质检仪由电器控制箱、物镜光轴对物镜螺纹轴线之同轴度检测器、光电传感测头、远心物镜、对中基准物镜、十字分划基准目镜及照度计 7 大部分组成。

其中远心物镜用于测定粗微动滑板移动方向与仪器光轴平行度偏差和聚光镜滑板移动方向与仪器光轴平行度偏差。为消除因离焦给测量带来的变值系统误差，必须采用远心光路。

2. 远心光路与远心物镜设计

所谓远心物镜是指光瞳位于无限远的光学系统。这种系统常用于计量仪器中。远心光路分物方远心光路和像方远心光路两种。质检仪为实现动态测量引入物方远心光路，其功能的特殊性决定了与之配套的远心物镜的设计特点：

1) 必须是平视场物镜。为了确保像与光电接收器接收平面严格重合，要通过校正场曲和像散，使像平面获得全视场清晰的像，提高测量精度。

2) 必须有足够长的工作距离。生物显微镜粗微动滑板上下运动距离一般在 20mm 左右，因此，要求远心物镜有足够长的工作距离，大于或等于整个运动距离（全行程）。

3) 光阑位置与后焦面重合。只有这样，物镜光阑成为出射光瞳，因而入瞳为无限远，符合远心光学系统的要求。

设计该远心物镜要满足上述 3 点要求，是有一定难度的。

远心物镜的设计计算和其他光学系统一样，分为下列阶段：①光学原理的选择；②外形尺寸计算；③像差的初步计算；④像差的最后校正。

在显微光学系统设计中，原始结构的选择是决定性的因素。编者参考了国内外资料，研究系统结构元素对光学特性和像差的影响。随后将参数改变，对像差的影响加以归纳，并仔细地寻找所必需的参数，选用了万能工具显微镜 5× 远心物镜为初始结构，其结构参数见表 6-9。该 5× 远心物镜运用了平场物镜的传统结构——引入"厚的"弯月形透镜，并把它置于后组。这种弯月形透镜凹面具有较大的曲率，使像面弯曲得到校正，另外由于搭配得当，还能增大工作距离。

表 6-9 5×万能工具显微镜远心物镜结构参数

主要技术指标	结　构					
$NA = 0.19$ $f' = 43.148$mm	 逆向光路 NA' 215.632　　54.032					
参　数						
面号	r/mm	d/mm	n_D	ν	D_0/mm	玻璃
1	∞ （光阑）					
2	−15.453	22.56				ZK4
3	−27.1	11.6	1.60881	58.86		
4	116.68	1.2				ZK4
5	−43.35	4	1.60881	58.86		
6	59.43	9.3				
7	20.09	3	1.75523	27.53		ZF6
8	−98.86	6	1.53998	59.67		BaK2

有了初始结构，编者运用清华大学精密仪器系王民强教授编制的光学设计软件在 PC1500 微机上进行光路计算，研制出像质较为满意的远心物镜。下面介绍的是用 OSLO LT5.4 光学设计 CAD 软件校核的结果。

6.3×远心物镜结构参数如图 6-14 所示。

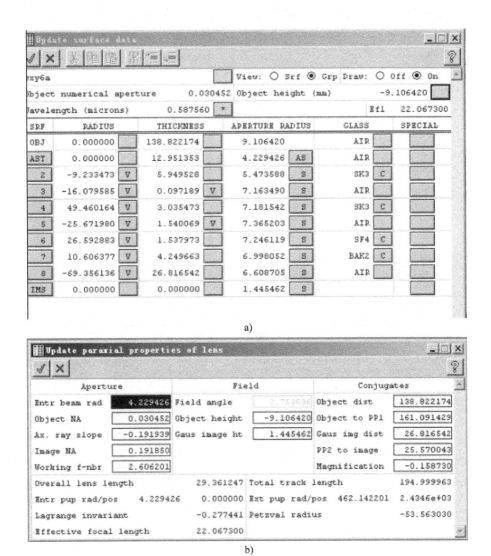

图 6-14 6.3×远心物镜结构参数

由图 6-14 看出逆光路设计计算结果为：共轭距 $G = 194.99\text{mm}$，$f' = 22.07\text{mm}$，$l = 138.82\text{mm}$，$l' = 26.82\text{mm}$，$y = 9.11\text{mm}$，$y'' = 1.45\text{mm}$，$\beta = -0.1587 \times (1/\beta = -6.3 \times)$，$NA = 0.19$，出瞳距 $l_{出} = 2434.6\text{mm}$。

据几何像差（见图 6-15a）、MTF（见图 6-15b）和点扩散函数（见图 6-15c）可较全面地评价该远心物镜的像质。可见：①分辨率高，全视场 $N = 1/\sigma = NA/0.61\lambda = 530$ 线对/mm，

MTF≥0.05；②像曲校正好；③相对畸变为-0.2%；④本镜头二级光谱不大，但 C、F 光在孔径 0.707 处时不消色差，是个较大的缺点；⑤$1\omega$ 的点扩散函数<68%，可见视场边缘像质相对差一些。瑕不掩瑜，该远心物镜基本上达到平场消色差物镜的要求。

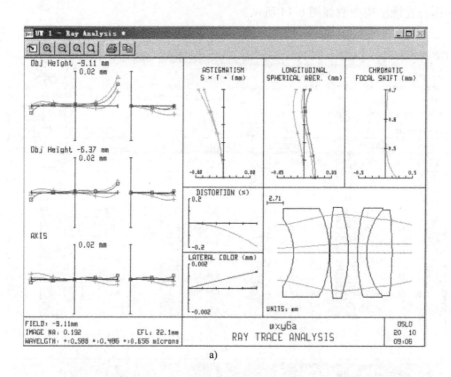

a)

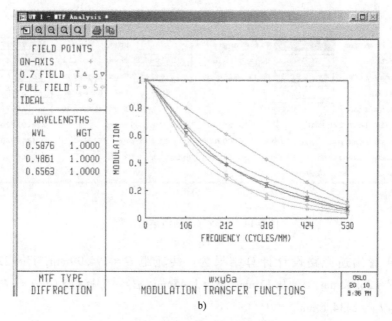

b)

图 6-15　该远心物镜的像质评价

a) 几何像差　b) MTF 函数

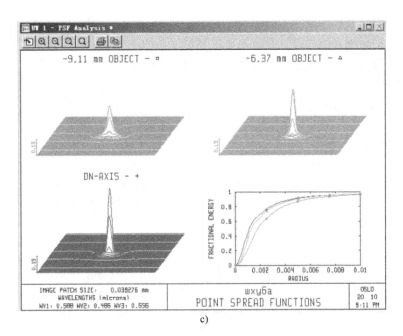

c）

图 6-15　该远心物镜的像质评价（续）

c）点扩散函数

6.3　目镜设计

在光学系统中，将物镜所成的像放大后供眼睛观察用的透镜叫作目镜。目镜中最靠近眼睛的透镜叫作接目镜。目镜从使用功能来说可分为观察目镜和摄影（摄录）目镜两大类，一般没有特别说明的目镜指的是观察目镜。

6.3.1　目镜光学特性与结构类型

1. 引言

目镜是用来观察物体被物镜所成像的光学部件，是目视光学仪器的一个组成部分。一般物镜的像位于目镜的物方焦面上，因此，自目镜射出的光束是平行光束，成像在无限远（或明视距离）。通常望远系统的出射光瞳位于目镜的像方焦点之外与焦点很靠近的地方。

由目镜的最后一面到系统出瞳的距离称为镜目距。因为眼睛的瞳孔要与出射光瞳重合，故镜目距不能太短，一般不应小于 6～8mm，以 10mm 左右最为适宜。在军用仪器中，通常要求镜目距较长，可达 20mm。

2. 特性

与其他光组比较，目镜具有以下特点：

1）焦距短（10～40mm）。

2）相对孔径中等$\left(\dfrac{1}{3} \sim \dfrac{1}{10}\right)$，显微镜目镜较小$\left(<\dfrac{1}{10}\right)$。

3）视场角大（30°~120°）。

4）光阑位于系统光组外部，只有惠更斯目镜光阑位于光组中间，是个例外。

5）入瞳和出瞳远离透镜组。入瞳远离透镜组，出瞳位于后方的一定距离上。

3. 结构类型

结构类型详见表6-10。

表 6-10　目镜结构类型

类型	主要技术参数	结构	主要特点
惠更斯（Huygenian ocular）	$2\omega = 40° \sim 45°$		由凸面对向物镜的两个平凸透镜组成的内焦点目镜。结构最简单，观察时常用，但不能安放分划板
冉斯登（Ramsden eyepiece）	$2\omega = 30° \sim 40°$		由凸面相对的两个平凸透镜组的目镜组成，视场光阑位于镜前，出瞳直径和镜目距不大，可安放分划板，用于测试仪器上
开涅尔（Kellner ocular）	$2\omega = 40° \sim 50°$		结构简单，像质较好，应用广泛，是平场目镜的主要型式；前组双凸透镜，后组（接目镜）是正负透镜组成的胶合透镜的目镜
对称	$2\omega = 40° \sim 50°$		结构紧凑，工艺性好，适用于短焦距、较长镜目距的场合，瞄准仪器常用
消畸变	$2\omega = 40° \sim 50°$		像质较好，特别是畸变小，适用于测量仪器
柯尼希	$2\omega = 40° \sim 50°$		是简化了的消畸变目镜
广视场Ⅰ型目镜（Widefield ocular Ⅰ）	$2\omega = 60° \sim 70°$	Ⅰ型	广视场（广角）目镜——视场比同焦距的普通目镜大的目镜。两单透镜构成接眼正透镜组；三胶合组成小场曲，增加出瞳距，帮助接眼镜组校正像差
广视场Ⅱ型目镜（Widefield ocular Ⅱ）	$2\omega = 60° \sim 70°$	Ⅱ型	由双胶合组加单透镜构成接眼正透镜组；负光焦度胶合组位于后面，它起到协助校正接眼镜组像差的作用

6.3.2 设计实例：用试验法设计的系列目镜

由于普通目镜的结构基本定型，这给采用试验法带来莫大的便利，表 6-11 为编者用试验法设计的并已商品化的各类目镜结构参数，供读者参考。

表 6-11　目镜结构参数

名称	主要技术参数	结构	参数			
			r/mm	d/mm	n_D(玻璃)	D_0/mm
10× 冉斯登	$2\omega=35°$ $D=1.25$mm $f'=25.07$mm $y'_0=7$mm 入瞳距=164mm		∞ -15.922 15.925 ∞	2.5 23.75 4.5	1.5136（K9） 1.5163（K9）	6.29 7.33 16.66 16.22
5× 惠更斯	$2\omega=14.8°$ $D=2.5$mm $f'=50.47$mm $y'_0=6.55$mm 入瞳距=168mm		∞ -19.43 ∞ -26	2.5 48.13 3.5	1.5163（K9） 1.5163（K9）	5.62 6.05 12.22 12.76
8× 开涅尔	$2\omega=35°$ $D=1.56$mm $f'=31.17$mm $y'_0=9.41$mm 入瞳距=162mm		-24.38 11.995 -17.258 39.81 -27.16 -56.43	2 8 22.6 8 2	1.6248（F6） 1.62032（ZK9） 1.5891（ZK3） 1.755（ZF6）	10.39 11.49 15.94 23.36 23.27 23.41
10× 消畸变	$2\omega=47°$ $D=1.25$mm $f'=24.69$mm $y'_0=10.06$mm 入瞳距=1544mm		∞ -24.65 29.907 -20.27 44.82 -72.09	6.5 0.2 13 1.85 10.21	1.6384（ZK11） 1.5688（BaK7） 1.728（ZF4） 1.5688（BaK7）	18.86 22.81 22.37 21.26 21.24 22

6.4　照相物镜设计

6.4.1　照相物镜的光学特性和结构形式

1. 引言

照相物镜的性能由焦距（f'）、相对孔径（D/f'）和视场角（2ω）这三个光学特性参数决定。照相物镜光学特性的最大特点是它们的变化范围很大。

焦距 f'：照相物镜的焦距，短的只有几毫米（mm）；长的可能达到 2~3m，甚至更长。

相对孔径 D/f'：小的只有 1/10，甚至更小；而大的可能达到 1/0.7。

视场角 2ω：小的只有 2°~3°，甚至更小；大的可能达到 140°。

照相物镜的三个光学特性之间是相互关联、相互制约的，这三个参数决定了物镜的光学特性。不可能希冀同时提高，只能像"翘翘板"一样，此起彼伏。可用 Л. c. Bоюсоb 提出的的经验公式：$(D/f')\tan\omega\sqrt{f'/100} = C_m$，来界定这三个光学性能参数间的关系。$C_m$ 为物像质量因数，对于照相物镜 $C_m \approx 0.24$；当 $C_m < 0.24$ 时光学系统的像差校正就不会发生困难，当 $C_m > 0.24$ 时，系统的像差就很难校正。

同时，亦可用拉氏不变量表征一个物镜总的性能，因为

$$f'(D/f')\tan\omega = 2h\tan\omega = 2J \tag{6-5}$$

式中，h 为入瞳半径；J 为拉氏不变量。

2. 照相物镜结构特点与复杂化方法

（1）结构特点

对于照相物镜来讲，它要求既有较大的相对孔径，同时还有较大的视场。为了得到大视场，除了消除位置色差、球差、彗差之外，对像散、场曲、畸变及倍率色差，必须特别注意。

照相物镜在结构上普遍具有以下几个特点：

1）满足消场曲 S_{IV} 的条件（即满足佩茨瓦尔条件）。由于照相物镜的视场较大，若消像散后像面弯曲严重，将影响成像的清晰度，所以要求系统消场曲，满足 $\sum S_{IV} = 0$ 的条件，由像差理论可知在满足一定的光焦度要求的情况下消场曲途径有二：

① 采用正负分离的薄透镜结构，如图 6-16 所示。两块透镜的合成焦距 $\varphi_合 = \varphi_1 + \varphi_2 - d\varphi_1\varphi_2$，可为正。而场曲 $S_{IV} = J^2\left(\dfrac{\varphi_1}{n_1} + \dfrac{\varphi_2}{n_2}\right)$，适当选择 φ_1、φ_2、n_1、n_2，能使 $S_{IV} = 0$。

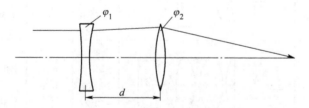

图 6-16　正负分离的薄透镜结构

② 采用弯月形厚透镜的结构。如图 6-17 所示的 r_1、r_2 全为正值，设 $r_1 > r_2$，则据

$$\varphi_厚 = \underbrace{(n-1)\left(\frac{1}{r_1} - \frac{1}{r_2}\right)}_{\text{第一项}} + \underbrace{\frac{(n-1)^2}{n}d\frac{1}{r_1}\frac{1}{r_2}}_{\text{第二项}}$$

式中，$(n-1)$ 必为正值，当 $r_1 > r_2$ 时，第一项必为负值，但第二项为正值，当 d 足够大时，有可能使 $\varphi_厚$ 为正值，此时 $S_{IV} = J^2\dfrac{n-1}{n}\left(\dfrac{1}{r_1} - \dfrac{1}{r_2}\right)$；当 $r_1 = r_2$ 时，S_{IV} 得负值。当 $r_1 = r_2$ 时 $S_{IV} = 0$。如前述，一块弯月形厚透镜实际相当于一块正透

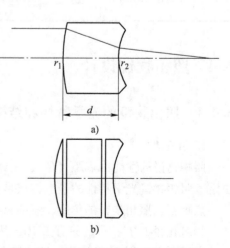

图 6-17　弯月形厚透镜及其等效结构

镜、一块负透镜中间夹一块平行平板。

2）利用对称型消像差。所谓对称型是指：①结构参数 r、d、n 对中心平面左右完全对称；②物、像距完全对称；③光阑居正中。由像差理论可知，对称型物镜左右两半部的彗差、畸变、倍率色差等垂轴像差数值相等符号相反，故组合成以后，这些像差自然为 0：$\sum S_{\mathrm{II}} = 0$；$\sum S_{\mathrm{V}} = 0$；$\sum C_{\mathrm{II}} = 0$。这样，在设计中，只需要对半部系统的球差、位置色差、像散和场曲进行校正。图 6-18 为对称型消像差的结构示意图。

3）利用同心消像差。采用对主光线同心的折射面即光阑在球心的面，这时 $I_{\mathrm{p}} = 0$，折射面只产生 S_{I}、C_{I} 和 S_{IV}，而不产生其他像差；但同心的条件不可能全保证，对于产生像差特别严重的面应考虑同心原则。

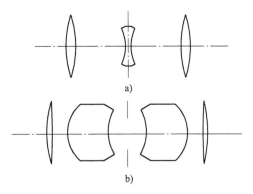

图 6-18　对称型消像差的结构

（2）普通照相物镜的基本结构

现有的照相物镜种类十分繁多，但仔细分析，不难发现，不论何种复杂的物镜，其中总有少数几个透镜起着决定性作用，这些起决定作用的零件叫照相物镜的基本结构，如图 6-19 所示，这些基本结构往往并不复杂，而且种类有限，如果能充分掌握这些基本结构的性质和把它们复杂化的方法，就可以掌握一切照相物镜设计的关键，并且可以根据不同需要，创造出最合适的结构。

下面简单介绍 8 种基本结构：

1）由单个厚透镜构成的对称结构（见图 6-19）。弯月厚透镜当两个 r 相等时，$S_{\mathrm{IV}} = 0$，对于单透镜可以找到两个像散为零的光阑位置，根据消像散光阑位置的不同又可分为两类：

① 光阑离透镜较远的情况：称为托卜冈的广角照相物镜就属于这一类。由于没有消除球差和位置色差，为了得到比较清晰的像，物镜的相对孔径在厚透镜中加入一个胶合面，以消除色差，并部分地消除球差，$D/f' = 1/8$，2ω 为 100°。

② 光阑离透镜较近的情况：在这一类中较著名的称为达哥尔（Dagor）镜头，如图 6-20 所示。它是在基本结构中加入一个消球差和一个消区域像散的胶合面，并且适当地选择材料以消色差。

2）由一个厚透镜和一个薄透镜组成，而且负光焦度在前构成的半部对称结构，见图 6-19，按薄透镜的光焦度为负或正，又可分为两类：

① 薄透镜的光焦度为负：构成广角物镜称托卜冈（Topogoll），如图 6-21 所示。其特点是各个折射面和光阑趋近同心。广泛应用于航空摄影。

② 薄透镜的光焦度为正，构成大相对孔径物镜称双高斯（Planar），如图 6-22 所示。这两种结构中，利用透镜弯曲消球差，光阑位置消像散，当第一块负透镜由薄变厚时，区域球差减小，但区域像散随之增加，因此物镜的相对孔径增加而视场减小。

3）由一个厚透镜和一个薄透镜，而且凸透镜在前构成的半部对称结构。这种结构也可分为两类，一类为凹透镜为厚透镜，加入胶合面以校正区域像散，称为卜拉兹马特（Plasmat）相对孔径达 1/3.5，视场角为 65°，如图 6-19 所示；另一类是凸透镜为厚透镜，它的相对孔径为 1/1.8，视场角为 40°。

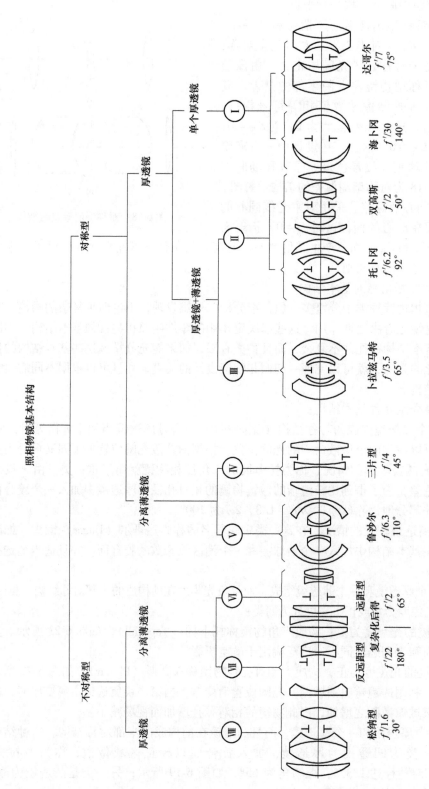

图 6-19　照相物镜的基本结构类型

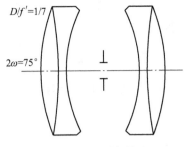

图 6-20　达哥尔镜头

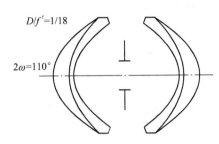

图 6-21　托卜冈镜头

4）利用正负分离的薄透镜，负透镜在前构成半部的对称结构，这种物镜使用最广泛，它是能校正全部像差的一种最简单的结构，它的复杂化后的结构如图 6-23 所示。

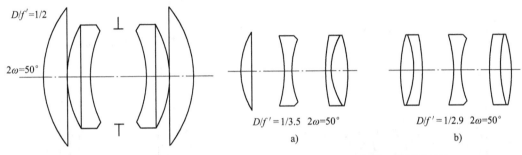

图 6-22　双高斯物镜

图 6-23　正负分离薄透镜结构

5）利用两个正负分离的薄透镜，且正透镜在前构成的半部对称结构，这类物镜中最著名的是鲁沙尔型物镜，如图 6-19 所示。它的相对孔径达 1/6.2，视场角达 110°，这类物镜除像差校正十分完善外，还利用外部两个帽形透镜，产生光阑彗差，而加大视场边缘口径称为"像差渐晕"，这是特广角物镜所必须的，否则视场边缘的照度太低，无法使用。

6）利用两组分离的薄透镜，而且凸透镜在前构成不对称结构。这类物镜的特点是系统的总长度小于焦距，称为远距物镜或摄远物镜。

图 6-24a 为最简单的远距物镜；它的复杂化后的结构如图 6-24b、c 所示。其中，$D/f'=1/6.2$　$2\omega=30°$，负组为双胶镜，有较大的畸变，未得到广泛使用；$D/f'=1/6.3$　$2\omega=32°$，负组有两个分离透镜组，消除了畸变，得到广泛应用。

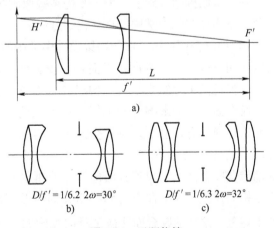

图 6-24　远距物镜

7）利用两组分开的薄透镜，而且凹透镜在前构成不对称结构，这类物镜与第 6 类正好相反，具有焦距短而工作距长的特点，故称反远距型物镜或反摄远物镜。这类物镜最简单的结构如图 6-25a 所示，但具有较大的畸变，用于气象方面，因为畸变对记录和测量天空的云层，没有很大影响。图 6-25b、c 是这类物镜的进一步复杂化，为了适当校正畸变，前组透镜是用两个薄透镜组成，后组则用复合透镜组代替，能得到大孔径大视场的物镜，这类物镜的另一个优点，是具有良好的渐晕特性，整个视场内照度均匀。

8）由两个凸薄透镜和一个凹厚透镜构成的不对称结构。它是属于大孔径物镜，其复杂化后结构如图 6-26 所示。

其他类型：佩茨瓦尔（Petzval）物镜（图 6-27）由于没消场曲，视场一般较小，它是由两组分开的消色差物镜组成，目前应用很少。

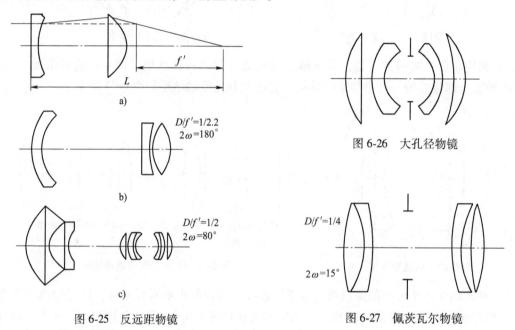

图 6-26　大孔径物镜

图 6-25　反远距物镜

图 6-27　佩茨瓦尔物镜

（3）照相物镜复杂化的方法

在基本结构的基础上，为了改进某些像质或提高系统的光学特性，往往要把基本结构复杂化，下面介绍几种常用的复杂化的方法：

1）加胶合面：这是照相物镜设计中常用的方法之一，归纳起来，加胶合面的作用分以下三种情况：①消色差胶合面。在基本结构中，利用两种折射率相等但色散不等的光学玻璃构成胶合面以校正色差，由于折射率相等，故加进胶合面时不会影响已校正好的单色像差特性。②消球差胶合面。当胶合面两边玻璃具有折射率差时就会产生一定的球差，因此胶合面的方向是弯向光阑，这样可使它少产生斜光束像差，图 6-28 中胶合面 Ⅰ 即用来消球差。③消像散胶合面。利用胶合面两边介质折射率差产生一定的像散，以校正基本结构的像散，为了在折射率差不大的情况下产生较大的像散，同时尽量少产生球差，这样的胶合面往往是背向光阑的（见图 6-28 中胶合面 Ⅱ），使 I_p 增大，并且远离光阑，由像差理论可知，$S_{\mathrm{III}} = S_{\mathrm{I}}(I_p/I)$。背向光阑时 i_p 增大，虽然 S_{I} 较小，但也能产生较大的 S_{III}。

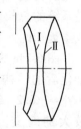

图 6-28　胶合面的作用

2）分裂透镜：把基本结构中某一透镜分裂成两个或三个，其目的是为了减小每个透镜的光焦度，增大它们的曲率半径，减小光线的入射角，以便减少高级像差和系统的剩余区域像差，以提高光学特性，也可以用来减小区域像散增大视场，也可用来减小轴上点高级球差或轴外点高级球差，以增大系统的相对孔径。

3. 照相物镜演变与分类

照相物镜光学结构形式相当多，编者曾对清华大学图书馆馆藏的《光学镜头手册》第 1 册～第 6 册中的镜头类别做了统计。6 个分册共刊登了 678 个镜头资料，其中照相物镜为 435 个，占 64.2%。为了帮助读者了解，借助"纲举目张"的方法。先把照相物镜分为 5 大类的"纲"：其中①佩茨瓦尔物镜 $D/f' = 1/3.4$，$2\omega = 25°$（见图 6-29a）；②双高斯物镜 $D/f' = 1/2 \sim 1/1.7$，$2\omega = 40° \sim 50°$（见图 6-30a）；③三片式物镜 $D/f' = 1/3.5 \sim 1/2.8$，$2\omega = 55°$（见图 6-31a）；④广角和超广角物镜 $D/f' = 1/1.8$，$2\omega = 122°$（见图 6-32a）；⑤远距与反远距物镜：远距 $D/f' = 1/4 \sim 1/1.28$，

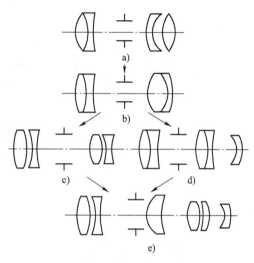

图 6-29　佩茨瓦尔物镜及其复杂化

$2\omega = 35°$（见图 6-33a、b）；反远距 $D/f' = 1/3.5 \sim 1/2.5$，$2\omega \approx 60°$（见图 6-33c、d）。然后按其逐次演化为该形式的"目"。

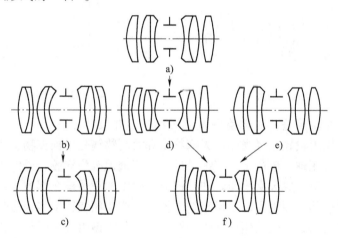

图 6-30　双高斯物镜及其复杂化

佩茨瓦尔物镜由彼此分开的两个正光焦度镜组构成，因此球面半径比较大，有利于校正球差。佩茨瓦尔场曲加大，为减少场曲，可尽量提高正透镜折射率，减小负透镜折射率，但球差和正弦差的校正就很困难。双高斯物镜是一种中等视场大孔径的照相物镜，它以厚透镜校正佩茨瓦尔场曲。半部系统由一个弯月透镜和一个薄透镜组成，它是一个对称的系统，垂轴像差很容易。设计该系统只需要考虑球差、色差、场曲和像散的校正，依靠厚透镜的结构变化可校正场曲 S_{IV}，利用薄透镜的弯曲可校正球差 S_I，改变两块厚透镜间的距离可校正像散 S_{III}，在厚透镜中引入胶合面可校正色差。柯克物镜是薄透镜系统中能校正全部 7 种初级像差的三片式物镜中的简单结构，由三片透镜组成，为校正佩茨瓦尔场曲，应使正、负透镜

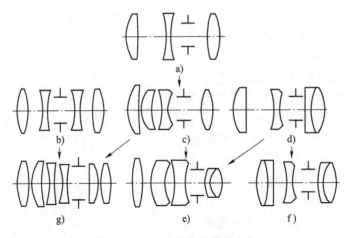

图 6-31　三片式物镜及其复杂化

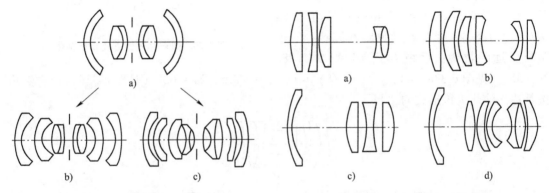

图 6-32　广角和超广角物镜　　　　图 6-33　远距与反远距物镜

分离。考虑到校正垂轴像差，应把镜头做成对称式，并按"正—负—正"的次序安排各组透镜，并在负透镜附近设置孔径光阑。天塞物镜和海利物镜是由柯克物镜改进而成，柯克物镜的剩余像差中轴外正球差最严重，若把最后一片正透镜改为双胶合透镜组，可造成高级像散和轴外球差减小，就构成天塞物镜。如把柯克物镜中的正透镜全部改为胶合透镜组，就得到海利物镜，它的适用范围更大，常用于航空摄影。广角照相物镜多为短焦距物镜，以便获得更大视场，其结构形式一般采用反远距物镜。反远距物镜由分离的负、正光组构成，靠近物空间的光组具有负光焦度，称为前组；靠近像平面的光组具有正光焦度，称为后组。反远距物镜的后工作距离可大于焦距，远距物镜一般在高空摄影中使用。视场角大于 90°的照相物镜称为超广角物镜，它是航空摄影中常用的镜头。

6.4.2　设计实例：传统照相机标准镜头设计

标准镜头设计是指其焦距长度与所摄底片对角线长度基本相等的镜头。对于底片大小为 24mm×36mm，对角线长 43.3mm，所以装配的标准镜头焦距为 50mm，也有 45mm、58mm 等规格，但以 50mm 最常见。上述标准镜头属于中焦距大孔径摄影物镜（相对孔径 $D/f' \geqslant 1/2$），且成像质量要求高。因此经常采用双高斯及其改进型物镜（见图 6-30），是一种用厚透镜来校正像面弯曲的系统。

1. 结构形式及初始结构的选定

评价一个光学系统的好坏，既要看它的光学特性和成像质量，又要看它的结构复杂程度。在满足光学特性和成像要求的条件下，系统的结构越简单，成本越低，才算是一个好的设计。双高斯型是标准镜头结构的首选。但要选择得当；结构形式的选择还跟材料有关。

试验法是照相物镜最主要的设计手段，因此当结构形式确定后，初始结构参数的选择应注意如下问题。

（1）应选择玻璃成本尽可能低的结构参数

在国外由于镧系玻璃比较便宜，因此在照相镜头中大量采用高折射率低色散的镧系玻璃。例如 $f'50\text{mm}/F2$ 标准镜头，一般采用五片五组，其中三片为镧系玻璃，包括两片重镧火石玻璃；$f'50\text{mm}/F1.8$ 以及 $f'50\text{mm}/F1.7$ 标准镜头，一般采用六片四组或五组，其中有 $2\sim3$ 片属于镧系玻璃。由于目前国内普通玻璃和镧系玻璃在价格上差别相当大，所以应尽可能避免使用镧系玻璃，特别是避免使用重镧系玻璃，以降低材料的成本。

（2）应选择高级像差小的专利参数

在比较不同的专利好坏时，主要不是看它们的像差校正情况，而是看它们的高级像差情况。只要高级像差小，即使目前像差不理想，经过校正，仍可达到较小的剩余像差。否则，即使目前像差较小，校正起来仍然十分困难。

2. 设计中应注意的若干问题

在 6.4.1 节中提到，当光学系统对称于光阑，并且物像位置对称时，它的所有垂轴像差自动消除。基于这个原因，对于双高斯结构的标准镜头，设计时重点应放在轴上和轴外的轴向像差。最主要的是轴外高级负球差和高级正像散。当然，也要注意到中间视场的彗差。轴外高级负球差的产生是靠近光阑的两个面，尤其是后组靠近光阑的第一面，产生大量的负球差而光阑又不在其球心上。高级正像散的产生是前组第二面的主光线折射角 (I_p) 大的缘故。而且随着相对孔径的增大，中间视场的彗差也随着增大。所以在校正初级像差的同时应以这样的原则来选择：凡是使单透镜弯向光阑或使光阑接近于厚透镜第一面球心的解，对轴外像差的减小是有利的。

由于标准镜头的成像质量要求较高，一般鉴别率在一级以上。因此，在校正像差时重点应放在 0.707 视场以内，同时兼顾 0.85 视场。而对全视场的要求作适当放宽。这也符合照相机国标 GB/T 10047.1—2005《照相机 第 1 部分：民用小型照相机》的要求，测量分辨率时边缘指 0.5 视场和 0.707 视场，而不包括 0.85 视场。

为了得到较好的轴外像质，光学系统往往需要离焦。所谓"离焦"是指对光学设计像面处理的手段，光学系统以几何光学的基本定律为基础成像，但任何一个实际的光学系统，由于存在像差，总是使它的像面上的波面偏离理想的球面波。所以光学设计计算出来的像面不一定是最佳波面，于是要寻求像质比设计计算出来的像面更好的位置，这一设计处理结果称之为离焦。对于双高斯结构的标准镜头，一般轴外的最佳像面位置离开高斯像面为 0.1~0.2mm。在这种情况下，一般不宜把轴上点的边缘球差过校正。否则会造成轴上和轴外像面上的分辨率不能同时满足要求，导致轴上像差和轴外像差不能匹配。双高斯结构型标准镜头的这一矛盾比较特殊。为了使轴上与轴外的最佳离焦面相一致，可有意将轴上球差欠校正一点，当然这也不是绝对的，要看具体的情况。另外，为了得到较好的像质，光学系统要采取拦光，使边缘出现适当的渐晕，当渐晕系数为 K，按照几何光学原理边缘视场的照度应为

$$E = KE_0 \cos^4 \omega$$

式中，ω 为半角视场；E_0 为视场中心照度。设 $K = 0.35$，对于 $f' = 50\text{mm}$ 的镜头而言，有

$$E = 0.248E_0$$

所以边缘视场的照度只能达到中心的 1/4 左右。若 K 继续变小，可能会使视场边缘产生黑角。因此在设计时对此应予以充分注意。

对于可换镜头，对其后截距也有一定的要求，一般不宜小于 36mm。

3. 设计实例

设计一个 f'50mm/F2 可换标准镜头实例（参考文献 [49]）。由于该实例没有确定具体的光阑位置，编者把该例引入本书时，为了确定光阑位置而进行光路计算，几经调整，加上离焦，使引入例子的像质基本上与原文献所载相仿。该镜头的结构参数见表 6-12。

表 6-12 标准镜头结构参数

主要技术指标	结　　构
$D/f' = 1/2$ $f' = 51.75438\text{mm}$ $2\omega = 45.6°$	

参　　数					
面号	r/mm	D/mm	n_d	ν	玻璃
1	27.065				
2	165.844	5.882	1.54678	62.78	ZK3
3	21.482	0.151			
4	37.177	4.377	1.7234	37.99	ZBaF21
5	62.591	1.059			
6	18.636	0.951	1.64767	33.87	ZF1
7	∞（光阑）	9.476			
8	18.636	3			
9	34.561	1.157	1.71741	29.51	ZF3
10	-20.021	5.28	1.70181	41.01	ZBaF20
11	242.029	0.151			
12	-31.491	3.723	1.70181	41.01	ZBaF20

多色光传递函数值					
线对/mm	轴上		0.7 视场		全视场
	τ	s	τ	s	τ	s
5	0.799		0.837	0.768	0.920	0.636
10	0.639		0.57	0.678	0.72	0.484
15	0.607		0.453	0.586	0.47	0.409

（续）

多色光传递函数值						
线对/mm	轴上		0.7 视场		全视场	
	τ	s	τ	s	τ	s
20	0.489		0.417	0.506	0.237	0.359
25	0.479		0.364	0.464	0.075	0.343
30	0.463		0.294	0.385	0.124	0.318
35	0.389		0.258	0.325	0.211	0.228
40	0.350		0.259	0.277	0.247	0.311
45	0.294		0.250	0.218	0.222	0.343
50	0.23		0.203	0.184	0.155	0.238

注：-0.1 离焦。

6.5 投影物镜设计

6.5.1 投影物镜光学特性

投影物镜是指将物体进行放大成像并投影在屏上的物镜。投影仪的物镜、幻灯机和电影放映机上的放映物镜统称为投影物镜。

投影物镜的作用是将被光源照明的投影物体成像在较大的屏幕上，从而得到一幅放大的图像，其作用相当于倒置的照相物镜。两者相异之处是：照相物镜为缩小成像，而投影物镜为放大成像。

描述一个投影物镜光学特性的参数有：共轭距、焦距、放大率、视场、相对孔径和工作距离。

1. 共轭距、焦距和放大率

设投影物体到屏幕间的共轭距为 L，物镜的垂轴放大率为 β，则物镜的焦距三者间有如下关系：

$$f' = \frac{\beta}{(\beta - 1)^2} L \tag{6-6}$$

由此可见共轭距与焦距成正比，当 β 一定时，共轭距大，f' 增长。

2. 视场

投影仪的视场用投影物体的最大尺寸——线视场表示，投影仪屏幕尺寸 y' 分别为 $\phi400\text{mm}$、$\phi600\text{mm}$、$\phi800\text{mm}$、$\phi1200\text{mm}$ 和 $\phi1500\text{mm}$，它的大小就决定了投影物镜的线视场，因为 $y = y'/\beta$。而用视场角来描述。图片尺寸一定时，视场角的大小取决于焦距，焦距越长，视场角越小。在考虑共轭距、放大率、焦距和视场角的关系时，宜使视场角小一些为好。一般的投影物镜，其视场角都在 20°左右。

3. 相对孔径

投影物镜的视场由屏幕（或图片）的大小决定。由于屏幕离投影物镜很远，所以投影物镜的成像关系可以看成是倒置的照相物镜的成像关系。

照相物镜像面中心的照度与物镜的相对孔径有关，与被拍摄的物体的亮度有关，即

$$E'_0 = \frac{\pi KB}{4}\left(\frac{D}{f}\right)^2 \frac{\beta_z^2}{(\beta_z - \beta)^2} \tag{6-7}$$

中心视场之外的照度与其视场角的大小有关，即

$$E' = E'_0 \cos^4\omega' \tag{6-8}$$

把式（6-7）和式（6-8）用于投影物镜中，由于 $\beta \gg \beta_z$，所以照度公式可以简化成

$$E'_0 = \frac{\pi KB}{4}\left(\frac{D}{f'}\right)^2 \beta_z^2 \tag{6-9}$$

$$E' = E'_0 \cos^4\omega' \tag{6-10}$$

从光源开始，经过照明系统，透过图片，最后由投影物镜投射到屏幕上，整个系统的吸收反射损失相当可观，照度公式中的 K 值不超过 0.6。为了满足像面照度的要求，投影物镜和照明系统的孔径都很大。编者设计的电影放映物镜，其相对孔径 $D/f' = 1/1.4$。当投影物镜的视场角 $\omega' = 10°$ 时，整个屏幕上的照度基本上是均匀的。

对于投影仪物镜来说也可以用数值孔径来描述。在投影仪中为保持轴外像点和轴上像点具有相同的亮度，轴外物点的孔径角与轴上物点的孔径角应相同，因此在 U_{max} 不大时

$$NA = \sin U_{max} = D'/2f' \tag{6-11}$$

投影物镜的数值孔径与分辨率的关系和显微物镜相同，但不应据分辨本领的要求来确定其数值，而应据影屏照度的需求来决定。因此，和放映物镜一样取与相当大的相对孔径相对应的数值孔径。

4. 工作距离

计量用的投影仪的投影物体不仅仅是图片、照相底片、幻灯片等，往往还要测量齿轮及各种高低变化较大的工件，因此，要求投影物镜有长的工作距离，尤其是高倍投影物镜。

6.5.2 投影物镜结构形式与对像质的要求

一般计量用投影系统多利用中等孔径、中等视场光学系统。因要做精密测量，像质要求很高，故一般采用正负正三组结构形式（见图 6-34）3、4 组合后相当于一个凹透镜，所以，可看作成正负透镜组组合的光学系统。

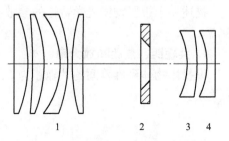

图 6-34 正负正三组结构的投影物镜

放映物镜的像质要求，着眼于轴上点的像差，即球差和色差，轴外像差的校正以影响清晰度的彗差和像散。这样的设计思想既考虑了投影物镜大孔径的特点，也考虑了它的应用特点。

简单的放映物镜是由两片透镜组成的，其中一个是凸透镜，另一个是凹透镜。假如设计时注重玻璃的选择，就可以使这种结构在校正了色差和球差的基础上，同时校正正弦差。由于轴外像差没有校正，这种结构只能用在小视场的投影仪器中。

如果成像质量要求得高一些，可以用两个不晕的透镜组成投影物镜，这也是小视场投影仪器中使用的结构。在投影仪器中最常用的投影物镜就是佩茨瓦尔照相物镜把它倒置使用，视场角 $2\omega = 16°$，相对孔径 $D/f' = 1/1.8$。当投影仪器所要求的视场再大时，就要采用消像散的结构。柯克物镜和天塞物镜，甚至是双高斯物镜，都可以用作投影物镜。图 6-35 是一

种普通银幕投影的大孔径、较大视场的物镜，相对孔径可
达 1/1.6。这种结构还可以用在宽银幕放映中。

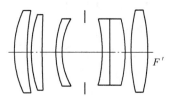

图 6-35　电影放映物镜

6.5.3　投影仪物镜设计

1. 概述

投影仪是将零件的轮廓或表面形状准确地成一放大像
于屏上进行观测的光学计量仪器。它直观、准确、效率高，可用于测量长度、角度、轮廓外
形和表面形状等。它特别适用于检测细小零件和轮廓复杂的零件，如钟表元件、冲压元件、
样板、模具、螺纹、齿轮、刀具和凸轮等。投影仪由于上述特点而获得很大发展。它的主要
缺点是只有一级放大，仪器结构比较庞大。

2. 投影仪工作原理

投影仪的光学原理如图 6-36 所示。由光源 1 发出的光线经聚光镜 2 会聚，均匀地照明
不透明的被测物体 3，使物面上呈现出被测物体清晰的边缘轮廓形状，经过投影物镜 7 成
像，在投影屏 8 上可以得到放大了的被测物体的影像。

若要观测被测物体的表面图样，可采取反射照明的方式，如图 6-36 虚线部分所示。由
光源 4 发出的光线经聚光镜 5、析光镜 6 照亮被测物体的表面。于是在投影屏上便可观测被
放大了的物体表面形状。

一般投影仪都同时兼有上述两种照明方式，可根据不同被测对像选择，也可以二者同时
使用。

3. 光学系统典型光路介绍

（1）立式光路投影仪

有多种立式光路的典型结构，其中如图 6-37 所示典型光路应用最广，它属于中、小型
落地式仪器。其物镜在工作台下面，称为物镜下置式投影仪。这类投影仪的优点是结构简
单、操作方便。为缩短操作者到工作台的距离，影屏一般做成长方形的例如 560mm×
460mm。它的影像上下、左右都是反的。

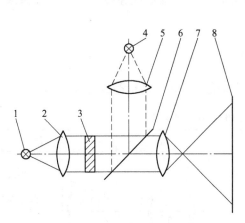

图 6-36　投影仪光学原理
1、4—光源　2、5—聚光镜　3—被测物体
6—析光镜　7—投影物镜　8—投影屏

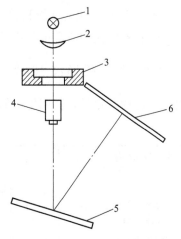

图 6-37　立式投影仪典型光路
1—光源　2—聚光镜　3—工作台
4—物镜　5—反光镜　6—投影屏

（2）卧式光路投影仪

图 6-38 为适用于中型投影仪的卧式光路的典型结构。

4. 投影仪的成像系统

对投影仪光学系统的主要要求是成像清晰，放大率准确（大部分投影物镜放大率相对误差为 0.1% 左右），远心光路、远心照明及工作距离较长等。

投影物镜常采用图 6-39 所示的几种结构形式。

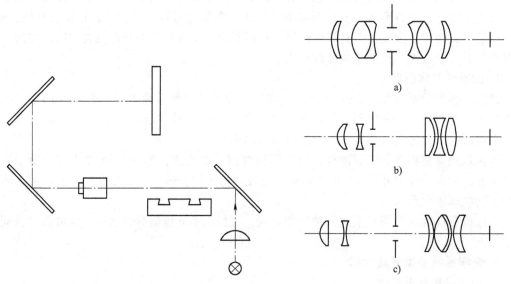

图 6-38 卧式投影仪典型光路　　　　　　图 6-39 投影物镜的结构形式

图 6-39a 所示为双高斯型物镜，它广泛用作投影物镜（以及摄影物镜），能达到中等视场和较大的数值孔径。这类物镜视场中心成像质量较好，但工作距离与焦距之比约为 0.7，对于高倍投影物镜来说，工作距离短，所以双高斯型常用作中、低倍投影物镜。

图 6-39b、c 是三片组的变形物镜。其结构简单，小视场成像质量好，并能做成反远距型，这类物镜在投影仪中应用也很广泛。

6.5.4　设计实例：投影仪 10×物镜设计

这是一个已商业化具有实用价值的投影仪物镜。其光学结构参数见表 6-13。

表 6-13　投影仪 10×物镜结构参数

主要技术指标	结　　　构
$\beta=-10$ $NA=0.04$ $l=83.36\text{mm}$ $y=30\text{mm}$	像面(投影屏)　　　　　　　　　　　　　　物面 1026　　　　　　　　　　　83.36

（续）

参 数					
面号	r/mm	d/mm	n_d	ν	玻璃
1	42.85	2.8	1.61375	56.40	ZK19
2	−461.3	14.35			
3	光阑	12.36			
4	−38.9	1.2	1.71741	29.51	ZF3
5	38.9	39.844			
6	−432.5	6	1.63854	55.49	ZK11
7	−50.12	0.31			
8	103.04	8.4	1.61375	56.40	ZK19
9	−63.1	0.9			
10	−61.38	4.2	1.75523	27.53	ZF6
11	−185.35				

注：按反向光路计算，投影屏为计算时的物方。

6.6　CCD 图像传感器成像物镜设计

传统光学仪器一般为以人眼为探测器的目视（望远、显微）系统；现代光学系统（如光机电一体化系统、机器视觉系统）则往往是集光、机、电、算于一身的高科技产物。以 CCD 图像传感器为探测器的图像采集子系统不可或缺，它主要由成像物镜和 CCD 器件组成。成像物镜的功能是把物体（或前端光学系统成的像）通过成像物镜成像（或投影）于 CCD 图像传感器的光敏面上。可见，编者在这里指的"成像物镜"的概念，是以功能为分类标志的物镜的总称，下文称为 CCD 成像物镜。实质上，成像物镜由它的应用的广泛性，尽管用在不同的应用场合，但具有各自归属（显微、望远、摄影和投影物镜）的"个性"特性；更重要的因为它是以 CCD 图像传感器为探测器，因此具有重要的共性：成像物镜的分辨率必须与 CCD 像素尺寸适配。为此引发了我们对设计要点的思考：①CCD 成像物镜的分辨率如何界定？②用什么作为设计评价指标？③像差容限又是多少？

成像物镜的光学特性决定了系统的使用性能，因此本节重点讨论成像物镜的光学性能和设计要点，以利于设计出像质优良的镜头或者在使用中更好地选择物镜。

值得指出，目前典型的固体图像传感器有 CCD 和互补金属氧化物半导体器件（CMOS 器件）两大类。就应用情况来看，CMOS 器件的成像质量不如 CCD 器件好，但 CMOS 器件有很多优点，其应用领域在逐渐扩大。两者就成像物镜的设计方面基本是一致的。读者若要进一步了解 CCD 和 CMOS 器件知识可查阅相关文献。

6.6.1　CCD 成像物镜的光学性能和设计要点

1. CCD 成像物镜的分类及其光学特性

成像物镜以物体处于无限远和有限距离可以分为两大类：

（1）物体位于无限远

当物体位于无限远时，通过成像物镜成像于 CCD 光敏面上。具体来说有两种情况：①望远物镜类型作为成像物镜，CCD 光敏面与望远物镜焦面重合。②作为闭路电视（Closed Circuit Television，CCTV）物镜类型的成像物镜，它实质上是照相物镜。在设计时，把物体设定位于无限远，其像面（焦平面）与 CCD 光敏面重合。

（2）物体（或前端光学系统成的一次像）位于有限距离

从成像原理看，这类 CCD 成像物镜属于投影物镜类型。具体来说，有三种情况：①显微物镜直接作为成像物镜。此时，可将 CCD 器件置于物镜一次像面处。②显微图像光学接口类成像物镜，即该类成像物镜把显微物镜成的一次像投影到 CCD 光敏面上。③机器视觉摄录物镜。

2. CCD 成像物镜的设计要点

（1）CCD 成像物镜分辨率与传感器像素尺寸适配

编者对上述所有类型的 CCD 成像物镜都亲历其设计、制造与应用，深感从设计角度看，总结起来最重要的一点，就是要实现成像物镜分辨率与传感器像素尺寸之间的最佳适配；主要经验是：成像物镜的分辨率（或分辨单元的最小尺寸）应与 CCD（或 CMOS）图像传感器的最小探测单元即像素尺寸相适配。

（2）CCD 成像物镜的像质评价及其像差容限

据编者经验，可以用弥散圆和中心亮斑所占能量作为 CCD 成像物镜评价指标。

1）弥散圆评价：弥散圆直径 ≤(1~1.25)×传感器像素尺寸。

2）中心亮斑所占能量评价：据参考文献 [52]，点目标能量的 80% 应落入传感器像素尺寸的外接圆上。

6.6.2 设计实例：显微电视 CCD 摄录接口的设计

1. 引言

20 世纪 80 年代以来，为了改善显微镜的观察条件，进行教学（或多人观察）与远距离监视，相当多的显微镜已配有显微电视装置。显微电视的实质是把电视摄像机和显微镜连接起来。其光学原理如图 6-40 所示。物体经显微物镜 O_1 后成一中间像 A_1B_1，再经摄影目镜 O_2 成像在电视摄像机光靶上，然后摄像机把光信号转变为电信号，传给电视显示系统，在监视器荧屏上显示出显微图像，显微电视可以观察一个动态的研究过程，特别适于活体培养或某些运动过程的观察，如微血管循环状态等。显微电视不但能实时通过荧屏传递显微图像信息，同时还可通过录像机把一些珍贵镜头及变化过程录制在磁带里，作为研究资料。正因为其优越功能，显微电视应用越来越广泛。

20 世纪 80 年代的显微电视几乎全都采用光导型摄像管式摄像机，到了 90 年代才逐步开始应用固体摄像机。这类摄像机重量轻、体积小、寿命长、耗电少、耐振动、耐冲击及无残像，特别适合与显微镜无支架直接连接。其中使用最广的是 CCD 摄像机。尽管显微电视应用日趋

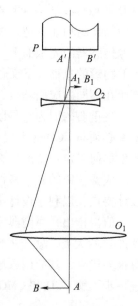

图 6-40　显微电视的光学原理

广泛，然而当时国内尚没有光机一体化的显微图像摄录专用接口。绝大部分生产厂在显微图像摄录中采用"摄影目镜（S2.5×、S4×、S6.3×）+机械接筒"的传统模式。在 20 世纪 80 年代，国内的光学仪器生产企业往往把显微物镜成的像通过专门镜头成像于胶卷上，实现了显微摄影功能。这种专门镜头称为摄影目镜，标志为"S+放大倍率"。好处是：①摄影目镜可分别用作显微摄影或显微电视摄录，一物两用；②有较大的放大倍率（显微物镜倍率×摄影目镜倍率）。但这样做有很大的不足：①丢失了大量显微图像信息。如在大小为 24mm×36mm、对角线为 43.3mm 的胶卷上成像，其摄影目镜像方线视场为 43.266mm，视场圆面积达 1470.2mm^2。对于当时最常用的 2/3inCCD 摄像机而言，光靶对角线长为 11.0mm，视场圆面积为 121mm^2，仅占摄影目镜成像面积的 8.2%。②摄影目镜和机械镜筒分别为两个零件，使用、携带不大方便。针对这些，编者设计了两种形式的显微电视专用接口，能与 CCD 光靶尺寸较好地匹配，大大提高了接收显微图像的质量。

2. 专用显微电视 CCD 摄录接口的设计

（1）光路设计

在设计接口时，计算像差按反向光路进行，即把 CCD 光敏面对角线尺寸作为物，显微物镜成的一次像为像。这是一个中等视场与孔径的光学系统，主要校正轴上点像差和轴外点细光束像差。作为摄像接口，必须校正场曲，使整个视场范围内得到同样清晰的像，此外对垂轴色差要求也比较严。

摄录接口的实质是对 CCD 光靶尺寸按传统的摄影目镜的设计思路进行，即由观察目镜"离焦"而构成，国内售品的摄影正目镜结构一般多为两组元四片式，而编者对外商提供的日本样机进行反求分析时，发现是更为简单的"双胶合+场镜"形式，作者据此进行反求设计，引入正、负接口两种方式。

1）开涅尔目镜"离焦"形式摄录正接口。显微物镜一次像在摄像物镜外侧场镜附近。从光路计算角度看这种正接口像差校正比较容易，尤其是垂轴色差较小。

2）具有胶合面的惠更斯型补偿目镜"离焦"形成摄录负接口。显微物镜成虚像在原接目镜与场镜之间。这种方式的优点是光学系统共轭距较小，对显微镜的照明要求较低，与普通高倍消色差显微物镜配合，对补偿垂轴色差有利。

（2）连接尺寸应注意国际通用性

1）与摄像机连接部分采用国际专用的 C（或 CS）型接口安装方式。即安装部件据国家标准 GB/T 22063—2018《显微镜 C 型接口》采用英制螺纹 1in×1/32in 连接，接口安装基准面到光敏面距离是（17.53±0.1）mm。CS 型接口的连接螺纹与 C 型接口相同，接口安装基准面到光敏面的距离是 12.526mm。

2）与显微镜镜筒连接部分按有关标准选用（如与生物显微镜连接时接口部分为 ϕ23.2h8）

3. 设计实例

本实例是编者受企业委托，按日本样机"反求"设计而成，见表 6-14 和表 6-15。

表 6-14 摄录负接口结构参数

主要技术指标	结 构
$\nu = 0.0273$ $f' = 431.66\text{mm}$ $L = 135.49\text{mm}$ 入瞳距 $= 2.17\text{mm}$	

参 数						
面号	r/mm	d/mm	n_D	ν	D_0/mm	玻璃
1	25.934				16.91	
2	647.64	4	1.4874	70.04	16.08	QK3
3	25.44	79.8			8.67	
4	−11.482	3.36	1.5163	64.1	8.1	K9
5	−29.011	0.96	1.6475	33.87	8	ZF1
6	光阑	0.0001				

表 6-15 像差数据

h, ω	像 差							
	$\delta L'$	$\Delta L'_{\mathrm{FC}}$	x'_t	x'_s	x'_ts	K'_T	$q(\%)$	$\Delta y'_{\mathrm{FC}}$
1.0	0.17359	−0.21769	3.1885	1.9231	1.2654	−0.114952	1.39	−0.008334
0.7071	0.22619	0.185039	1.6278	0.96487	0.66298	−0.084154	0.68	−0.006198

6.6.3 设计实例：高清 CCTV 成像物镜设计

1. 视频监控（CCTV）简介

电视分为闭路系统和开路系统两大类。开路系统通常称广播电视；而闭路系统则是为了特定目的通过线路把图像信息送给特定的用户，一般叫闭路电视，简称 CCTV。闭路电视的日益广泛应用大大开拓了人们的视野，依照应用形式闭路电视可以分为工业电视（ITV）、教育电视（ETV）、医用电视、电视电话、会议电视和共用天线电视（CATV）6 大类。其中，工业电视应用于各个产业部门；生产现场监控、交通管理监控、生活社区服务行业的防盗、防灾等安全防范是闭路电视中应用最广的领域。因此在大多数场合，把工业电视（ITV）即视频监控和闭路电视（CCTV）这两个词语作为同义词来使用。

安全防范行业是朝阳产业，而视频监控是安防产业中发展最为迅猛的领域。在我国，视频监控系统被广泛应用已有 30 多年的历史，大致分为 3 个发展阶段：①20 世纪 90 年代初期之前，第 1 代模拟监控系统；②20 世纪 90 年代中后期，第 2 代数字化本地视频监控系统；③20 世纪 90 年代末，第 3 代网络视频监控系统，进入全数字监控时代，至今方兴未艾。目前视频监控系统正逐步从基本的图像采集、存储、回放、检索等功能向大型、实用能提供整套数字高清解决方案方向发展，当然客观的需求也引发了高清 CCTV 镜头的研发与制造，该领域发展令人目不暇顾：2008 年国外有人称研发出超百万像素的镜头，到 2011 年，业内就把 100 万~200 万像素 CCTV 系统称之为"标清"系统，只有超 200 万像素系统才能冠以"高清"CCTV 系统；与高清 CCTV 镜头的研发与制造也随之升级。2011 年起，编者有幸受某企业委托，设计研发多款高清 CCTV 镜头，现在把某些样机数据公开，借此促进我国高端CCTV 镜头的技术进步。

2.（面阵）CCD 成像物镜光学性能及其参数指标的选择

CCD 成像物镜属于与面阵 CCD 配合的成像物镜。其种类和照相物镜基本相同：按照焦距不同，分为短焦、中焦、长焦和变焦几种；据视场大小又把镜头分为广角、标准（焦距与成像尺寸相近，一般视场角为 30°左右）、远摄等类型。面阵 CCD 成像物镜其合适的参数指标应根据 CCD 光敏面成像尺寸（光学格式）、焦距、视场、F 数等来确定。下面就成像物镜的主要技术性能展开阐述。

（1）成像尺寸与视场角

表 6-16 为 CCD(CMOS) 常用标准成像尺寸。

表 6-16　CCD(CMOS) 常用标准成像尺寸

型号		宽高比	靶面区域		
			对角线/mm	宽/mm	高/mm
1/6in			3.000	2.400	1.800
1/4in			4.000	3.200	2.400
1/3.6in			4.500	3.600	2.700
			5.000	4.000	3.000
1/3.2in			5.678	4.536	3.416
1/3in			6.000	4.800	3.600
1/2.7in			6.592	5.270	3.960
			6.718	5.371	4.035
1/2.5in			7.182	5.760	4.290
1/2.3in			7.700	6.160	4.620
1/2in		4：3	8.000	6.400	4.800
1/1.8in			8.933	7.176	5.319
1/1.7in			9.500	7.600	5.700
1/1.6in			10.070	8.080	6.010
2/3in			11.000	8.800	6.600
1in			16.000	12.800	9.600
4/3in	Olympus E-P1/E-500		21.633	17.307	12.980
	Kodak KAF-5100CE		22.280	17.824	13.368
	传统型号		22.500	18.000	13.500

（续）

型号		宽高比	靶面区域		
			对角线/mm	宽/mm	高/mm
Foveon X3			24.878	20.700	13.800
1.8in	Sony's APS-C		25.878	21.500	14.400
	Canon's APS-C	3:2	26.681	22.200	14.800
			27.042	22.500	15.000
			27.264	22.700	15.100
	Nikon "DX"		28.400	23.600~23.700	15.500~15.800
	APS-C film		30.148	25.100	16.700
Canon's APS-H			32.339	27.000	17.800
			34.475	28.700	19.100
35mm film			43.267	36.000	24.000
Leica S2			54.083	45.000	30.000
Kodak KAF 3900		13:10	63.965	50.700	39.000

　　成像尺寸确定后，镜头就有一个确定的视野，镜头对这个视野的高度和宽度的张角称为视场角。面阵 CCD 器件的尺寸大小会影响到镜头的视场角，当使用同样的镜头时，尺寸小的 CCD 器件产生的视场、镜头的规格与视场角并不是直接相关的，它仅仅是投射覆盖 CCD 光敏面上一个目标像。

　　（2）成像物镜焦距 f' 与视场角

　　f' 直接关系到视场角的大小：短焦镜头给出较大视场、长焦小视场；标准镜头类似于人眼在正常情况下所看到的范围。在选择或者设计镜头时应根据摄像机位置到被监测目标的距离来计算镜头的焦距。如图 6-41 所示，其计算公式为

$$f' = \nu \frac{L}{V} \text{ 或者 } f' = h \frac{L}{H} \tag{6-12}$$

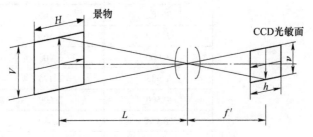

图 6-41　镜头焦距计算方法示意图

　　（3）成像物镜的相对孔径 D/f'（或 F 数）

　　为控制通过镜头的光通量大小，镜头中均设置了可变光阑。由于它起着限制光轴上物点（或者）像点成像光束光锥角的作用，所以该可变光阑为镜头孔径光阑，它决定的光锥角为孔径角。光阑的大小不仅决定了到达 CCD 光敏面的光通量，而且还决定了系统的分辨力。

3. 高清 CCTV 镜头设计一般方法

用试验法，慎选初始结构，特别注意选择高级像差小者，其设计要点如下：

1）对无限远物体成像于焦面上，焦面与 CCD 光敏面重合，要注意光敏面上的盖玻片和是否有红外截止镀膜盖玻片，设计时要把这些平面的像差通过球面透镜组补偿掉。

2）像高应与 CCD 常用标准尺寸相符，即像方线视场直径＝CCD 常用标准尺寸的对角线长度；据此通过光学设计 CAD 软件转化为像方视场角 ω'。

3）据编者经验，成像谱线向长波移，取 D 光（589.29nm）校正单色光像差；e 光（546.07nm）和 γ 光（706.52nm）校正色差为好。这是基于这样的考虑：一有利于与 CCD 峰值谱合拍；二有利于夜间红外辅光照明。

4）光阑一般设定在镜头中部略靠后的位置上，要注意与后光组（或前光组）调焦移动部分的光机结构适配。

5）注意镜头要有一定的后截距（B. F. L），因为相当一部分 CCTV 系统要求"全天候"工作，这样要有一个日夜滤光片的切换装置，该装置必须装在镜头后截距的空间中。对于 C 型接口 B. F. $L_{min} \geqslant 9mm$，而 CS 型接口 B. F. $L_{min} \geqslant 6mm$。

6）透镜片镀多层宽带膜，对不同透镜材料要设计不同的膜系。

7）评价项目与指标，如 3.3~3.9 节所界定。

8）尽量少轴外渐晕，畸变量为 1/1000 量级。

4. 设计实例：大孔径高分辨率 CCTV 成像物镜设计

大孔径高分辨率 CCTV 成像物镜主要用于高速公路，高铁道路交通监控，其中 $f' = 25mm$ 中焦镜头应用最广。本实例是编者受某企业委托的设计成果。在试制后测试结果表明，其性能与日本同类产品性能基本持平。

拟设计中焦镜头是在可见光使用条件下，光圈范围 $F = 1.4 \sim 16$，成像最佳光圈数 $F2.0 \sim F2.8$。要求镜头能与像素为 $4.4 \mu m \times 4.4 \mu m$ 的面阵 CCD 适配。

（1）选型

据参考文献［5］，大孔径高分辨率 CCTV 成像物镜选型的最佳选择是把照相物镜进行移植应用。主要选用双高斯及其复杂化的形式。选择大相对孔径双高斯型照相物镜作为初始结构，如图 6-42 所示。该物镜 $f' = 100mm$、B. F. L=73.42、$FN_0 = 1.4$、$2\omega' = \pm 22.5°$。

（2）设计思路分析

采用双高斯型复杂化的结构形式。复杂化的目的主要是为了增大相对孔径，同时要减小轴上高级球差和轴外球差。在镜片与光阑对称的结构安排前提下，双高斯型复杂化的可能途径有种种办法；本设计实例不失为一个成功的例子。从图 6-42 大孔径双高斯型镜为初始结构，优化迭代出图 6-43 的 CCTV 镜头。该镜头光学结构参数表和几何像差数据表分别如图 6-44 和图 6-45 所示，其几何像差图、MTF 曲线、点扩散函数图和点列图分别如图 6-46a ~ d 所示。本例采取了两个有效的举措：①在典型双高斯型中的后组增加一单透镜，该单透镜承担一定的正光焦度，用来增大相对孔径，由于后组光焦度较大，使整个系统的主面后移，从而有利于加大后截距；②在光阑附近加入一负弯月单薄透镜，使之产生与透镜本身弯曲无关的定值初级像散系数 S_{III} 和初级色差系数 C_{I}，使 $S_{\text{III}} = \delta^2 \varphi < 0$ 和 $C_{\text{I}} = h^2 \varphi / \nu < 0$，从而克服为消除轴外高级负球差而加大光阑处的空气间距所带来的高级正像散。由于光阑附近的负弯月透镜作用，使经过它的一束光发散而变宽，较同心地通过它后面的厚透镜负曲面，使弧矢轴外球差下降，该负透镜也使系统的初级像面弯曲系数 S_{IV} 减少。

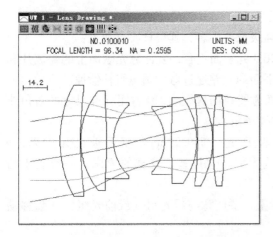

图 6-42　大相对孔径双高斯型照相物镜　　　　图 6-43　大孔径双高斯型镜头

SRF	RADIUS	THICKNESS		APERTURE RADIUS		GLASS	SPECIAL
OBJ	0.000000	5.9401e+18		7.5041e+17		AIR	
1	26.060000	4.000000		9.692838	S	C-ZBAF21	
2	417.000000	0.260000	V	11.275367		AIR	
3	12.855400	6.260000		9.999202		C-LAF10	
4	568.900000	1.210000		9.999202		C-ZF6	
5	6.883300	3.480000	V	4.854822	S	AIR	
6	-31.620000	1.400000		3.535092	S	C-ZF6	
7	-54.450000	0.600000		3.299905	S	AIR	
AST	0.000000	4.560000	V	3.095557	AS	AIR	
9	-7.433200	1.010000		3.850066	S	C-ZF6	
10	30.569000	5.040000		6.957790		C-LAF10	
11	-11.668000	0.100000	V	5.726159	S	AIR	
12	95.160000	4.730000		6.900000		C-LAK7	
13	-26.360000	4.230000	V	6.080064	S	AIR	
14	16.243400	2.020000		5.901335	S	C-LAK7	
15	99.531100	8.960000		6.255168		AIR	
IMS	0.000000	0.000000		3.203863	S		

图 6-44　CCTV 镜头($F2.0$）光学结构参数表

```
*PARAXIAL TRACE
 SRF      PY         PU         PI         PYC        PUC        PIC
  16  -0.000180  -0.248000  -0.248000   2.407210  -0.022473  -0.022473

*CHROMATIC ABERRATIONS
 SRF     PAC        SAC        PLC        SLC
 SUM  -0.001226   0.001882  -0.001156  -0.000173

*SEIDEL ABERRATIONS
 SRF     SA3        CMA3       AST3       PTZ3       DIS3
 SUM  -0.002958   0.000415   0.001148  -0.002906  -0.002998

*FIFTH-ORDER ABERRATIONS
 SRF     SA5        CMA5       AST5       PTZ5       DIS5       SA7
 SUM   0.001191   0.000123 -5.6609e-05  0.000130   0.000402 -2.5961e-05
```

图 6-45　CCTV 镜头（$F2.0$）几何像差数据表

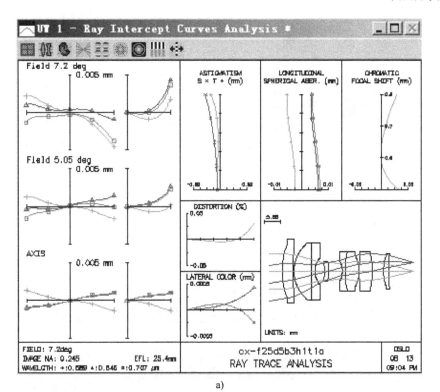

a)

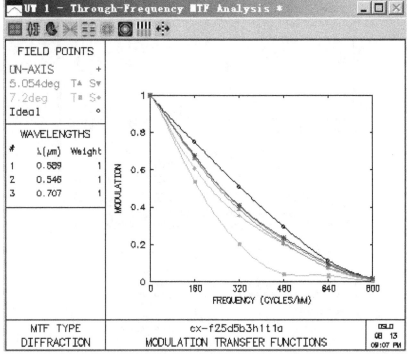

b)

图 6-46　CCTV 镜头（$F2.0$）的像质评价

a）几何像差图　b）MTF 曲线

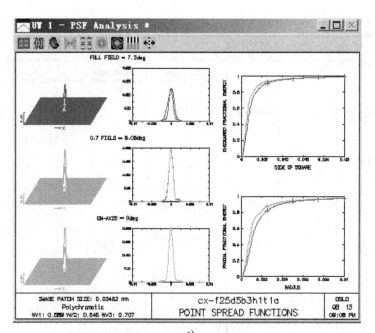

c)

d)

图 6-46　CCTV 镜头（$F2.0$）的像质评价（续）

c）点扩散函数图　　d）点列图

（3）设计结果与像质评价

设计结果：这是一个 8 片 6 组元的双高斯复杂化 CCTV 镜头，以 D 光校正单色像差，e 光与 γ 光消色差。CCTV 镜头（F2.0）光学结构参数参如图 6-44 所示，f′ = 25.357mm，l（后截距）= 8.959mm，y′ = 3.609mm，F = 2.0。

像质评价：据几何像差、MTF 曲线、点扩散函数图、点列图和几何像差数据表，可以比较全面地评价该镜头的像质，可见：①三阶场曲 PTZ3 = −0.004873，五阶场曲 PTZ5 = 0.000986，故平场效果好；②相对畸变约为 0.15%；③色球差和二级光谱较小，二级光谱色差约为 0.01mm；④从 MTF 曲线和点扩散函数图看 0ω、0.707ω 视场能达标，1ω 欠缺，但从使用者角度看，在视场边缘分辨率差些也是可以的；⑤从点列图看，0ω、0.707ω 和 1ω 视场弥散圆直径分别为 1.74μm、2.25μm 和 4.56μm。能与 CCD 光敏面像数尺寸 4.4μm×4.4μm 适应。可见本设计是能达到预期的目标的。

（4）讨论

1）图 6-47 为 CCTV 镜头（F1.4 时）光学结构参数表，它是镜头无渐晕时，光机结构设计的主要依据。当选用 F 数为 1.4 时，光圈最大，景深最小。

2）1/1.8in CCD 相机光敏面的尺寸为：（长）7.2mm×（宽）5.4mm、（对角线）9mm。当像素尺寸为 4.4μm×4.4μm，则像素总数为（7.2mm÷0.0044）×（5.4÷0.0044）= 1636×1227 = 2007372 ≈ 200 万像素。从像质评价中看，该成像物镜属于高清 CCTV 镜头之列。

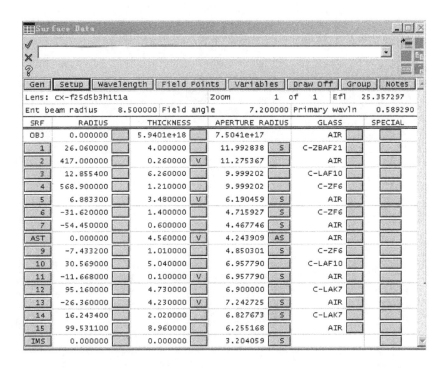

图 6-47　CCTV 镜头（F1.4）光学结构参数表

习　题

1. 试比较惠更斯目镜和冉斯登目镜的不同点。

2. 试设计一个双胶合透镜在前的两组三片式望远物镜，其总焦距 $f' = 180\text{mm}$，通光孔径 50mm，两块凸透镜材料为 ZK7（$n = 1.6133$，$\nu = 60.6$），凹透镜材料用 ZF5（$n = 1.7398$，$\nu = 28.2$），光焦度分别取 $\varphi_{1,2} = 0.4$，$\varphi_3 = 0.6$。试求其结构参数。

3. 试设计一个低倍率测量显微物镜，技术条件如下：①垂轴放大率 $\beta = -4$，②线视场 $2y = 5\text{mm}$；③物像共轭距离 $L = 180\text{mm}$，④工作距离 25mm 左右；⑤$NA = n\sin\alpha = -0.1$；⑥为了便于观察，要求出射光轴与垂直方向夹角成 45°，像面离出射面 $l'_K = 30\text{mm}$。

第 7 章

经典光学系统设计

经典的光学仪器和设备以人们熟知的"望远光学系统""显微镜光学系统"和"照相机光学系统"经典的三大系统为代表，这一概念一直延续到 20 世纪 60 年代，进入 20 世纪 70 年代以来，伴随着科学技术的迅速发展，现代光学仪器已经打破望远镜、显微镜和照相机三大类的传统概念，而是"光、机、电、算"的综合体，尽管目前绝大多数光学仪器已失去它们的传统意义，但核心部分仍然是光学系统，而掌握光学系统设计技术与技巧，必须从典型光学部件入手，进而掌握经典光学系统设计的知识，只有这样才能为光学设计奠定坚实的基础。

本章详细地阐述显微镜光学系统和望远光学系统的设计。读者不难在 6.4 节照相物镜设计中领悟出照相机光学系统的设计：因为照相物镜是指照相机、电影和电视摄像机中的镜头。它的作用是把外景的景物成像在感光底片或 CCD 等接收器上。显然，照相物镜设计已等同于照相机光学系统设计。

7.1 显微镜光学系统设计

7.1.1 显微镜光学系统设计方法

1. 显微镜成像简述

显微镜（microscope）指为提高人们获得微小信息能力的光学仪器。人们往往把将近处物体进行放大的光学系统称显微镜系统。通常显微镜系统由物镜和目镜两部分组成，实质上是利用一个物镜和一个目镜产生两级放大的复式显微镜（compound microscope）。因为被观测的物体本身不发光，而要借助于外界照明，故显微镜还需要有一个照明系统。这些部分都是较复杂的透镜组合系统，尤其物镜更为复杂。

图 7-1 是显微镜成像的光路原理图，当显微镜观察的物体 AB 处于物镜的 1~2 倍焦距之间时，它首先经过物镜成一放大的倒立实像 $A'B'$ 于目镜的物方焦平面上或焦平面以内很靠近的地方，然后目镜将这一实像再次放大成一放大的正立虚像 $A''B''$ 于无穷远或人眼的明视距离以外，以供眼睛观察。显微镜对物体进行两次放大，因此与

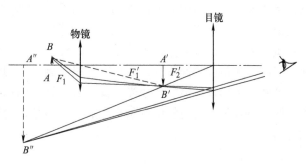

图 7-1 显微镜成像原理图

放大镜相比，具有更大的放大率，能观察到肉眼不能直接观察到的微小物体，分辨更细小的细节。在这里，目镜相当于放大镜，只不过此时把目镜作为放大镜观察到的物是物镜所成的像。

2. 显微镜光学系统的设计方法和要求

设计显微镜光学系统时首先要按照用途与使用条件，进行光学系统总体设计；接着是外形尺寸计算，确定满足功能需求而光组数量最少的最佳方案：它一方面要像质优良，另一方面要满足国家标准和有关外形尺寸要求。例如，GB/T 2985—2008《生物显微镜》以及相关标准对生物显微镜的要求，规定机械筒长为 160mm（或∞），显微物镜的像距为无限远的光学系统，其镜筒透镜的焦距（f_{NTL}）按 GB/T 22055—2022 的选择取决于显微镜的设计构想，其数值范围为 150mm≤f_{NTL}≤250mm。物镜间要齐焦（指当显微镜调焦后，调换任一透镜组，只需要微量调焦就能得到最大清晰度）；为此要设定一定的物镜齐焦距离（Parfocaling distance of the objective，显微镜处于工作状态时，物镜定位面与物平面无覆盖物体的表面之间的距离），齐焦距离的选择取决于显微镜总体的设计构想。对于筒长 160mm 的显微镜而言，物镜的齐焦距离 45mm 是一个标准值，同时也被各类现有的无限远校正显微系统采用。显微镜可换观察目镜应有目镜齐焦要求，即目镜定位面与目镜焦平面之间的距离，位于目镜定位面下（10±0.3）mm（机械筒长为 160mm 时），机械筒长为无限远时为（10±0.2）mm。此外，显微镜有关外形要求有：其出瞳离开显微镜底座距离约为 400mm、内装式光源离开标本的距离不小于 250mm 等。

设计时还要注意光学系统受仪器的总体设计制约，并且光学部件与机械部件是相互紧密联系的，要协调好这两个方面的内容，使整机性能最佳。

3. 显微镜光学系统设计的标准化

显微镜的结构必须符合仪器的基本用途，并能够实现某种显微术。因此，除了显微镜的光学零部件，机械零部件也应实现广泛的标准化和互换性。显微镜光学系统设计标准化的基本任务：一是达到一定的经济效果；二是缩减零件和部件的品种、扩大零部件的互换性、提高工艺水平和整个仪器的耐用性及可靠性。

4. 显微镜光学系统设计要点

在进行显微镜光学系统设计时，应注意：

（1）显微镜光学系统中的光束限制

对一般显微镜而言，当物镜倍数较低时，孔径光阑就是物镜框。若物镜由多组透镜组成，常用最后一组透镜的镜框作为孔径光阑。显然，这种显微镜的出射光瞳（出瞳）就是上述镜框经目镜所成的像，其位置在目镜像方焦点之后，人眼通过显微镜观察时，已经能与之相重合，可见目镜的焦距不能太小，不然会影响眼睛的观察。由于物镜的像面是显微镜的视场光阑，入窗和物面重合，观察时可以看到界限明晰和照明均匀的视场。

精密测量用显微镜的孔径光阑都安置在物镜的像方焦面上以形成远心光路，减少测量误差。所以出瞳位于目镜的像方焦点之后，与显微镜的像方焦面重合。孔径光阑和出瞳是目镜的一对共轭面。

（2）光瞳转接

对一般显微镜光路来说，物镜的出瞳与目镜的入瞳相接。因此，显微镜观察目镜的入瞳距一般约为 160mm，当设计计算出的目镜入瞳距有偏离时，可用改变目镜场镜焦距的办法来调整。

（3）具体的设计步骤

图 7-2 为显微镜光学系统设计框图。

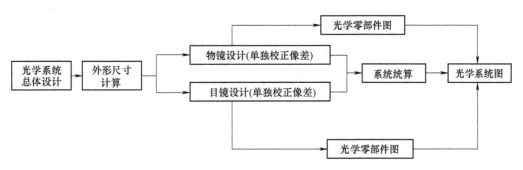

图 7-2　显微镜光学系统设计框图

5. 两种常规显微镜光学系统的区别

如前述，按国家标准 GB/T 2609—2015《显微镜 物镜》规定：显微镜物镜机械筒长为 160mm 的显微物镜，其相对机械参考面的成像距离应符合 GB/T 22055—2022《显微镜 成像部件的连接尺寸》的规定。齐焦距离为 60mm 和 95mm 的显微物镜也按此规定。无限远校正光学系统的显微物镜其相对机械参考平面的成像距离应符合 GB/T 22055—2022《显微镜 成像部件的连接尺寸》的规定。

（1）机械筒长为 160mm 和无限远像距显微镜光学系统

机械筒长为 160mm 的显微镜光学系统属于有限筒长的光学系统。如图 7-1 所示，其物 AB 和物镜成的一次像 $A'B'$ 间沿光轴距离为 160mm。

无限远像距显微镜光学系统如图 7-3 所示。无限远像距物镜（以下简称 ∞ 物镜）和镜筒透镜间是平行光，这是该系统最突出的特点。

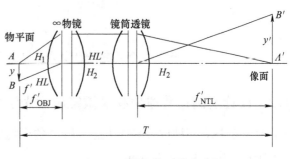

图 7-3　无限远像距光学系统

（2）机械筒长为 160mm 和无限远像距显微镜光学系统的区别

从图 7-4a 与图 7-4b 能看出机械筒长为 160mm 和物镜像距为无限远两种显微镜光学系统的区别。无限远像距显微镜光学系统的基本组成是"物镜+镜筒透镜+目镜"。

（3）无限远像距显微镜光学系统的优点

因为该光学系统中物镜与镜筒透镜间存在一段平行光路，所以存在如下突出的优点：①物镜和镜筒透镜之间为平行光线，在当中装入分光镜的情况下，不产生双像叠影，同时也不会出现像的偏移和像散。②在这部分平行光路内，抽出或插入平行面玻片（滤色片、偏振片）时，焦距不受影响。③无限远像距显微镜光学系统可获均匀照度的像面视场。这是由于同放大率的 ∞ 物镜的光束偏转角比有限筒长的小，孔径边缘光线的入射角相对减小，在透射表面反射损失减少，使像面照度较均匀。

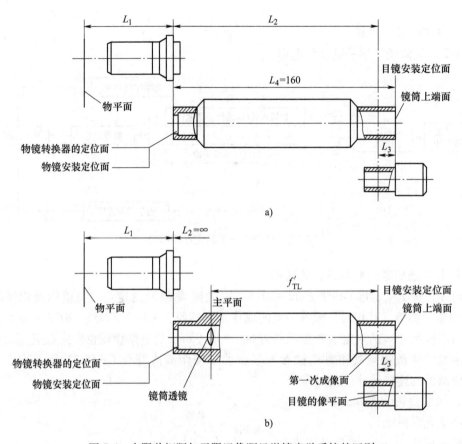

图 7-4 有限共轭距与无限远像距显微镜光学系统的区别

7.1.2 设计实例：普通生物显微镜成像光学系统设计

设计一台具有多种放大率且 $\Gamma_{max} = 1600$ 的生物显微镜光学系统（见图 7-5），已知条件：$\Gamma_{max} = 1600$，共轭距 $L = 195\text{mm}$。

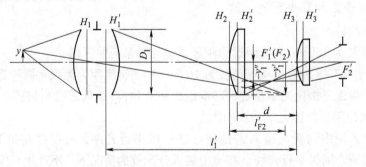

图 7-5 生物显微镜光学系统

1. 光学系统总体设计

因为要求有多种放大率，所以要有多个物镜与目镜。

（1）物镜和目镜放大率的配置

1）按 $500NA \leqslant \Gamma \leqslant 1000NA$（设所使用光线 $\lambda = 0.00055mm$）选择物镜放大率 β。据国家标准 GB/T 2609—2015《显微镜 物镜》可选用下列消色差物镜：4×（$NA = 0.10$）、10×（$NA = 0.25$）、20×/25×（$NA = 0.35$）、40×（$NA = 0.65$）、60×/63×（$NA = 0.8$）和 100×浸液（$NA = 1.25$），所以 $50 \leqslant \Gamma \leqslant 1250$。

2）据 $\Gamma_目 = \Gamma/\beta$ 选目镜放大率，国家标准 GB/T 9246—2008《显微镜 目镜》可选用下列观察目镜、普通目镜或平场目镜：10×/13［角放大率/视场直径（单位为 mm），下同］、12.5×/11 和 16×/9（所列的视场值为标准规定的最小值，实际设计往往大于此）。

（2）显微镜放大率系列

表 7-1 显示了由不同放大率的 5 种物镜与 3 种目镜组合，显微镜可形成 14 种放大率，可满足不同观察的需要。值得指出，40× 和 1600× 虽在有效放大率之外，但实际还在用。编者认为，国外产品增加 25× 物镜和 12.5× 目镜，不仅增加了组合的观察放大率，更主要是还能更好地符合有效放大率的要求，这对提高产品的市场竞争力十分有利。

表 7-1　显微镜各种放大率系列表

$\Gamma_目$	β				
	4	10	25	40	100
10	40	100	250	400	1000
12.5	50	125	31.25	500	1250
16	64	160	400	640	1600

注：1. 国产机型物镜有一般 4×、10×、40×、100×；国外产品还加上 25×。

　　2. 国产机型目镜一般有 10×、16×；国外产品还加上 12.5×。

2. 外形尺寸计算

计算外形尺寸的已知条件是：分辨率 σ、共轭距 L 和有效放大率 Γ。

（1）基本公式和计算步骤

1）计算物镜的放大率数值孔径。

$$NA = \frac{0.61\lambda}{\sigma} \tag{7-1}$$

2）分配物镜和目镜的放大率　首先根据数值孔径 NA 选择结构及其横向放大率 β，然后按下式计算目镜的放大率 $\Gamma_目$：

$$\Gamma_目 = \frac{\Gamma}{\beta} \tag{7-2}$$

3）计算物镜和目镜焦距 f_1' 和 f_2'。

$$f_1' = \frac{-L\beta}{(1-\beta)^2}, \quad f_2' = \frac{250mm}{\Gamma_目} \tag{7-3}$$

4）计算显微镜的总焦距 f'。

$$f' = 250mm/\Gamma \tag{7-4}$$

5）计算目镜的线视场。目镜结构选好后，它的视场角 $2\omega'$ 是已知的，其线视场 $2y'$ 为

$$2y' = 2f_2'\tan\omega' \tag{7-5}$$

6）计算物镜线视场 $2y$。

$$2y = 2y'/\beta \tag{7-6}$$

7）计算出瞳距 l'_z。用 x_z 表示孔径光阑到目镜前焦点的距离，得

$$l'_z = l'_{F2} + x'_z = l'_{F2} - \frac{f'^2_2}{x_z} \tag{7-7}$$

8）计算显微镜的景深。

$$2\mathrm{d}x = \frac{250n\varepsilon'}{\Gamma NA} \tag{7-8}$$

9）计算物镜通光孔径。

① 物镜框作为孔径光阑时，有

$$D_1 = 2l_1 \tan u_1 \tag{7-9}$$

② 孔径光阑放在物镜后焦面上时，有

$$D_1 = 2(y + f'_1 \tan u'_1) \tag{7-10}$$

10）计算目镜的通光孔径。

① 目镜场镜的通光孔径 D_2。由图 7-5 得

$$D_2 = 2\left(\frac{y' - \dfrac{D'}{2}}{l'_1}\right)(l'_1 - l'_{F2}) + D_1 \tag{7-11}$$

② 接目镜的通光孔径 D_3

$$D_3 = 2(l'_{F2} + x'_z)\tan\omega' + D' \tag{7-12}$$

式中，D' 是出瞳直径，$D' = 2f'NA$。

（2）计算一种生物显微镜外形尺寸

已知条件：显微镜的放大率 $\Gamma = 250$；分辨率 $1\mu m$，共轭距 $L = 195\mathrm{mm}$。

1）计算数值孔径 NA（设所使用光线 $\lambda = 0.5893\mu m$）。由式（7-1）得

$$NA = \frac{0.61\lambda}{\sigma} = \frac{0.61 \times 0.5893}{1} = 0.36$$

取标准 $NA = 0.4$。

2）分配物镜和目镜的放大率　按数值孔径 $NA = 0.4$，选择阿米西型显微物镜，取 $\beta = -25$。由式（7-2）得 $\Gamma_目 = \Gamma/\beta = 250/25 = 10$。

因为生物显微镜主要用于观察，所以一般选用惠更斯目镜，其主要技术参数为：$f'_2 = 25\mathrm{mm}$，$2\omega = 33°24'$，$l'_{F2} = 11.56\mathrm{mm}$。

3）计算物镜焦距 f'_1。由式（7-3）得

$$f'_1 = \frac{-L\beta}{(1-\beta)^2} = \frac{-195 \times (-25)}{(1+25)^2}\mathrm{mm} = 7.21\mathrm{mm}$$

4）计算显微镜焦距 f'。由式（7-4）得

$$f' = 250\mathrm{mm}/\Gamma = 250\mathrm{mm}/250 = 1\mathrm{mm}$$

5）计算目镜的线视场 $2y'$。由式（7-5）得

$$2y' = 2f'_2 \tan\omega' = 2 \times 25\tan16.7°\mathrm{mm} = 15\mathrm{mm}$$

6）计算物镜线视场 $2y$。由式（7-6）得

$$2y = 2y'/\beta = 15\text{mm}/25 = 0.6\text{mm}$$

7）计算出瞳距 l'_z。由式（7-7）得

$$l'_z = l'_{F2} - \frac{f'^2_2}{l'_1 - l'_{F2}} = 11.56\text{mm} + \frac{-25^2}{187.5 - 11.56}\text{mm} = 8.01\text{mm}$$

8）计算显微镜的景深。由式（7-8）得

$$2\text{d}x = \frac{250n\varepsilon'}{\Gamma NA} = \frac{250 \times 1 \times 0.0008}{250 \times 0.4}\text{mm} = 0.002\text{mm}$$

9）计算物镜通光孔径。由式（7-9）得

$$D_1 = 2l_1\tan u_1 = 2 \times 7.5 \times \tan 23.59°\text{mm} = 6.55\text{mm}$$

10）计算目镜的通光孔径。由式（7-11）得

$$D_2 = \frac{2\left(y' - \dfrac{D'}{2}\right)}{l'_1}(l'_1 - l'_{F2}) + D_1$$

$$= \frac{2 \times (7.5 - 0.4)}{187.5} \times (187.5 - 11.56)\text{mm} + 6.55\text{mm}$$

$$= 19.87\text{mm}$$

由式（7-12）得

$$D_3 = 2(l'_{F2} + x'_z)\tan\omega' + D'$$

$$= 2 \times 8.01 \times \tan 16.7°\text{mm} + 2 \times 1 \times 0.4\text{mm}$$

$$= 5.60\text{mm}$$

限于篇幅，这里仅介绍 $\Gamma = 250$ 时的情形，余者类推。

3. 选择并设计物镜

因为是普通生物显微镜，因此物镜选用消色差物镜。

低倍消色差物镜（4×，$NA = 0.1$）采用最简单的双胶合组；中倍物镜（10×，$NA = 0.25$）由两组双胶合透镜组成（里斯特型）；中高倍物镜（25×，$NA = 0.4$）和高倍物镜（40×，$NA = 0.65$）是在里斯特型物镜前加入一个无球差、彗差的折射面构成会聚透镜（阿米西型）；100×（$NA = 1.25$）为浸液物镜。应用浸液主要为提高物镜数值孔径，其结构是由在高倍物镜的第一片透镜和里斯特型系统间加入一块同心不晕透镜组成。

4×、10×、40×和100×消色差物镜在我国应用最广，技术十分成熟。下面介绍一套 20 世纪 80 年代在我国使用最广泛的普通型生物显微镜镜头。在当时的历史条件下，这套镜头的像质被认为是优良的。其结构参数见表 7-2～表 7-5，供读者学习与借鉴。

表 7-2　4×消色差物镜结构参数

主要技术数据	结　　构
$\beta = 4$ $NA = 0.10$ $f' = 30.992\text{mm}$ $L = 195\text{mm}$ 工作距离 = 37.42mm	

（续）

参 数						
面号	r/mm	d/mm	n	ν	D_0/mm	玻璃
1	29.58				7.854	
2	11.482	1	1.6475	33.87	7.766	ZF1
3	−23.12	2.37	1.5163	64.07	7.764	K9

表 7-3　10×消色差物镜结构参数

主要技术数据	结 构
$\beta = 10$ $NA = 0.25$ $f' = 17.23mm$ $L = 195mm$ 工作距离 = 7.14mm	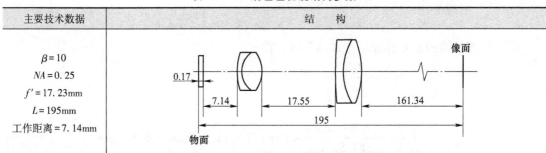

参 数						
面号	r/mm	d/mm	n	ν	D_0/mm	玻璃
1	∞					
2	∞	0.17	1.5163	64.07		
3	15.488	7.14			3.8	K9
4	6.252	1.4	1.71715	29.5	4.1	
5	−8.356	2.9	1.51593	56.8	4.8	ZF3
6	102.09	17.55			7.7	K8
7	13.092	1.8	1.62591	39.1	7.9	BaF8
8	−16.982	2.7	1.5004	66	8.1	K2

表 7-4　40×消色差物镜结构参数

主要技术数据	结 构
$\beta = 40$ $NA = 0.65$ $f' = 4.5609mm$ $L = 195mm$ 工作距离 = 0.5018mm	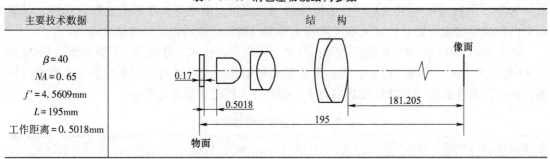

参 数						
面号	r/mm	d/mm	n	ν	D_0/mm	玻璃
1	∞					
2	∞	0.17	1.5163	64.07		K9
3	∞	0.5108				

（续）

参 数						
面号	r/mm	d/mm	n	ν	D_0/mm	玻璃
4	-2.559	2.643	1.638438	55.49	1.708	ZK11
5	∞	0.1			3.6	
6	5.754	1	1.755	27.53	4.02	ZF6
7	-5.297	2.3	1.5153	54.48	4.02	KF2
8	30.448	2.4			5	
9	70.47	1.3	1.755	27.53	5.65	ZF6
10	-8.204	3.39	1.51533	54.48		KF2

表 7-5 100×消色差物镜结构参数

主要技术数据	结　构
$\beta = 100$ $NA = 1.25$ $f' = 1.9mm$ $L = 195mm$ 工作距离 = 0.1836mm	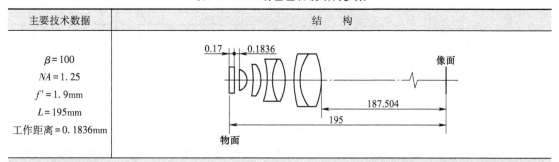

参 数						
面号	r/mm	d/mm	n	ν	D_0/mm	玻璃
1	∞					
2	∞	0.17	1.5163			K9
3	∞	0.18			1.13	
4	-0.886	1.04	1.5399	59.7	1.77	BaK2
5	-16.261	0.111			3	
6	-2.323	0.83	1.5399	59.7	3.2	Bak2
7	12.314	0.107			3.51	
8	-5.777	0.78	1.69875	30.1	3.92	ZF11
9	-4.177	1.61	1.5163	64.47	4.33	K9
10	47.986	0.228			4.54	
11	4.87	0.78	1.69875	30.1	4.63	ZF11
12	-6.668	1.66	1.5163	64.07	4.72	K9

4. 目镜的选型

若从低成本的角度可选用惠更斯型目镜，但从目前市场要求上看，除了中学生实验用的普通生物显微镜外，都偏向于使用视场较大、像质较好的平场目镜（flat-field ocular，指能使场曲得到很好校正的目镜）。配国产生物显微镜的平场目镜一般为开涅尔型目镜；现把已市场化的 10×/18、12.5×/16 和 16×/10 目镜结构参数，通过表 7-6 介绍给读者。

表 7-6 平场目镜结构参数

类型	主要技术参数	结构	参数					
			r/mm	d/mm	n_D	ν	D_0/mm	玻璃
开涅尔	$\Gamma_目 = 10$ $f' = 24.947mm$ $2\omega = 39°30'$ $l'_F = 27.3mm$ $l_{pi} = 17.5mm$	$\phi1.25$ $\phi18$ 17.5 27.3	−31.41				13.5	
			23.01	3	1.755	27.5	16.8	2F6
			−16.462	7	1.5163	64.07	19	K9
			32.06	0.3			22.9	
			−32.06	6	1.5163	64.07	23.1	K9
柯尼希	$\Gamma_目 = 12.5$ $f' = 20.22mm$ $2\omega = 48°27'$ $l'_F = 8.5mm$ $l_{pi} = -17.6mm$	17.6 8.5	77.27				18	
			−16.982	6.5	1.4874	70.0	19.5	QK3
			20.23	5			20.5	
			−16.032	8.5	1.5688	62.9	19.5	ZK1
			∞	2.5	1.8060	25.4	19.2	ZF7
开涅尔	$\Gamma_目 = 16$ $f' = 15.58mm$ $2\omega = 39°$ $l'_F = 17mm$ $l_{pi} = -10mm$	$\phi1.1$ $\phi11$ 10 17	−19.724				7.5	
			14.454	1.9	1.7550	27.5	9.3	ZF6
			−10.351	4.5	1.5163	64.07	11	K9
			20.14	0.2			13.2	
			−20.14	3.8	1.5163	64.07	13.2	K9

5. 统算（略）

7.1.3 设计实例：特种显微镜无限远像距光学系统设计

1. 无限远像距光学系统概述

20 世纪 80 年代初，国外显微镜组合设计出现了新的突破，因采用无限远像距光学系统，迎来了显微镜组合设计的新阶段——系统集成设计（SID），即在一种显微镜主机上通过附件的外接或内插组合成各种显微术而成为多功能用途的显微镜。其中比较有代表性的有：日本 OLYMPUS（奥林巴斯）公司的 AH、BH、CH 系列，近年来日本 Nikon（尼康）公司、OLYMPUS 等有名显微镜生产厂家均使用了无限远像距光学系统。

在 20 世纪 80 年代之前，国内除金相显微镜外，使用这种光学系统的尚不多，编者在 1987 年与课题组同仁在"微循环显微镜"研发中使用了无限远像距光学系统，取得很好的成像效果，其后又多次应用了该光学系统，随后国内不少厂家也开始应用。

2. 系统对 ∞ 物镜的要求

1）∞ 物镜系列的放大率与镜筒透镜焦距f'_{NTL}（与设计物镜的放大率和焦距有关的镜筒透镜的焦距）线性相关，令 ∞ 物镜焦距为f'_{NTL}，如当镜筒透镜$f'_{NTL} = 250mm$ 时，5×∞ 物镜 $f' = 50mm$，这一点与有限筒长的同放大率的显微物镜有显著的区别。如 4×∞ 物镜 $f' = 62.5mm$（$f'_{NTL} = 250mm$）时，共轭距为 195mm 的 4×物镜有的 $f' = 28.798mm$，有的 $f' = 30.34mm$ 等，不尽相同。

2）对镜筒透镜有齐焦要求时，设计时应注意使各种放大率物镜的出瞳距变化不要太大，这样可保证平行光路变化不大，从而保证整个系统的像质优良。

3. 对平行光路长度 D 的优选

∞ 物镜和镜筒透镜之间这段平行光路是无限远像距光学系统最突出的优点，正是它推动了显微集成设计的发展。然而，D 的长度变化与整个系统的数值孔径、工作距离、对杂散光及像面照度的影响等方面的关系，是值得探讨的。

实践告诉我们：

1）D 变化，基本上不影响光学系统的像质。

2）D 变化，∞ 物镜数值孔径基本不变。

3）D 变化，∞ 物镜工作距离基本不变。

4）D 变大时，进入仪器杂散光增大，在落射光照明时更为突出。如在镜筒透镜前面加孔径光阑，情况会有所改善。

5）D 变大时，因轴外光损失大，像面照度减弱。

编者推荐：$D = 50 \sim 80 \text{mm}$。

4. 镜筒透镜的选择与设计

镜筒透镜是无限远像距光学系统中不可缺少的中间透镜（位于物镜与第一次像之间的透镜）。镜筒透镜应该成为物镜系统的一部分，因为它会影响系统的有效放大率和校正像质情况。

（1）镜筒透镜 f'_{NTL} 的选择

据编者收集的国外同类产品资料看，f'_{NTL} 可取 165.2mm、182.7mm、200mm、250mm 和 312.5mm。国家标准 GB/T 22055—2022《显微镜成像部件的连接尺寸》指出：标准镜筒透镜的焦距（f_{NTL}，在设计无限远校正物镜时起作用的特殊镜筒透镜的焦距）的选择取决于显微镜系统的设计构想，其取值范围 $150\text{mm} \leqslant f'_{\text{NTL}} \leqslant 250\text{mm}$。

编者认为选择 $f'_{\text{NTL}} =$ 250mm 或 200mm 较好，原因是：

1）机械筒长为 160mm 的物镜，其像距约为 155mm。若 f'_{NTL} 取 250mm、200mm，对同放大率的 ∞ 物镜和机械筒长为 160mm 的物镜，物方孔径角 u 相同时，前者像方视场角 u' 远远小于后者，因此更容易达到良好的像差校正。反之，若 f'_{NTL} 取 160mm、165.2mm、182.7mm，则和机械筒长为 160mm 的物镜的像方孔径角 u' 相仿或稍大，失去这一优势。图 7-6 很直观地反映出这

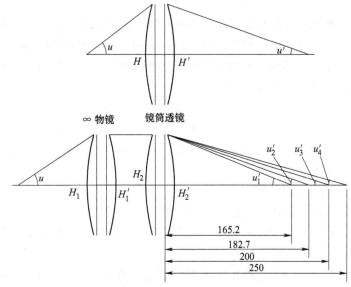

图 7-6 不同的镜筒透镜成像系统

一点。

2）若f'_{NTL}取300mm、312.5mm，因像面照度较弱，不利于观察和显微摄影，同时会使仪器结构尺寸增大。

（2）镜筒透镜类型

镜筒透镜和目镜组合起来可以看成一个望远系统，镜筒透镜相当于望远物镜。由于这是一个小视场系统，用结构简单的双胶合物镜即可。编者设计的$f'_{NTL}=250$mm的镜筒透镜，为光阑在前的双胶合组，效果不错。结构参数见表7-7。

表7-7　镜筒透镜结构参数

类型	主要技术参数	结构	参数					
			r/mm	d/mm	n_D	ν	D_0/mm	玻璃
双胶合组	$f'=249.2399$mm $D/f'=1.20$ $2\omega=5°$ $l'_F=246.436$mm		∞（光阑）				12.5	
			152	10			13.37	
			−104.08	3	1.5163	64.07	13.46	K9
			−388	3	1.6164	36.6	13.56	F3

设计镜筒透镜要注意，其视场角等于∞物镜视场角，即$2\omega_{NTL}=2\omega_{∞物}$。

5. 系统对目镜入瞳距和视场的要求

据编者实践，无限远像距光学系统中目镜入瞳位置应与具有齐焦性能的各放大率∞物镜的平均出瞳位置重合。目镜物方视场应与∞物镜经镜筒透镜成的第一次像相一致。

6. ∞光学系统统算

（1）统算在无限远校正光学系统设计中的重要性

统算不仅仅是为了考察构成光学系统的各光学部件连接成的光学系统是否合乎几何光学规律，更重要的是利用统算手段，通过局部调整结构参数进一步校正、平衡整个系统的像差，实现光学系统的整体优化。无限远校正光学系统统算比机械筒长为160mm的生物显微镜光学系统统算具有更重要的意义，因为后者简单、系统基本定型，一般只要物镜、目镜像差符合相应的要求，统算结果就没有什么问题；而无限远校正光学系统的影响因素多（如平行光路长度D、镜筒透镜和棱镜，且光路长、变化较大等），如不统算不仅很难协调好这诸多因素，而且对系统整体像质、渐晕情况心中无数，甚至能否成像都无法了解（影响像质、渐晕很大，或不能成像）。

（2）统算步骤与操作

无限远校正光学系统统算一般可分为三个步骤：

1）"镜筒透镜+棱镜"统算。这一步骤主要是调整镜筒透镜结构参数，用于补偿棱镜的球差。

2）"物镜+镜筒透镜+棱镜"统算。按反向光路进行，要注意：①瞳瞳对接，确定一个有效光阑，因各部件在设计时均定有光阑时，一般把物镜光阑定为孔径光阑，镜筒透镜或棱镜光阑仍然保留（实际上相当于透光孔）。②是否有渐晕。显微成像光学系统一般是不允许出现渐晕的，当出现渐晕时，可引用程序调出"初级像差表"查阅，把实际通光孔径与设置值比较，并进行调整；还可通过上下边缘光线追踪查找出通光孔径不足的面。③由像差决定最佳离焦量。④调整平行光路长度 D，使像质最佳。

3）"物镜+镜筒透镜+棱镜+目镜"统算。以反向光路进行，平行光从目镜的入瞳进入。像差与要求差距不大时，可改用高档次的目镜（如普通目镜改平场目镜、广角目镜等）与之配合；如差距较大，就要考虑改用高档次的物镜（如消色差物镜改平场消色差物镜、平场半复消色差物镜等），或者"量身定做"设计高性能物镜，以满足使用者的要求。

7. 设计实例

设计一个具有多种放大率，且最大放大率为 320 的特种显微镜的无限远像距光学系统。要求 ∞ 物镜为长工作距离平场物镜，物镜为大视场，像方线视场为 21mm。

已知条件：$\Gamma_{max} = 320$，共轭距为 ∞ ，∞ 物镜像方视场为 21mm。

（1）光学系统总体设计

因为要求有多种放大率，所以要有多个物镜与目镜组合。

1）物镜与目镜放大率的配置。

① 按 $500NA \leqslant \Gamma \leqslant 1000NA$（设所使用光线 $\lambda = 0.00055mm$）选择物镜放大率 β。根据国家标准 GB/T 2609—2015《显微镜 物镜》可选用下列平场消色差物镜：4×（$NA = 0.1$）、10×（$NA = 0.25$）、20×/25×（$NA = 0.40$），所以得出 $50 \leqslant \Gamma \leqslant 400$。

② 据 $\Gamma_目 = \Gamma/\beta$ 选目镜放大率。根据国家标准 GB/T 9246—2008《显微镜 目镜》，可选用下列广视场观察目镜系列：10×/21、16×/15、20×/13。

2）显微镜放大率系列（见表 7-8）。

表 7-8　无限远像距光学系统放大率系列

$\Gamma_目$	β		
	4	10	16
10	40	100	160
16	64	160	256
20	80	200	320

注：1. 物镜为长工作距离平场物镜，且齐焦。

　　2. 入瞳距与视场特殊，目镜不能与机械筒长为 160mm 的生物显微镜目镜通用，须重新设计。

　　3. 本表显示了由 3 种物镜与 3 种目镜的组合可形成 8 种放大率。

（2）外形尺寸计算

（略，读者自行计算）

（3）设计物镜

16× 长工作距离平场物镜设计是难点，已在 6.2.3 节中详细介绍。4×、10× 长工作距离平场物镜比较容易选到同类型的镜头作为初始结构，结合实际要求确定相关技术参数，通过计算机借助光学设计 CAD 软件的迭代优化，就能得到像质优良的结果。因篇幅关系不一一列举。

7.2　望远光学系统设计

望远光学系统简称望远系统，它在天文观测、工程测量、国防科技等领域都有着广泛的应用。激光技术和连续变焦（变倍）光学系统的发展给望远系统开辟了更广泛的应用前景。

7.2.1　望远系统成像原理

使入射的平行光束保持平行射出的光学系统称为望远光学系统。望远镜是最经典的望远系统，它是观察远距离的光学仪器。最简单的望远镜由物镜和目镜两个光组构成，物镜的像方焦点与目镜的物方焦点重合，光学间隔 $\Delta = 0$，图 7-7 是一种最简单的望远镜光路图，入射的平行光束经物镜

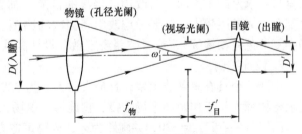

图 7-7　望远系统成像基本原理

在焦平面 $f'_物$ 处成像，往往总在该处设置一个光阑，它是系统的视场光阑，除此之外，系统中不再另设光阑，因此，物镜框即孔径光阑和入瞳，从图中看到目镜的像方焦点 $f'_目$ 和 $f'_物$ 重合，出射光束经目镜后平行射出。出瞳位于目镜像方焦点之后很靠近的地方，当观察者的眼瞳与出瞳重合时就可观察到物体的成像情况。因为视场光阑在物镜和目镜的公共焦点处，入窗和出窗分别位于系统的物方和像方的无限远，与物平面和像平面重合。

7.2.2　望远系统的主要光学性能及其确定

望远系统的放大率、视场、出瞳的孔径以及系统长度等要素统称为望远系统的光学性能。要恰当确定其参数，既要有原则性又要有灵活性：①原则上遵循望远系统的基本关系式，见式（7-13）。②根据使用要求灵活地在基本关系式上加上一定的系数，使设计出来的光学系统满足使用要求。

1. 望远系统的基本关系式[28]

$$\begin{cases} \Gamma = -\dfrac{f'_物}{f'_目} \\ \varphi = \dfrac{140''}{D} = \dfrac{140''}{\Gamma D'} \end{cases} \tag{7-13}$$

式中，Γ 为望远系统视觉放大率；$f'_物$ 为物镜像方焦距；$f'_目$ 为目镜物方焦距；φ 为望远系统分辨率（通常以角秒为单位）；D、D' 分别为入、出瞳直径。

2. 分辨率

望远系统的分辨率用物像分辨角 φ 表示为

$$\varphi = \frac{140''}{D} \tag{7-14}$$

设计计算光学系统时，用

$$\varphi = K \frac{140''}{D} \tag{7-15}$$

式中，$K = 1.1 \sim 2.2$（K 为修正系数，即考虑制造装配误差；高要求产品，K 取小值）；D 为入瞳直径（mm）。

3. 放大率

（1）仪器有效放大率（正常放大率）

因为仪器有效分辨率与人眼分辨率相适应，一般应不低于人眼的分辨率（60″），所以

$$\Gamma\varphi \geqslant 60'' \text{ 或 } \Gamma \geqslant \frac{60''}{\varphi} = \frac{60''D}{140''} = \frac{D}{2.3} \tag{7-16}$$

（2）工作放大率与据使用要求灵活地确定放大率参数

1）据实际观察条件将有效放大率提高或降低 2~3 倍，当取提高 2~3 倍，则 $\Gamma = D$ 被称为工作放大率。

2）军用观察仪器，应考虑全天观察，所以使用条件可根据人眼瞳孔直径变化来选择：白天 $D' = 2\text{mm}$、黄昏 $D' = 5\text{mm}$、星夜 $D' = 7\text{ mm}$。

3）放大率主要与使用方法相适应，手持望远镜 $\Gamma = 1.5 \sim 2$，单用手持观察仪器 $\Gamma \leqslant 8$，架在轻型支架上 $\Gamma = 8 \sim 20$。

4）放大率过大的弊端：减小视场、增加重量、扩大体积。

4. 视场角（2ω）

确定视场时应考虑：

1）当目镜视场一定时，因为 $\Gamma = \tan\omega'/\tan\omega$，望远系统的视场角与视觉放大率成反比（见表7-9），所以应统一兼顾视场角和放大率。

表7-9　放大率与物镜视场角的关系

目镜视场角 $2\omega'$	60°				
放大率 Γ	4	6	8	10	12
物镜视场角 2ω	16.5°	11°	8.5°	6.6°	5.5°

注：常用 $2\omega' = 40° \sim 70°$。

2）扩大目镜视场角有利于视场角和放大率同时增加，是提高仪器光学性能的重要途径。但应注意使 $2\omega' < 80°$，因为增大视场角，轴外像差会加大，而且大视场的目镜结构复杂。

5. 视度与视度调节

视度（SD）表示光学仪器出射光束的会聚或发散程度，定义

$$SD = \frac{1}{L} \tag{7-17}$$

式中，L 表示由眼点到像点的距离（m）。像点在眼前，视度为负；在眼后，视度为正；在无限远，视度为零。

为了满足正视眼、近视眼或远视眼的观察需求，一般通过沿光束方向移动目镜或物镜来实现仪器的视度调节，调节范围为 ±5 屈光度。若视度为可调节的仪器，视度固定在 $-0.5 \sim -1$ 屈光度，为快速地实施视度调节，往往在需要移动的组件与固定组件间采用多头螺纹连接的机械结构；若改变一个视度，则目镜移动量（单位为 mm）可按式（7-18）计算：

$$x = \frac{f_{目}'^2}{1000} \tag{7-18}$$

6. 视差及其分类

（1）视差分类

视差可分为线视差 b、角视差 θ 和视度差值 ΔSD 三种。从图 7-8 可以很直观地看出线视差 b 和角视差 θ 含义以及它们之间的关系；可见线视差望远系统分划板的分划面应准确地装在物镜的像平面上，而实际上相差一轴向距离 b（焦点至分划面的轴向距离），则 b 称为线视差。如图 7-8 所示，当人眼在 AB 处瞄准目标时，将

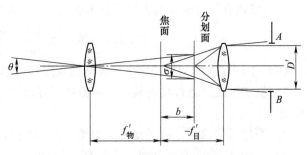

图 7-8　线视差和角视差的关系

引起瞄准误差角 θ，θ 即角视差。θ 与出瞳 D' 的关系，θ 随 D' 增大而增大，可见缩小出瞳 D' 直径，能减小瞄准误差。视差也可以用物体的像中心在像方的视度值与分划中心在像方的视度值之差 ΔSD（单位为屈光度）表示。

（2）视差计算

$$
\begin{cases}
\theta = \dfrac{\sigma}{f'_{物} + b} \approx \dfrac{\sigma}{\delta} \text{ 或 } \theta = 3438 \dfrac{D'b}{f'_{物}f'_{目}} \\[3mm]
\Delta SD = \dfrac{0.29\Gamma\theta}{D'}
\end{cases}
\tag{7-19}
$$

7. 对观察仪器和瞄准仪器的精度要求

（1）对观察仪器

对观察仪器的精度要求是其分辨角，即

$$
\varphi = 60''/\Gamma
\tag{7-20}
$$

（2）对瞄准仪器

对瞄准仪器，瞄准误差 $\Delta\varphi$ 与瞄准方式有关：①用压线瞄准则有 $\Delta\varphi = 60''/\Gamma$；②用双线或叉线瞄准，则有 $\Delta\varphi = 10''/\Gamma$。

8. 望远镜的调节景深和几何景深

能在像平面上获得清晰像的空间简称景深，它取决于弥散斑的大小及光学接收器的性能。对于望远系统要重点关注调节景深和几何景深。

（1）调节景深

望远镜这种由于人眼的调节而能看清楚的物空间范围，称为调节景深，严格地说，望远镜应该用来观察无穷远物体。但是实际上，由于人眼能从无穷远至明视距离的范围内自由调节，故人眼通过望远镜观察物空间时的对应量，可用式（7-21）表示：

$$
x = \Gamma^2 x'
\tag{7-21}
$$

式中，x 为物体至物镜物方焦点的距离（mm）；x 为像至目镜像方焦点的距离（mm）。显然，望远镜的角放大率越大，调节景深越小。

值得指出的是，测量望远镜一般在视场光阑处安置分划板用来瞄准物体。凡装有分划板的目视光学仪器，在正确调焦的情况下，调节景深可以不予考虑，但要注意此时仍然存在几何景深。

（2）几何景深

把望远镜看成理想光组，其物镜对无穷远物点所成的点像若不在分划板上，而在其上造成的弥散斑直径 z' 对眼睛的张角不大于人眼的分辨本领时，便认为弥散斑仍为一点像，则有如式（7-22）的关系：

$$z' = p'\varepsilon\rho \tag{7-22}$$

式中，p' 为分划板的像至眼瞳的距离；ε 为人眼的分辨本领，以分表示；ρ 为 $1'$ 的弧度值，$\rho = 0.00029$。

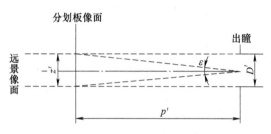

图 7-9 望远镜的几何景深示意图

这就是说，当人眼在出瞳处观察望远镜的像空间时，远景的像投射到分划板的像平面上，从而造成的弥散斑的直径为 z'，当其满足 $z' = p'\varepsilon\rho$ 时，可认为分划板上的远景像是清晰的。因为远景像在像空间的无穷远处，所以远景的像在分划板上的弥散斑直径 z' 有 $z' = D'$（D' 为出瞳直径）的关系，由图 7-9 可直观地看出，这时对准平面（即分划板）的位置应满足式（7-23）：

$$p' = \frac{z'}{\varepsilon\rho} = \frac{D'}{\varepsilon\rho} \tag{7-23}$$

换算成物空间的对应量，则有

$$p = \frac{\Gamma^2 D'}{\varepsilon\rho} = \frac{\Gamma D}{\varepsilon\rho} \tag{7-24}$$

式（7-24）表明，当人眼调焦于分划板，望远镜的成清晰像的空间范围从 $-p$ 位置开始至 $-\infty$ 处，$-p$ 位置一般称为望远镜的实际无穷远的起点。由实际无穷远点算起的成清晰像的空间范围称为望远镜的几何景深。

值得注意的是，望远镜作为测量系统时，景深对测量精度有影响，必须予以考虑。

7.2.3 伽利略望远系统和开普勒望远系统

伽利略望远系统和开普勒望远系统的成像原理分别构成经典的伽利略望远镜和开普勒望远镜这两种仪器。直到当代，伽利略和开普勒望远系统仍是现代光学仪器的基本类型。尽管现代的光学仪器一般由光学系统、精密机械和电子线路所组成，但一个被测量转化成光学量，仍是一个成像的过程。工程光学的望远系统设计要侧重于讨论系统的成像原理，因为只有掌握成像原理，才能分析和把握成像过程，并在机械、电子知识的密切配合下，通过反复比较、综合考虑，确定符合仪器使用和质量要求的光学性能，拟定系统结构的原理方案，做出外形尺寸设计；在满足一定像质要求下，通过像差计算，确定各种光学参数（r、d、n 等），以校正像差为导向，最终确定结果。

1. 伽利略望远系统

由伽利略望远系统架构成为伽利略望远镜，它是由物镜和负目镜按光学间隔 $\Delta = 0$ 的方式组合而成，如图 7-10 所示。由图可见，负目镜具有正像作用，不必另设转像系统，结构简单，光能损失少。另外，因为 $f_2' < 0$，所以 $d < f_1'$，具有筒长短、体积小、重量轻的特点。但这种望远镜没有中间实像面，无法安置分划板，不能直接作为瞄准和精确定位之用。若物

镜作为系统的入瞳，则出瞳是一虚像，位于目镜之前，观察时眼瞳无法与其重合。

当眼瞳处于系统之后，如图 7-11 所示，则眼瞳将成为系统实际的出瞳和孔径光阑，系统的入瞳将是位于眼瞳之后的虚像。这时的物镜将成为系统的入窗和视场光阑；出窗是一虚像位于物镜和目镜之间；入瞳中心对入窗的张角，即系统的视场角 2ω；眼瞳的位置和系统的放大率都影响着实际视场的大小。同时，入窗并不与物体重合，使轴外点光束产生渐晕。

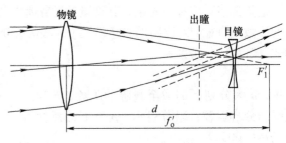

图 7-10　伽利略望远系统

由图 7-11 可知，伽利略望远镜的视场角 ω、物镜直径 D、眼瞳位置 l'_p 以及系统的放大率 Γ 之间有如下的关系：

$$\tan\omega = \frac{D}{2l} = \frac{D}{2\Gamma(L + \Gamma l'_p)} \tag{7-25}$$

式（7-25）说明，伽利略望远镜在物镜的孔径一定时，放大率越高，视场越小。

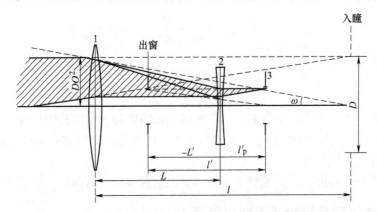

图 7-11　眼瞳与伽利略望远镜组成的目镜光学系统

1—物镜（入窗、视场光阑）　2—目镜　3—眼瞳（出瞳、孔径光阑）

伽利略望远镜多被采用为激光的发射系统，作为激光准直仪的一个组成部分，有时也作为连续变倍系统的一个组成部分。

2. 开普勒望远系统

由物镜和正目镜按光学间隔 $\Delta = 0$ 的方式组合而成的开普勒望远镜成像原理如图 7-12 所示。开普勒望远镜有中间实像面，可以安装分划板，作为精密测量和瞄准之用。因为它成倒像，故在系统内有时要考虑转像系统的安置以便正像，这样它在结构上要比伽利略望远镜更复杂。

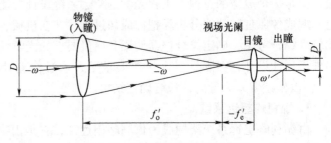

图 7-12　开普勒望远镜成像原理

3. 转像系统

开普勒望远镜需要正像时，可以在系统内安装转像系统。转像系统分为棱镜转像系统和透镜转像系统两种。鉴于 7.2.4 节要对棱镜转像详加讲述，这里仅着重讨论透镜转像系统。

根据仪器对成像质量要求的不同，常见的透镜转像系统又分为单组的和双组的。

（1）透镜转像系统概述

图 7-13 表示在一望远镜中加入了单组透镜转像系统后的光路图。

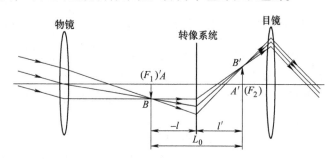

转像系统把由物镜形成的倒像 AB 转变成正立像 $A'B'$。如图 7-13 所示，转像系统的物面即是望远镜的像方焦面，它的像面即是目镜的物方焦面。在未安置转像系统之

图 7-13　具有单组透镜转像系统的望远镜光路图

前，物镜的像方焦面和目镜的物方焦面是重合的，安置了转像系统之后，它们被分开了。可见转像系统的加入增长了望远系统的长度，增长量为 L_0。

（2）单组透镜转像系统

假设转像系统的焦距为 f'，物体 AB 和像 $A'B'$ 离转像透镜的距离分别为 $-l$ 和 l'，于是增长量 L_0 为

$$L_0 = -l + l' \tag{7-26}$$

转像系统的高斯公式为

$$\frac{1}{l'} - \frac{1}{l} = \frac{1}{f'} = \varphi \tag{7-27}$$

由式（7-26）和式（7-27）可解得

$$l - l' = -L_0 = \varphi ll' = \varphi l(L_0 + l)$$

所以

$$L_0 = \frac{-\varphi l^2}{1 + \varphi l} \tag{7-28}$$

由式（7-28）可见，L_0 是 l 的函数。为使增长量 L_0 为最小，微分式（7-28）并令其等于零，则有

$$\frac{\mathrm{d}L_0}{\mathrm{d}l} = \frac{\varphi l(-2 - \varphi l)}{(1 + \varphi l)^2} = 0$$

由此得到两个解，即 $\varphi l = 0$ 和 $-2 - \varphi l = 0$。

$$\varphi l = 0$$

因为 $\varphi \neq 0$，则 $l = 0$，这就是说，转像系统放在物镜的像方焦平面上。此时 $L_0 = 0$，但不能正像，此解显然是无意义的。

$$-2 - \varphi l = 0$$

即

$$l = -2f' \tag{7-29}$$

此时增长量 L_0 为最小，有

$$L_0 = \frac{-\varphi l^2}{1 + \varphi l} = 4f' \qquad (7\text{-}30)$$

故知，转像系统应放在物镜像方焦面之后，等于该系统的两倍焦距的地方，此时转像系统的放大率为-1。

根据某些特殊要求，转像系统也有 $-3 \sim -\frac{1}{2}$ 之间的其他放大率。

常用双胶合物镜作为单组转像系统，为了获得较好的成像质量，转像透镜的相对孔径不能太大。如放大率为-1时，相对孔径不超过1/5。

此外，还有双组转像系统，其功能和单组转像系统一样，也是把物镜的倒像再转为正像。

在具有透镜转像的系统中，为使通过物镜后的轴外斜光束折向转像系统，以减小转像系统的转向尺寸，往往在物镜的像平面或其附近增加一块透镜，称为场镜，场镜会产生球差、彗差、像散和色差。

（3）望远镜的光学长度 L

在简单的开普勒望远系统中，光学长度 $L=f'_物 + f'_目$，即等于物镜和目镜焦距之和。因为焦距之比表现为系统的放大率，所以在高放大率情况下，必有较大的 $f'_物$ 值相对应，也就是说，光学长度主要取决于 $f'_物$ 值。一般光学长度等于筒长，这样对仪器的体积、重量以及金属材料耗损都是不利的，因此在高倍系统中，为保持光学长度一定而缩短筒长，

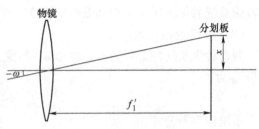

图 7-14　为提高测量精度使用长焦距物镜示意图

需注意物镜形式的合理选用和采用棱镜、反射镜转折光路。在有转像系统的望远镜中，光学筒长还要加上增长量 L_0，即 $L=f'_物 + L_0 + f'_目$。需要指出，一般测量系统为了提高测量精度，选用长焦距物镜是有意义的，这是因为测量的偏差与焦距成反比关系，如图 7-14 所示。

7.2.4　设计实例：双筒手持式望远镜设计

1. 概述

用来观测远距离目标的光学仪器称为望远镜，可用来观察、瞄准、测量小角度或概略测距，也可用于改变光束口径、压缩扩散角等。望远镜被广泛用于天文、航天、大地测量、工程与实验室测量、科研、军事以及日常生活等领域。

望远镜分为目视和非目视两类，可单手用，也可作为仪器或装置的组成部分。望远镜按光学系统形式分为：①伽利略望远镜；②开普勒望远镜；③反射和折反射望远镜；④调焦望远镜；⑤准直望远镜等。伽利略望远镜和开普勒望远镜其光学系统原理见7.2.3节，两者是望远系统中最主要的两个基本系统。

一般说来望远镜都有物镜和目镜，除伽利略式望远镜外都有转像部分，而大部分转像都由棱镜（保罗棱镜式或别汉棱镜式）转像；个别的望远镜采用透镜转像，所以设计望远镜的典型例子由物镜、目镜和转像棱镜三部分组成，并着重介绍双筒手持式望远镜设计。

2. 望远镜的总体设计

（1）望远镜的放大率

军用双筒望远镜一般为 7×~8×（美军用 7×，我军用 8×），民用为 3×~20×。

（2）物镜焦距

一般据目镜的焦距来确定物镜的焦距，或者根据总的光学长度来确定物镜和目镜的焦距，因为 $\Gamma=f'_物/f'_目$，$f'_物+f'_目=L_0$。

（3）目镜焦距

望远镜目镜焦距一般取 10~25mm，目镜焦距长，带来的问题是望远镜尺寸大、体积大；而焦距短，带来出瞳距离小、像差校正困难、透镜的工艺性差等问题。焦距长度要根据具体的产品而定。一般来说，放大率大的望远镜，目镜焦距选取短一点；放大率小的望远镜，目镜焦距选长一点；保罗棱镜式望远镜，目镜焦距长一些；别汉棱镜式望远镜，目镜焦距选短一些；天体望远镜放大率很大，所以目镜焦距就更短。

（4）物镜的有效口径

当物镜的焦距确定之后，有效口径的大小直接影响进入物镜的光通量。为了达到高亮度的观察，物镜的有效口径应尽量大。但是也不是越大越好，如 7×50 望远镜，它的有效口径为 50mm，放大率为 7，从而可知出瞳直径为 7.1mm，而人眼夜间的瞳孔是 7mm。这种望远镜已适合傍晚观察，如果再加大望远镜的有效口径就是多余的了。这是从使用的角度来说，物镜的有效口径要大一些为佳。从像差校正角度考虑，双胶合物镜的相对孔径最大只能到 1/4，双分离物镜的相对孔径可以达到 1/3，当视场很小时可达到 1/2.5；手持式的双筒望远镜，一般采用双胶合物镜。由于人眼的瞳孔在白天阳光下都比较小，一般为 2mm 左右，所以别汉棱镜式的望远镜物镜，口径都比较小（如 $\phi20mm~\phi25mm$）。

（5）物方视场角

望远镜的物方视场角，一般均不大，特别是手持双筒望远镜，由于物镜采用双胶合透镜，所以视场角 $2\omega\leqslant10°$。当然，物方视场角一般随着放大率的增长而减小，这主要是考虑目镜的视场角（或说目方视场角）不能太大，不然会带来目镜设计的困难。为了目镜的设计方便，目方视场角以 40° 左右为宜。当望远镜的目方视场角达到 55° 左右，就是设计制造难度较大的广角望远镜。

3. 望远镜外形尺寸计算

望远镜设计和常规光学系统设计一样，一般分两步走，即初步设计和第二步像差计算。初步设计就是根据产品的用途和使用条件，确定光学系统的光学性能：放大率、视场、口径和光学系统总长，然后以此计算产品中各部件的外形尺寸、相互之间位置、焦距等，计算时不考虑像差，把它当作薄透镜。第二步像差计算，根据初步计算所得结果和要求的像差校正，用像差理论和光路计算的方法确定光学系统的内部结构：透镜的材料、曲率半径、厚度和透镜之间的间隔。望远镜外形尺寸计算就是望远镜设计的第一步即初步设计，现举例加以说明。

要求设计双筒棱镜（保罗棱镜）望远镜，具体要求为：①手持式的棱镜望远镜；②要有比较大的视场；③要有比较大的主观亮度；④尺寸要求尽量紧凑，便于携带；⑤成像要清晰。

（1）确定系统光学性能

根据具体的要求确定望远镜的光学性能。

1）放大率：手持望远镜的放大率不能太高，一般不大于 8 为宜，考虑有较大的视场，本例放大率略取小一点，故取 $\Gamma = 6$。

2）视场：考虑用双胶合物镜，不用双分离物镜，又要有好的成像质量，故取物方视场角 $2\omega = 8°$。

3）出瞳直径：考虑较大的主观亮度，又使结构尺寸紧凑，故 $D' = 5\text{mm}$。

4）物镜焦距：考虑尺寸紧凑，物镜焦距应尽量短，又要考虑像差的校正和目镜的负担，故取 $f'_物 = 120\text{mm}$。

（2）物镜计算

1）物镜通光孔径为

$$D_通 = D_入 = D_出 \Gamma = 5\text{mm} \times 6 = 30\text{mm}$$

因为 $D_入 / f'_物 = 30/120 = 1/4$，$2\omega = 8°$，故选用双胶合物镜是合适的。

2）物镜的外径为

$$D_全 = D_通 + 装配余量 = 30\text{mm} + 2\text{mm} = 32\text{mm}$$

（3）目镜计算

1）目镜焦距为

$$f'_目 = \frac{f'_物}{\Gamma} = \frac{120\text{mm}}{6} = 20\text{mm}$$

2）视场光阑直径。求视场光阑直径 D_s 可以从图 7-15 中得出公式。可得

$$D_s = 2f'_物 \tan\omega = 2 \times 120\text{mm} \times \tan4° = 16.8\text{mm}$$

$$分划板的外径 = D_s + 装配余量 = 16.8\text{mm} + 1.5\text{mm} = 18.3\text{mm}$$

3）目镜视场角

$$\tan\omega' = \Gamma \tan\omega = 6\tan4° = 0.42$$

$$\omega' = 22.76°$$

根据目镜的视场角和目镜的出瞳直径，选取目镜的型式为开涅尔目镜。

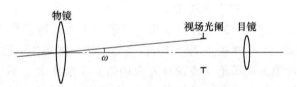

图 7-15　视场光阑计算示意图

4）镜板距：目镜最前一片透镜的前表面至分划板面的距离，用 b 表示。

$$b = \frac{f'_目}{3} = \frac{20\text{mm}}{3} = 6.7\text{mm}$$

5）镜目距：目镜最后一块透镜的后表面至眼瞳的距离，用 c 表示。

$$c = \frac{f'_目}{2} = \frac{20\text{mm}}{2} = 10\text{mm}$$

6）目镜各透镜直径。目镜选用开涅尔目镜，它由场镜和双胶合接目镜组成，它们的直径取决于渐晕的要求，如果允许渐晕，则尺寸小一些，不然尺寸就大，一般取 50% 渐晕。由于这种计算是粗略的，这里以无渐晕进行计算。由图 7-16 可得

$$场镜通光孔径 = 2(H + \Delta H) = 2\left[(f'_物 + b)\tan\omega + \frac{D_入}{2} \cdot \frac{b}{f'_物} \right]$$

$$= 2\left[(120\text{mm} + 6.7\text{mm})\tan4° + 15\text{mm} \times \frac{6.7\text{mm}}{120\text{mm}}\right] = 19.4\text{mm}$$

取场镜全直径为 21mm。

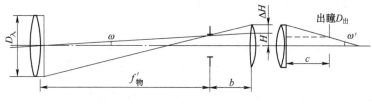

图 7-16 望远镜光学系统

接目镜通光孔径 $= 2c\tan\omega' + D_{出} = 2\times0.42\times10\text{mm} + 5\text{mm} = 13.4\text{mm}$。考虑装配取接目镜全直径 $= 15\text{mm}$。

（4）棱镜转像部分

采用两个直角棱镜组成的保罗棱镜系统，两直角棱镜均经过两次反射，具体按图 7-16、图 7-17 进行计算，公式的推导在下文介绍，这里先引用。

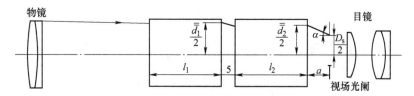

图 7-17 棱镜转像示意图

$$\tan\alpha = \frac{D_入/2 - D_s/2}{f'_物} = \frac{15\text{mm} - 8.4\text{mm}}{120\text{mm}} = 0.055$$

$$\overline{\overline{d}}_2 = D_s + 2a\tan\alpha = 16.8\text{mm} + 2 \times 12 \times 0.055\text{mm} = 18.1\text{mm}$$

图 7-17 中的两棱镜之间的间隔 5mm 是选定的，分划板与棱镜之间的距离 a 也是选定的，取 $a=12\text{mm}$，主要是考虑装配的可能性。

$$l_2 = \frac{2\overline{\overline{d}}_2}{1 - \dfrac{3\tan\alpha}{n}} = \frac{2 \times 18.1\text{mm}}{1 - \dfrac{3 \times 0.055}{1.5163}} = 40.6\text{mm}$$

考虑装配需求取 $l_2 = 45\text{mm}$。

$$\overline{\overline{d}}_1 = D_s + 2\left(a\tan\alpha + 5\tan\alpha + \frac{l_2}{n}\tan\alpha\right) = 16.8\text{mm} + 2 \times \left(12\tan\alpha + 5\tan\alpha + \frac{45}{1.5163}\tan\alpha\right)\text{mm}$$

$$= 16.8\text{mm} + 2 \times \left(12 \times 0.055 + 5 \times 0.055 + \frac{45}{1.5163} \times 0.055\right)\text{mm} = 22\text{mm}$$

$$l_1 = \frac{2\overline{\overline{d}}_1}{1 - \dfrac{3\tan\alpha}{n}} = \frac{2 \times 22\text{mm}}{1 - \dfrac{3\tan\alpha}{1.5163}} = \frac{44\text{mm}}{1 - \dfrac{3 \times 0.055}{1.5163}} = 49.4\text{mm}$$

考虑装配取 55mm。实际上允许有渐晕，故实际上棱镜没有这样大，考虑制造的方便，也可以两棱镜一样大小。在这里要说明一下，棱镜的材料选 $n=1.5163$，即选用 K9 玻璃。

4. 光学系统中的反射棱镜

（1）棱镜的功能

①改变方向；②转像；③其他：缩短筒长。

（2）棱镜展开

为了决定棱镜的大小，要求将棱镜展开成平行板，其方法是以反射光线的棱边为反射面，求其像（棱镜与光线的像），然后以图画出来。l 为光线在棱镜中的几何长度；d 为入射光束口径。定义 $k=\dfrac{l}{d}$ 是反射棱镜的一个常数，称为棱镜的结构常数。对于普通最常用的棱镜有以下几种：

1）一次反射的直角棱镜（见图 7-18）：

$$k = \frac{l}{d} = 1$$

2）二次反射的直角棱镜（见图 7-19）：

$$k = \frac{l}{d} = 2$$

3）五棱镜：由图 7-20 可得

$$l = (\overline{AB} + \overline{AC} + \overline{BC}) = d + d + \sqrt{2}d = (2 + \sqrt{2})d$$

$$k = \frac{l}{d} = (2 + \sqrt{2})d/d = 3.41$$

4）施密特棱镜：棱镜的顶角为 45°（见图 7-21），光线垂直于棱镜面射入，也垂直于另一个棱镜面射出，改变光线方向 45°。

$$l = AB + CD = \sqrt{2}d + d = (1 + \sqrt{2})d$$

$$k = \frac{l}{d} = 1 + \sqrt{2} = 2.41$$

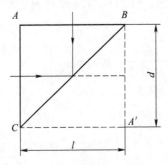

图 7-18　一次反射直角棱镜展开

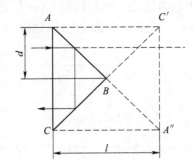

图 7-19　二次反射直角棱镜展开

棱镜的展开和求棱镜的结构常数及光线在棱镜中经过的几何长度的相关内容，请查阅参考文献 [12]。

（3）确定棱镜的大小

棱镜大小的确定可分为两种情况来研究。第一种情况：已知棱镜大小，即已知 d 求其位

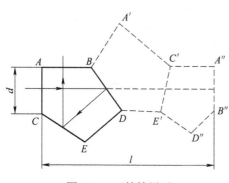

图 7-20   五棱镜展开

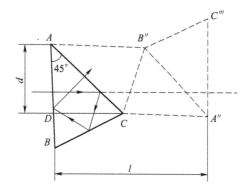

图 7-21   施密特棱镜展开

置，这没有什么困难，不详述。第二种情况：已知棱镜最后一面（展开的玻璃板）到视场光阑间的距离 a，求棱镜的大小，下面就研究这种情况。

正立棱镜相当于一块玻璃板，而光线经过玻璃板要发生侧向位移，像的位移量为 $\Delta S'$，则

$$\Delta S' = l\left(1 - \frac{\tan i'}{\tan i'}\right)$$

近似为

$$\Delta S' = l\left(1 - \frac{1}{n}\right) = \frac{l(n-1)}{n} \tag{7-31}$$

式中，l 为展开玻璃板厚度，或者是轴上光在玻璃板中的几何长度。

厚度 l、长度为 d 的展开玻璃板可相当于一个厚度 $\bar{l}$，长度为 d 的空气板，只要令其为 $\bar{l} = l - \frac{l(n-1)}{n} = \frac{l}{n}$，光线经过空气板是没有折射的，上面已经定义过 $k = \frac{l}{d} = 1$，因此有

$$\frac{\bar{l}}{d} = \frac{l}{nd} = \frac{k}{n} \tag{7-32}$$

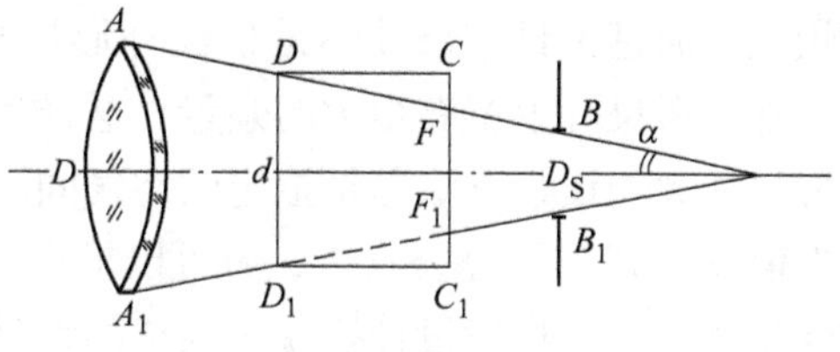

图 7-22 中的 DCC_1D_1 为一个空气板，其厚度 $\bar{l} = \frac{l}{n}$，令 D 与 D_s 各为光孔 AA_1（入瞳）和 BB_1（视场光阑）的直径；$f'_{物}$ 为物镜的焦距，则

$$\tan\alpha = \frac{D/2 - D_s/2}{f'_{物}}$$

图 7-22   物镜与棱镜展开后等效空气板的光路图

$$d = FF_1 + 2CF = D_s + 2a\tan\alpha + 2\bar{l}\tan\alpha = D_s + 2a\tan\alpha + \frac{2kd}{n}\tan\alpha$$

$$d = \frac{D_s + 2a\tan\alpha}{1 - \frac{2k}{n}\tan\alpha}$$

二次反射直角棱镜广泛应用于望远镜中，如两直角棱镜组成的保罗棱镜就应用于手持双筒望远镜。现求二次反射直角棱镜光轴长。

如图 7-17 所示，$\bar{\bar{d}} = D_s + 2a\tan\alpha$；如图 7-23 所示，$\tan\alpha' = \dfrac{\tan\alpha}{n}$，$\dfrac{1}{2} = \bar{\bar{d}} + l\tan\alpha' + \dfrac{1}{2}\tan\alpha'$，从而得

$$l = \frac{2\bar{\bar{d}}}{1 - \dfrac{3\tan\alpha}{n}}$$

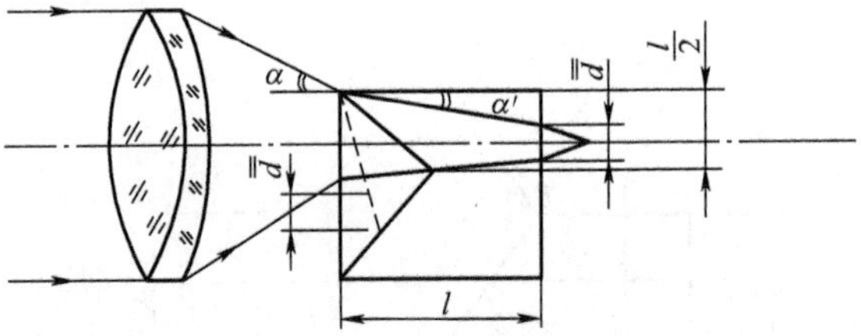

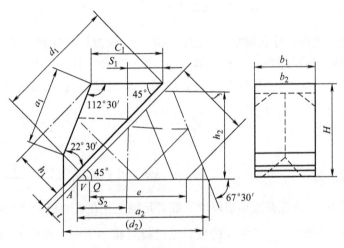

图 7-23　物镜与棱镜展开后平行玻璃板的光路图

（4）别汉棱镜

手持望远镜中经常采用保罗棱镜或者别汉棱镜转像，这里介绍角度为 45°别汉屋脊棱镜的设计（见图 7-24）。

在别汉屋脊棱镜设计中，其两组元棱镜间的空气间隔 t 是以方便结构设计以及工艺要求来确定的，而参考文献 [12] 中列举的别汉屋脊棱镜的结构数据，其空气间隔 t 仅为 0.1mm，这样就产生一个问题，空气间隔 $t = 0.1$mm 的别汉屋脊棱镜的等效平行玻璃板厚度及

图 7-24　45°别汉屋脊棱镜外形尺寸

其外形尺寸为何值？以往这种形式的别汉屋脊棱镜设计都是采用逐点几何描述的方法，显得较烦琐，而且设计结果并不是最佳外形尺寸，因为在设计中为了避免通光孔径被屋脊面切割，在外形尺寸上留有很大的余量，这样使棱镜的等效平行玻璃板厚度产生不必要的增加，外形尺寸大。设计方法是将拟定的空气间隔 t 与所要求的棱镜通光孔径相比得到 k 值，然后将 k 值及 D 代入计算公式中，就可以求得棱镜设计的全部外形尺寸及等效平行玻璃板厚度，它使这种形式的棱镜设计摆脱了烦琐的设计计算，使设计既简单又获得棱镜最小外形尺寸。

下面给出 45°别汉屋脊棱镜的计算公式：

① 半五棱镜计算公式。等效平行玻璃板厚度：

$$L_1 = D(1 + \cos 45°) = 1.70710678D \tag{7-33}$$

半五棱镜外形尺寸：

$$\left.\begin{aligned}
C_1 &= D \\
d_1 &= 1.70710678D \\
a_1 &= D/\cos 45° = 1.414213562D \\
h_1 &= D\sin 45° = 0.70710678D \\
b_1 &= b = D
\end{aligned}\right\} \tag{7-34}$$

② 施密特屋脊棱镜计算公式。等效平行玻璃板厚度为

$$L_2 = D\left(\frac{1+\sin\theta}{2\sin\theta\cos45°} + \frac{1-\sin\theta}{2\sin\theta} + \tan22.5°\cos45° - k\right)(1+\cos45°)$$

$$= D(3.448501747 - 1.70710678k) \quad (\theta = 52°34'14.72'') \tag{7-35}$$

施密特屋脊棱镜外形尺寸：

$$a_2 = D\left(\frac{1+\sin\theta}{2\sin\theta\cos45°} + \frac{1-\sin\theta}{2\sin\theta} + \tan22.5°\cos45° - k\right)$$

$$= D(2.02008555 - k) \tag{7-36}$$

在对施密特屋脊棱镜角截去不同的45°情况下，对空气间隔所能取得宽度 t 有相应的 k 的取值的限制，在 k 取值允许的情况下，按实际确定的允许截去情况标准 e。

若 $k \leqslant 0.163253163$，截去边界 AQZ'（三棱体）：截去 AQZ' 后对应 $e=\sqrt{2}D$，留有一定余量，允许截去 AVZ'，此时对应 $e = AQ/2 + \sqrt{2}D = D\left(\frac{1-\sin\theta}{4\sin\theta\cos45°}\right) + \sqrt{2}D = 1.505882921D$，或不截去，则 $e = AQ + \sqrt{2}D = 1.597552279D$。

若 $0.163253163 < k \leqslant 0.292893216$，截去边界 AVZ'（三棱体）：截去 AVZ' 后对应的 $e = 1.505882921D$，或者不截去，$e = 1.597552279D$。

若 $0.292893216 < k \leqslant 0.42253327$，不截去边界 AVZ'（三棱体）：$e = 1.597552279D$。

若要截去，则将 k 值代入下式求得 e：

$$e = D\left[\cos45°\left(\frac{1-\sin\theta}{2\sin\theta} - \tan22.5°\cos45°\right) + \sqrt{2} + k\cos45°\right]$$

$$= D(1.29877614 + 0.70710678k)$$

$$h_2 = D\left[1 + \frac{1-\sin\theta}{2\sin\theta}\cos45° + \cos45°(\tan22.5°\cos45° - k)\right]$$

$$= D(1.29877614 - 0.70710678k)$$

$$f = D\left(1 + \frac{1-\sin\theta}{2\sin\theta}\right) = 1.129640049D$$

$$b_2 = D$$

两棱镜间的相互位置计算公式：

$$S_1 = \frac{D}{2}$$

$$t = kD$$

$$S_2 = D\left[\frac{1-\sin\theta}{2\sin\theta}\cos45° + \cos45°(\tan22.5°\cos45° - k) + \frac{1}{2}\right]$$

$$= D(0.79877614 - 0.70710678k)$$

（k 的取值范围为 $0 \sim 0.42253327$）

整组别汉屋脊棱镜的幅面尺寸计算公式：

$$H = D\left[\frac{1-\sin\theta}{2\sin\theta}\cos45° + \tan22.5°\cos^2 45° + 1 + (\sqrt{2} - \cos45°)k\right]$$

$$= D(1.29877614 + 0.70710678k)$$

$$d_2 = D\left(\tan22.5° + \frac{1+\sin\theta}{2\sin\theta\cos45°}\right)$$

$$= 2.011765841D$$

整组别汉屋脊棱镜的等效平行玻璃板厚度:

$$L_{别} = L_1 + L_2 = D(1 + \cos45°)\left(1 + \frac{1 + \sin\theta}{2\sin\theta\cos45°} + \frac{1 - \sin\theta}{2\sin\theta} + \tan22.5°\cos45° - k\right)$$

$$= D(5.155608527 - 1.70710678k)$$

(k 的取值范围为 $0 \sim 0.42253327$)

5. 望远镜物镜设计

手持望远镜包括军用望远镜和民用望远镜,一般由物镜、目镜和棱镜或透镜式转像系统构成,因此设计物镜时,应当考虑到它和其他部分的像差补偿关系。

在望远系统中,物镜的相对孔径 $\frac{D}{f'_{物}}$ 和目镜的相对孔径 $\frac{D}{f'_{目}}$ 相等。望远镜的出瞳直径 D' 一般为 $3 \sim 4mm$,出瞳距离 p 一般要求 $20mm$ 左右,因此,目镜的焦距 $f'_{目}$ 通常要大于 $25mm$,对应相对孔径为

$$\frac{D}{f'_{物}} = \frac{D'}{f'_{目}} = \frac{4}{25} \approx \frac{1}{6}$$

所以望远镜的相对孔径一般小于 $1/5$。望远镜目镜的视场角一般小于 $60°$,物镜视场角一般为 $8°$ 左右。

由前面讨论可知,望远镜的视场角和相对孔径都不大,所以它的结构比较简单,多采用薄透镜组或薄透镜系统。由于望远镜视场角比较小,同时视场边缘的像质一般允许适当降低,所以望远镜物镜只消除球差、彗差和位置色差 3 种像差。

当有分划板时,要求通过系统能够同时看清目标和分划板上的分划线,因此分划板前后两部分系统应当尽可能分别消像差,同时还要保证全系统的成像质量良好。在系统中有棱镜的情况下,物镜的像差应当和棱镜的像差相互补偿。棱镜的反射面是不产生像差的,因此棱镜的像差等于展开以后的平行玻璃板的像差,和它的位置无关,所以系统中不论有几个棱镜,也不论它们的相对位置如何,只要它们所用的材料相同,都可以合成一块平板玻璃来计算像差。

另外,目镜通常具有少量剩余球差和位置色差,需要在物镜中给予补偿,因此物镜的像差一般不是校正到零,而是要求它等于指定的数值。

能够消除 3 种像差的透镜组的最简单的结构是双胶合透镜,它是最常用的一种望远镜物镜。当要求的物镜光学特性超出双胶合物镜允许的限度时,则要求采用较复杂的物镜结构。大部分望远镜物镜都可以近似地看成薄透镜系统,它们的设计一般分为以下几个阶段:

1)根据外形尺寸计算物镜的焦距、相对孔径和视场以及根据对成像质量的要求选定物镜的结构形式。

2)应用薄透镜系统初级像差公式或据 5.3 节求解透镜组的初始结构参数。

3)通过光路计算求出实际像差,然后进行微量修正,直到得到最后的结果。

6. 望远镜目镜设计

和望远镜物镜比较,目镜的特点是焦距短($f'_{目} = 10 \sim 40mm$)、相对孔径小($D'/f'_{目} = 1/10 \sim 1/4$)、视场大($2\omega' = 30° \sim 100°$)、光阑位于目镜的外部(出瞳距离 $p' \geq 10mm$)和以人眼为接收器。这些特点决定了目镜的像差性质和校正方法,以及它们的容许限度。

由于焦距短和相对孔径小，目镜的轴上像差（球差和位置色差）的绝对值基本上在 0.2 以下，这样的数量级是不能被人眼感觉出来的。考虑到目镜的视场大和光阑外移，主光线通过目镜以后的总偏向角很大，如图 7-25 所示，主光线的总偏向角 $\sum\Delta\omega$ 等于目镜视场半角 ω' 和物镜视场半角 ω 绝对值之和，即

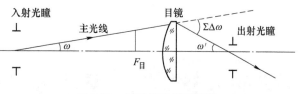

图 7-25 望远镜目镜光路图

$$\sum\Delta\omega = \omega' + \omega \tag{7-37}$$

由像差理论可知，主光线的偏向角大，在每个折射面上的折射角也大，轴外像差——像散、场曲、倍率色差、彗差和畸变也随之增大，不但初级像差大，而且出现大量的高级像差。由于目镜的光阑必须在目镜的外部，其中的轴外像差又不可能自动消除，因此除了对畸变要求不高，一般不加以校正以外，如何控制其他轴外像差——像散、场曲、倍率色差和彗差则成为目镜设计的主要矛盾，特别是广角目镜，矛盾尤为突出。为了有效地校正这些像差，目镜的结构不得不随着视场的扩大而趋于复杂。另外，由于主光线的偏向角很大，光阑成像的相对孔径也很大，光阑球差需要加以考虑，以防止视场边缘部分被遮挡。

考虑到目镜的接收器是人眼，因而对目镜像差公差的要求与其他系统不同。例如，人眼能自动调焦，允许像散和场曲的剩余值较大；在大多情形（白天观察），眼睛瞳孔很小，从而成像光束口径很小，球差、彗差和轴外球差也不大；在有些观察和瞄准器中，视场的周围部分仅仅起参考作用，必须细致观察时，可以将目标调到视场的中央，因而目镜视场边缘的像质允许比视场中央低。

望远镜目镜使用最普遍的结构有开涅尔目镜和对称目镜，这些目镜结构参数见 6.3 节。

习　题

1. 试比较望远镜和显微镜的共同点与不同点。

2. 已知显微镜的视觉放大率为−300，目镜的焦距为 20mm，求显微物镜的倍率。假定人眼的视觉分辨率为 60″，问使用该显微镜观察时，能分辨的两物点的最小距离等于多少？

3. 现有焦距分别为 $f'_1 = 100mm$ 和 $f'_2 = 200mm$ 的两个薄透镜组，如何构成望远系统？望远系统视觉放大率等于多少？如果用这两个薄透镜组构成显微镜，假定 $f'_1 = 100mm$ 的透镜作物镜，其光学间隔（由 $F'_{物}$ 到 $F_{目}$ 的距离）$\Delta = 160mm$，问此显微镜的垂轴放大率多大？显微镜的视觉放大率等于多少？

第8章

其他光学系统设计

第 7 章阐述了显微镜光学系统和望远光学系统等典型光学系统设计，本章将讨论其他光学系统的设计问题，其中不少光学系统设计是目前光学设计领域的热点问题或前沿问题。内容包括：①变焦距光学系统的概念与分类、变焦距光学系统的高斯光学计算、变焦距光学系统的设计；②远心光路的基本概念、物方远心光路和像方远心光路的区别和各自的应用、远心光路光学系统设计；③激光扫描系统的概念、$f\theta$ 镜头概念及其设计方法；④非成像光学系统与成像光学系统的概念、照明光学系统的组成、临界照明与柯勒照明方式设计、照明光学系统的计算；⑤非球面的概念、非球面的分类、非球面的优缺点、非球面的应用与设计；⑥反射式和折射式光学系统的概念与区别、反射式光学系统的分类与设计。

学习上述各种类型光学系统的特点，理解其用途，能使读者拥有设计常用的变焦距、远心和照明光学系统的初步能力。

8.1 变焦距光学系统设计

8.1.1 概述

定焦距系统是指焦距固定不变的系统，而变焦距系统则是指焦距可在一定范围内连续改变而保持像面不动的光学系统。它能在拍摄点不变的情况下获得不同比例的像，因此它在新闻采访、影片摄制和电视转播等场合使用特别方便。而且在电影和电视拍摄的连续变焦过程中，随着物像之间倍率的连续变化，像面景物的大小连续改变，可以使观众产生一种由近及远或由远及近的感觉，这是定焦距物镜难以达到的。目前变焦距物镜的应用日益广泛，开始主要用于电影和电视摄影，现在已逐步扩大到照相机和小型电影放映机上。变焦距物镜的高斯光学是在满足像面稳定和满足焦距在一定范围内可变的条件下来确定变焦距物镜中各组元的焦距、间隔、移动量等参数的问题。高斯光学是变焦距物镜的基础，高斯光学参数的求解在变焦距物镜设计中至关重要，直接影响最后的成像质量。若要求全部范围内成像质量都要好，就需要在所有可能解中挑选出尽量少产生高级像差的解。这相当于在系统总长一定的条件下，挑选各组焦距尽可能长的解，使各组元无论对轴上还是轴外光线产生尽量小的偏角。

早在 1930 年前后，就出现了采用变焦距物镜的电影放映镜头，当时为了避免凸轮加工制造误差引起的像面位移等缺陷，一般采用光学补偿法，但由于其成像质量较差，应用并不广泛。1940—1960 年机械补偿法变焦距物镜开始得到发展和应用，这一时期的机械补偿法变焦距物镜镜片数目较少，变倍比较小，质量也较差，所以应用并不是特别普遍。与此同时，在 20 世纪 40 年代末 50 年代初，出现了真正意义上的光学补偿法的变焦距物镜，由于它的机械加工工艺比较简单，所以曾风靡一时。1960 年以后，计算机在光学设计中较多的应用，及采用高精度机床加工凸轮曲线等，使机床加工水平大大提高，光学补偿法的变焦距物镜就越来越少了，取而代之的是较高质量的机械补偿法的变焦距物镜。1960—1970年机械补偿法变焦距物镜一般只有两个移动组元，但所用镜片数目比以前明显增加了，大大提高了镜头的像质，这个阶段的变焦镜头虽然变倍比不高，但已在电影电视中普遍使用。1970年以后，除了计算机自动设计技术的普及以及多层镀膜技术的开发和使用，还利用高精度数控技术加工变焦距物镜的复杂凸轮结构，并利用新型材料和非球面技术，不但大大改进了二移动组元变焦距物镜，还促使开发了多移动组元变焦距物镜，即通常所说的光学补偿法和机械补偿法相结合的变焦距物镜。1980年，小西六公司（柯尼卡公司的前身）展出了5组同时移动的F4.6/28-135mm高倍广角变焦距物镜，1983年正式产品推出，从而揭开了全动型高倍率镜头的序幕，这种镜头采用新的变焦和调焦方式，体积小，性能优越，质量较高。从变焦镜头的发展来看，人们为了解决二移动组元变倍比较小的问题，从1970年到现在，一直致力于开发多移动组元的变焦镜头，现在，由于新材料的使用和新技术的进步，有的变焦镜头已赶上了定焦镜头的成像质量。但是变焦镜头与定焦镜头相比，在某些方面还是存在着差距，例如，相对孔径不够大、体积不够小等。随着光学工业的发展，将会出现一批更新型、更高质量的变焦镜头。

8.1.2 变焦距光学系统的分类及其特点

对于变焦距系统来说，由于系统焦距的改变，必然使物像之间的倍率发生变化，所以变焦距系统也称为变倍系统。多数变焦距系统除了要求改变物像之间的倍率之外，还要求保持像面位置不变，即物像之间的共轭距不变。

对一个确定的透镜组来说，当它对固定的物平面做相对移动时，对应的像平面的位置和像的大小都将发生变化；当它和另一个固定的透镜组组合在一起时，它们的组合焦距将随之改变。如图8-1所示，假定第一个透镜组的焦距为 f_1'，第二个透镜组对第一透镜组焦面 F_1' 的垂轴放大率为 β_2，则它们的组合焦距 f' 为

$$f' = f_1' \beta_2$$

当第二透镜组移动时，β_2 将改变，像的大小将改变，像面位置也随之改变，因此系统的组合焦距 f' 也将改变。显然，变焦距系统的核心是可移动透镜组倍率的改变。

对单个透镜组来说，要它只改变倍率而不改变共轭距是不可能的，但是有两个特殊的共轭面位置能够满足这个要求，即所谓的"物像交换位置"，如图8-2所示。

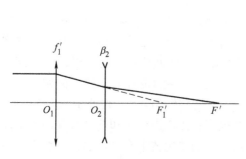

图 8-1 两透镜组的相互关系

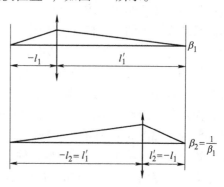

图 8-2 物像交换位置

这种情况下，第二透镜组位置的物距（绝对值）等于第一透镜组位置的像距，而像距（绝对值）恰恰为第一透镜组位置的物距，前后两个位置之间的共轭距离不变，仿佛把物平面和像平面做了一个交换，因此称为"物像交换位置"。

透镜组的倍率由

$$\beta_1 = \frac{l'_1}{l_1}$$

变到　$\beta_2 = \frac{l'_2}{l_2} = \frac{-l_1}{-l'_1} = \frac{1}{\beta_1}$

前、后两个倍率 β_1 与 β_2 之比称为变倍比，用 M 表示为

$$M = \frac{\beta_1}{\beta_2} = \beta_1^2$$

由此可知，在满足物像交换的特殊位置上，物像之间的共轭距不变，但倍率改变为原来的 β_1^2 倍。对于 $\beta_1 \sim \beta_2$ 的其他中间位置，随着倍率的改变，像的位置也要改变，如图 8-3 所示。

图 8-3 中虚线表示透镜位置和像面位置间的关系，当透镜处于 $-1\times$ 位置时，物像间的距离最短。此时的共轭距 L_{-1} 为

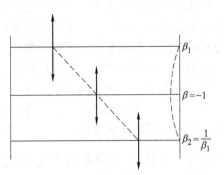

图 8-3　物像交换位置之间的像面位置

$$L_{-1} = l' - l = 2f' - (-2f') = 4f'$$

当倍率等于 β 时，共轭距 L_β 为

$$L_\beta = l' - l = (f' + x') - (f + x) = (f' - \beta f') - \left(f - \frac{f}{\beta}\right) = \left(2 - \beta - \frac{1}{\beta}\right)f'$$

由 $-1\times$ 到 β 时相应的像面位移量为

$$\Delta L = L_{-1} - L_\beta = \left(2 + \beta + \frac{1}{\beta}\right)f'$$

由上式看到，倍率等于 $1/\beta$ 时的像面位移量与等于 β 时显然是相等的，这就是说，"物像交换位置"在变倍比 M 相同的条件下，处在物像交换条件下像面的位移量最小。在变焦距系统中起主要变倍作用的透镜组称为"变倍组"，它们大多工作在 $\beta = -1$ 的位置附近，称为变焦距系统设计中的"物像交换原则"。

由上面的分析可以看到，要使变倍组在整个变倍过程中保持像面位置不变是不可能的，要使像面保持不变，必须另外增加一个可移动的透镜组，以补偿像面位置的移动，这样的透镜组称为"补偿组"。在补偿组移动过程中，它主要产生像面位置变化，以补偿变倍组的像面位移，而对倍率影响很小，因此补偿组一般处在远离 $-1\times$ 的位置上工作。例如，对正透镜补偿组一般处于如图 8-4a 所示的 4 种物像位置；对负透镜补偿组，则处于图 8-4b 所示的 4 种物像位置。实际系统中究竟采用哪一种，则要根据具体使用要求和整个系统的方案而定。

实际应用的变焦距系统，它的物像平面是由具体的使用要求来决定的，一般不可能符合变倍组要求的物像交换原则。例如，望远镜的物平面和像平面都位在无限远，照相机的物平面同样位在物镜前方远距离处。为此，必须首先用一个透镜组把指定的物平面成像到变倍组

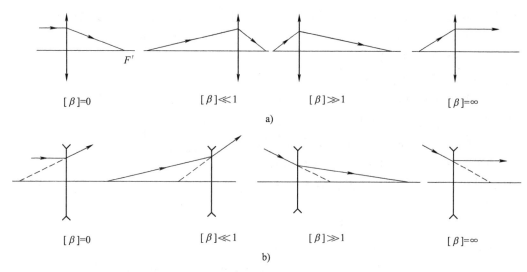

$[\beta]=0$ $[\beta]\ll1$ $[\beta]\gg1$ $[\beta]=\infty$

a)

$[\beta]=0$ $[\beta]\ll1$ $[\beta]\gg1$ $[\beta]=\infty$

b)

图 8-4　补偿组示意图

a）正透镜补偿组　b）负透镜补偿组

要求的物平面位置上，这样的透镜组称为变焦距系统的"前固定组"。如果变倍组所成的像不符合系统的使用要求，也必须用另一个透镜组将它成像到指定的像平面位置，这样的透镜组称为"后固定组"。大部分实际使用的变焦距系统均由前固定组、变倍组、补偿组和后固定组 4 个透镜组构成，有些系统根据具体情况可能省去这 4 个透镜组中的 1 个或 2 个。

变焦距物镜根据其变焦补偿方式的不同大体上可分为机械补偿法变焦距物镜和光学补偿法变焦距物镜，以及在这两种类型基础上发展起来的其他一些类型的变焦距物镜。

1. 机械补偿法变焦距物镜

机械补偿法变焦距物镜一般由典型的前固定组、变倍组、补偿组和后固定组 4 个透镜组组成。机械补偿法变焦距物镜的变倍组一般是负透镜组，而补偿组可以是正透镜组也可以是负透镜组，前者称为正组补偿，后者称为负组补偿，如图 8-5 和图 8-6 所示。机械补偿变焦距物镜的变倍组和补偿组的合成共轭距，在变焦运动过程中是一个常量，理论上像点是没有漂移的，而且各组元分担职责比较明显，整体结构也比较简单。近年来，随着机械加工技

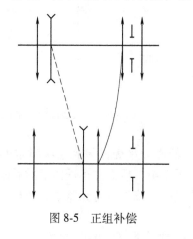

图 8-5　正组补偿

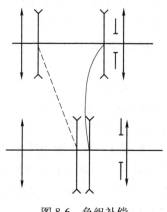

图 8-6　负组补偿

术的发展，机械补偿系统中凸轮曲线的加工已不像过去那么困难，加工精度也越来越高，所以，目前此种类型变焦距物镜得到了广泛的应用。常用的几种变焦距形式有：

（1）用双透镜组构成变倍组

上面说过采用变倍组移动时，除了符合物像交换条件的两个倍率像面位置不变外，对其他倍率，像面将产生移动。很容易想到，如果变倍组由两个光焦度相等的透镜组组合而成，在变倍过程中，两透镜组做少量相对移动以改变它们的组合焦距，就可达到所有倍率像面位置不变的要求，如图8-7所示。

图8-7中，变倍组由两个正透镜构成，符合物像交换原则的物像是实物和实像，图8-7中标

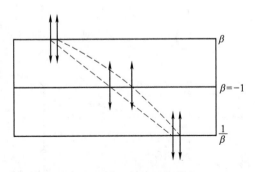

图8-7　双正透镜组变倍组

出的 β 和 $1/\beta$ 两个倍率符合物像交换原则，两透镜组的相对位置相同，在其他倍率，两透镜组间隔少量改变。图8-7中画出的一条直线和一条曲线代表不同倍率时两透镜组的移动轨迹，在-1×位置两透镜组的间隔最大，它们的组合焦距最长。

这种系统被广泛应用于变倍望远镜中，由于望远镜的物平面位置在无限远，首先用一个物镜组将无限远物平面成像在变倍系统的物平面上，变倍系统的像位在目镜的前焦面上，通过目镜成像于无限远供人眼观察。望远镜物镜和目镜相当

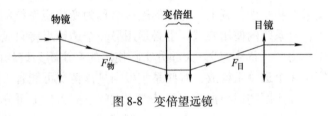

图8-8　变倍望远镜

于整个变焦距系统的前固定组和后固定组，如图8-8所示。

如果变倍组采用两个负透镜组构成，符合物像交换条件的物和像是虚物和虚像，如图8-9所示。

在变倍过程中，两透镜组的运动轨迹如图中虚线所示。由于两负透镜组组合间隔越小，焦距越长，所以在-1×位置两透镜组间的间隔最小。前面两正透镜组合时-1×位置间隔最大，因为两正透镜组间隔越大，焦距越长。为了构成一个完整的变焦距系统，图8-9中的变倍组的前面要加上一个前固定组，将实物平面成像在变倍组的虚物平面上，在

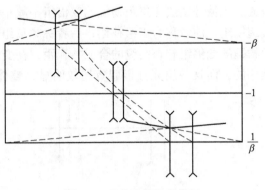

图8-9　双负透镜组变倍组

变倍组的后面，也要加上一个后固定组把变倍组的虚像平面成像到系统指定的像平面位置上。这种系统应用最多的是前面加正透镜组的前固定组，后面加正透镜组的后固定组构成一个变倍的望远系统。它被广泛应用在无限筒长的显微系统的平行光路中，使整个系统达到变倍的目的，如图8-10所示。

（2）由一个负的前固定组加一个正的变倍组构成的低倍变焦距物镜

　　照相物镜要求把远距离目标成一个实像，这类系统要实现变焦距，则必须有一个将远距离目标成像在变倍组-1×的物平面位置上的前固定组。为了使系统最简单，不再在变倍组后加后固定组，由于系统要求成实像，因此，必须采用正透镜组作变倍组，前固定组采用负透镜组。这样，一方面可以缩短整个系统的长度，另一方面整个系统构成一个反摄远系统，有利于轴外像差的校正，使系统能够达到较大的视场，如图 8-11 所示。在变倍过程中，前固定组同时还起到补偿组的作用，它们的运动轨迹同样在图中用虚线表示。该系统所能达到的变倍比比较小，因为变倍组的移动范围受到前固定组像距的限制，主要用于低倍变焦距的照相物镜和投影物镜中。

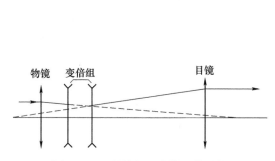

图 8-10　无限筒长显微镜变倍系统

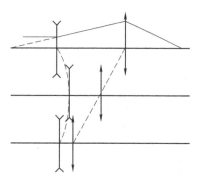

图 8-11　负、正透镜组构成的变倍组

　　（3）由前固定组加负变倍组、负补偿组和后固定组构成的变焦距系统

　　这种系统如图 8-12 所示，前固定组是正透镜组，把远距离的物成像在负变倍组的虚物平面上，通过变倍组成一个虚像，再通过负补偿组成一缩小的虚像，最后经过正透镜组的后固定组形成实像。变倍组工作在 -1× 位置左右，补偿组工作在远离 -1×、$|\beta| \ll 1$ 的正值位置。

　　（4）由前固定组加负变倍组和正补偿组构成的变焦距系统

　　这种系统根据补偿组工作倍率的不同，又可分为两类：第一类是补偿组工作在 $|\beta| \ll 1$ 的位置上，如图 8-13 所示。第二类是补偿组工作在 $|\beta| \gg 1$ 位置上，如图 8-14 所示。它们

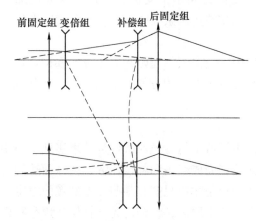

图 8-12　正的前、后固定组加负的变倍和补偿组构成的变焦系统

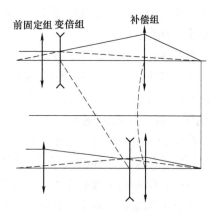

图 8-13　前固定组加负变倍组和正补偿组构成的变焦距系统（$|\beta| \ll 1$）

的最大差别是补偿组的运动轨迹相反。根据实际情况，可以在第一类系统后面加一个负的后固定组，也可以在第二类系统后面加一个正的后固定组。

（5）由前固定组加一负变倍组和一正变倍组构成的变焦距系统

这类系统的最大特点是有两个工作在-1×位置左右的变倍组，其中一个为负透镜组，另一个为正透镜组。在移动过程中，两个变倍组同时起变倍作用，系统总的变倍比是这两个变倍组变倍比的乘积，因此系统可以达到较高的变倍比。系统的构成如图8-15所示。

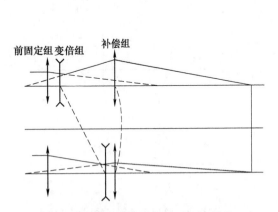

图 8-14 前固定组加负变倍组和正补偿组
构成的变焦距系统（$|\beta|\gg1$）

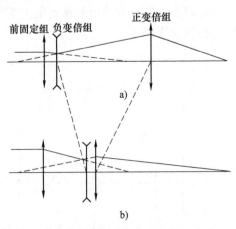

图 8-15 前固定组加负变倍组和正变倍组
构成的变焦距系统

在图8-15a的位置，负变倍组$|\beta|<1$，正变倍组$|\beta|<1$，当负变倍组向右移动，即向-1×位置靠近时，它的共轭距减小，像点也同时向右移动，为了使最后像面位置不变，正变倍组的共轭距也应相应减小，所以正变倍组也应向-1×位置靠近。当负变倍组到达-1×位置时，正变倍组也必须同时到达-1×位置。因为当负变倍组越过-1×位置继续向右移动时，共轭距开始加大，为了保持最后像面不变，正变倍组的共轭距也应相应加大，所以正变倍组必须和负变倍组同时越过-1×位置，否则不能保持正变倍组运动的连续性。在图8-15b的位置，正、负变倍组的倍率均大于1，这样，整个系统的变倍比和单个变倍组相比便大大增加了。因此，这种系统一般用于变倍比大于10甚至达到20的变焦系统中，正、负变倍组光焦度的绝对值一般比较接近。

以上为最常用的一些形式，在前面的图形中，变倍组的起始和终止位置都符合物像交换原则，实际系统中根据具体使用情况或整个系统校正像差的方便，变倍组可以采用对-1×不完全对称的运动方式，适当偏上或偏下。

2. 光学补偿法变焦距物镜

光学补偿法变焦距物镜是在变焦运动过程中用若干组透镜作线性运动来实现变焦距，它们作同向且等速移动，在移动过程中，各组元共同完成变倍和补偿任务，使像面达到稳定的状态，但实际在变焦运动过程中，光学补偿法变焦距物镜只能在某些点做到像面稳定，所以在全范围内它的像面是有一定漂移的。正是由于这个原因，纯粹的光学补偿变焦距物镜在目前已很少使用。图8-16是双组元联动光学补偿法变焦距物镜。

光学补偿法变焦距物镜仅要求一个线性运动来执行变焦的职能，避免了机械补偿法中曲线运动所需的复杂结构。这类系统的组成次序是依次交替的固定组元和移动组元，而且固定组元与移动组元光焦度反号，在系统内部没有实像。另一方面，若不计入后固定组，像面稳定点的个数与组元数是相等的，即在这几个点像面位置相同，在其余各点均有像面位移。

3. 光学机械补偿混合型变焦距系统

这种类型的变焦距物镜是在光学补偿法的基础上发展起来的，由于光学补偿法变焦距系统仍存在一定的像面位移，为了补偿这些像面位移，可使其中另一组元作适当地非线性移动来进行补偿，这样就构成了光学机械补偿混合型变焦距系统，如图 8-17 所示，也有人称之为机械补偿双组联动型变焦距系统。

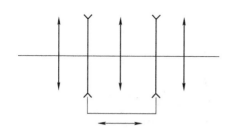
图 8-16　双组元联动光学补偿法变焦距物镜

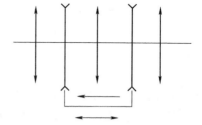
图 8-17　光学机械补偿混合型变焦距系统

光学机械补偿混合型变焦距系统由若干组元联动实现变倍目的，另有一组元作非线性运动来补偿像面的位移，使像面严格稳定。各移动组元分工并不明确，在有的情况下，是由某一单组元执行变倍职责，而双组联动仅起补偿像面的作用；它的光焦度分配比较均匀，对像差的校正比较有利。各组元光焦度交替出现正负，系统内部无实像。

4. 全动型变焦距物镜

这种变焦距物镜在变焦运动过程中，各组元均按一定的曲线或直线运动，若按其职能来分，可认为第一组元为补偿组，其余组元为变倍组。全动型变焦距物镜系统有下面一些特点：①它摆脱了系统内共轭距为常量这一约束条件，使各组元按最有利的方式移动，以达到最大限度的变焦效果；②第一组元用作调焦，其余组元对变倍比均有贡献；③像差的校正必须全系统同时进行；④光阑一般设在后组元之前，当后组元作变焦运动时，为使光阑指数不变，则必须连续改变光阑直径，使得机械结构进一步复杂；⑤由于执行变倍的组元比较多，可

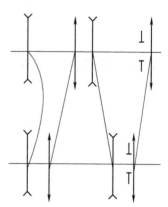
图 8-18　四组元全动型变焦距系统

以选四组或五组的结构，所以各组元倍率的变化可以比较小，各组元的光焦度分配可以比较均匀；⑥它的镜筒设计要比以上几种类型的变焦距系统复杂，但随着加工工艺的提高，这种复杂度也随之降低。图 8-18 是一个四组元全动型变焦距物镜。

在某些情况下，有的光学设计者在全动型基础上加一个后固定组，这样可以使全动型在运动过程中相对孔径保持不变，而且在校正像差过程中，可先使前面若干组元的像差趋于一致，再利用后固定组产生与前若干组元符号相反的像差来进行全系统的像差校正。

以上便是几种主要类型的变焦距物镜，光学补偿法变焦距物镜由于它本身存在的缺陷，

现在已很少有人使用，而对于全动型变焦距物镜，由于加工工艺等因素的制约，在目前应用并不广泛。在实际的光学设计过程中，绝大多数是机械补偿法变焦距系统。

8.1.3 变焦距物镜的高斯光学

求解变焦距物镜高斯光学参数，实际上是确定变焦距系统在满足像面稳定和焦距在一定范围内可变的条件下系统中各组元的焦距、间隔、位移量等参数。这些高斯光学参数的确定需要通过建立数学模型来解决，这里选择系统内各组元的垂轴放大率 $\beta_i (i = 1, 2, 3, \cdots, n)$ 作为自变量，因为用 β_i 作自变量可以表示出系统及系统内各组元的其他参量，使方程的建立更加容易，形式比较规则，从而更便于分析，而且它可以直接反映变焦过程中的一些特征点，如 β_i 倍，-1 倍，$1/\beta_i$ 倍。

若一变焦距物镜由 n 个透镜组组成，用 F_1，F_2，$\cdots$，F_n 表示第 1、2、$\cdots$、n 组元的焦距值，β_1，β_2，$\cdots$，β_n 表示第 1、2、$\cdots$、n 组元的垂轴放大率。那么可以得到

$$F = F_1\beta_2\beta_3\cdots\beta_n \tag{8-1}$$

式中，F 表示系统总焦距值。由式（8-1）可知，变焦距物镜的合成焦距 F 为前固定组焦距 F_1 和其后各透镜组垂轴放大率的乘积。F 之变化即 β_2，β_3，$\cdots\beta_n$ 乘积之变化。

$$\Gamma = \frac{F_L}{F_S} = \frac{\beta_{2L}\beta_{3L}\cdots\beta_{nL}}{\beta_{2S}\beta_{3S}\cdots\beta_{nS}} \tag{8-2}$$

式中，Γ 表示系统的变倍比，也称"倍率"，$\Gamma \geq 10$，称为高变倍比，否则称为低变倍比；下标 L 表示长焦距状态，S 表示短焦距状态。

$$\gamma_i = \frac{\beta_{iL}}{\beta_{iS}} \qquad (i = 1, 2, \cdots, n) \tag{8-3}$$

式中，γ_i 表示各组元的变倍比。由式（8-2）和式（8-3）可得

$$\Gamma = \gamma_1\gamma_2\cdots\gamma_n \qquad (i = 1, 2, \cdots, n) \tag{8-4}$$

此式表明了系统变倍比与各组元变倍比之间的关系。

$$L_i = \left(2 - \beta_i - \frac{1}{\beta_i}\right)F_i \qquad (i = 1, 2, \cdots, n) \tag{8-5}$$

式中，L_i 表示各组元的物像共轭距。

$$l_i = \left(\frac{1}{\beta_i} - 1\right)F_i \qquad (i = 1, 2, \cdots, n) \tag{8-6}$$

式中，l_i 表示各组元的物距。

$$l_i' = (1 - \beta_i)F_i \qquad (i = 1, 2, \cdots, n) \tag{8-7}$$

式中，l_i' 表示各组元的像距。

$$d_{i,i+1} = (1 - \beta_i)F_i + \left(1 - \frac{1}{\beta_{i+1}}\right)F_i \tag{8-8}$$

式中，$d_{i,i+1}$ 为第 i 面顶点到第 $i+1$ 面顶点之间的距离。从上面的公式可以看出，垂轴放大率 β_i 作为自变量是可以表达出其他参数的，因此在求解高斯光学过程中，就围绕着垂轴放大率来讨论变焦距系统的最佳解。

8.1.4 设计实例：变焦距物镜高斯光学设计

1. $\varGamma = 10$ 正组补偿变焦距物镜换根解

假设变倍组和补偿组的移动情况如图 8-19 所示。取变倍组 $F_2 = -1$，在 $-1\times$ 时，$l_2' = -2\text{mm}$，取 $-1\times$ 位置时变倍组与补偿组的间隔 $d_{23} = 0.8\text{mm}$，这间隔要适当取大些，因为还准备向下取段，而向下取段时，两组间隔要减小。

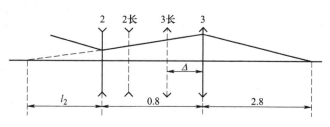

图 8-19　变倍组和补偿组的移动情况

此时 $l_3 = -2.8\text{mm}$，当补偿组放大率 $\beta_3 = -1$ 时，应取 $F_3 = 1.4$。这样由 $-1\times$ 位置开始换根的要求，得出了焦距值和间隔的数值。

下面要确定长焦距位置时的高斯光学参数，试选 $\beta_{2L} = -1.2$，此时

$$l_2 = \frac{1 - \beta_{2L}}{\beta_2} F_2 = 1.83333\text{mm}$$

$$l_2' = \beta_2 l_{2L} = -2.2\text{mm}$$

变倍组须向后移动 $2\text{mm} - 1.83333\text{mm} = 0.16667\text{mm}$，设此时补偿组须向前移动 Δ 来保持像面的稳定，则

$$l_3 = -2.83333\text{mm} + \Delta$$

$$l_3' = 2.8\text{mm} + \Delta$$

由 $\dfrac{1}{l_3'} - \dfrac{1}{l_3} = \dfrac{1}{F_3}$，求出 $\Delta = 0.23333\text{mm}$，而

$$\beta_{3L} = \frac{l_3'}{l_3} = -1.16667$$

$$\beta_{2L}\beta_{3L} = 1.4$$

由 $\varGamma = 10$ 得 $\beta_{2S}\beta_{3S} = 0.14$。若想通过长焦距求短焦距，只要以 $1/\varGamma$ 代替 $\varGamma$ 即可。

$$\beta_{2S} = -0.346617, \beta_{3S} = -0.403904$$

其余的参数易于求得，计算结果见表 8-1。

表 8-1　其余参数计算结果

	短焦位置	$-1\times$位置	长焦位置
β_2	-0.346617	-1	-1.2
L_2	3.88503	2	1.83333
L_2'	1.346617	-2	-2.2
β_3	-0.403904	-1	-1.16667
L_3	-4.86618	-2.8	-2.6
L_3'	1.96547	2.8	3.03333
F_2	-1	-1	-1
F_3	1.4	1.4	1.4
x/mm	0	1.8853	2.0517
y/mm	0	-0.83453	-1.067786
d_{23}/mm	3.51956	0.8	0.4

2. 35~80mm 135 照相机变焦距物镜高斯光学求解

要求换根求解（对称取段，中焦位置时 $\beta_2 = -1$），$\Gamma = 80/35 = 2.286$，取变倍组焦距 $F_2 = -1$，在 $\beta_2 = -1$ 位置时，变倍组与补偿组的间隔 $d_{230} = 0.6$mm，短焦距位置时，$d_{23S} = 1.07467$，$\beta_2 = -0.8024$。那么根据"平滑换根"的充要条件，令 $F_3 = d_{230}/2 - F_2 = 1.3$。

根据 8.1.3 节的公式计算相关的高斯光学参数，得到的结果见表 8-2。

表 8-2　相关高斯光学参数计算结果

	短焦位置	−1×位置	长焦位置
β_2	−0.8024	−1	−1.24528
β_3	−8.2433	−1	−1.2131
F_2	−1	−1	−1
F_3	1.3	1.3	1.3
$x/$mm	0	0.2463	0.44389
$y/$mm	0	0.22837	−0.50539
$d_{23}/$mm	1.07467	0.6	1.254

从表 8-2 中的数据，可以看出确实在 $\beta_2 = -1$ 处实现了平滑换根，即 $\beta_2 = -1$ 时 $\beta_3 = -1$。本例就是采用公式，即"平滑换根"的充要条件直接来计算相关的初始参数，这种方法要比尝试法更简便，同样，在编写计算机应用程序时也是采用此方法，结果证明此方法是简便而且可行的。

3. 变焦距电视摄像镜头高斯光学设计

光学系统的光学性能和技术条件如下：

① 变焦范围：200~600mm。

② 相对孔径：$\left(\dfrac{D}{f'} = \dfrac{1}{6}\right)$。

③ 幅面尺寸：16mm。

④ 镜筒长度（从光学系统第一面顶点到像面的距离）为 500~600mm，尽可能缩短。

⑤ 相对畸变：$\dfrac{\delta y_z^n}{y'} \leq 0.5\%$。

变焦距镜头的设计首先是要根据光学性能（如焦距变化范围、相对孔径、幅面大小和外形尺寸）的要求选择变焦距镜头的结构形式，并确定系统中每个透镜组的焦距和变倍组的移动范围。这就是所谓的确定结构形式和进行高斯光学计算。

高斯光学计算对不同的结构形式并没有统一的计算模式，要根据不同的形式和具体的要求找出不同的计算方法。本例中对几种可能的结构形式分别做了计算，通过分析对比，以期得到简单、合理又满足要求的最佳方案。图 8-20 列出了 3 种结构形式，假定前固定组焦距 f_1' 分别为 250mm、400mm 两种情况，又分别假定补偿组的垂轴放大率 $|\beta_3|$ 分别为 1/4、1/3、∞（即光线从补偿组平行出射）3 种情况。利用几何光学物像关系式计算得出表 8-3 中的各种结果。

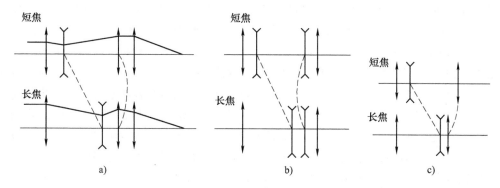

图 8-20　3 种初始结构形式

a）正、负、正、正结构形式（a 型）　　b）正、负、负、正结构形式（b 型）　　c）正、负、正结构形式（c 型）

表 8-3　变焦距电视摄像镜头高斯光学计算结果比较表

参数	类型										非物像交换原则
	a 型						b 型				
编号	1	2	3	4	5	6	7	8	9	10	11
β_3	$-1/3$	$-1/4$	∞	$-1/3$	$-1/4$	∞	$1/3$	$1/4$	$1/3$	$1/4$	$\beta_{2S}=\beta_{2L}=$ $-\beta_{3S}=\beta_{3L}=-1$
f_1'/mm	250	250	250	400	400	400	250	250	400	400	600
f_2'/mm	-82.45	-82.45	-82.45	-131.93	-131.93	-131.93	-82.45	-82.45	131.926	-131.93	211.8
f_3'/mm	62.5	49.967	250	100.076	80	400	-125	-83.36	-200	-133.38	222.4
f_4'/mm	-66.375	-36.032	346.4	-130.98	-66.398	346.41	93.759	80.89	134.3	118.47	
D_1/f_1'	1/2.5	1/2.5	1/2.5	1/4	1/4	1/4	1/2.5	1/2.5	1/4	1/4	1/6
D_2/f_2'	1/1.6	1/1.6	1/1.6	1/2.54	1/2.54	1/2.54	1/1.6	1/1.44	1/2.54	1/2.54	1/3
D_3/f_3'	1/1.1	1/0.87	1/4.3	1/1.73	1/1.4	1/6.9	1/2.2	1/1.59	1/3.5	1/2.3	1/3
D_4/f_4'	1/1.9	1/1.3	1/6	1/3.76	1/2.45	1/6	1/1.16	1/0.92	1/1.7	1/1.35	
q（导程）/mm	95.21	95.21	95.21	152.375	152.375	152.375	95.21	95.21	152.375	152.375	$q_1=155,q=97$
L（总长）/mm	387.121	341.277	524.077	493.566	447.89	630.667	661.17	706.96	767.942	813.456	679

　　本系统外形尺寸的突出特点是镜筒长度短、导程短，因此首先找出镜筒长度和导程长度的关系。从表 8-3 中可见：

　　1）f_1' 对导程 q 影响很大，f_1' 确定后，导程 q 便基本确定，要使导程 q 小，f_1' 应取较小的数值。

　　2）相同的 f_1'，相同 $|\beta_3|$ 的条件下，变焦距形式不同，镜筒的长度不同，a 型较短、b 型较长、c 型也较长；

　　3）同一变倍类型条件下，f_1' 相同、$|\beta_3|$ 不同的镜筒长度也不同，a 型中 $|\beta_3|$ 越小，镜筒长度越小，b 型中，$|\beta_3|$ 越大，镜筒长度越小。

　　从以上分析可见，为了减小总长度和导程，应选取符合物像交换原则的 a 型，且 f_1' 应尽可能小。当 $f_1'=400mm$ 时，导程 $q=152.37mm$，在 1s 内完成变焦距过程有一定的难度；当 $f_1'=250mm$ 时，导程 $q=95.21mm$，导程已很短，1s 内完成变焦距已不费力；如 f_1' 再取小，导程 q 会进一步变短，但各组相对孔径加大，会导致结构的复杂和像质的下降。从表 8-3 中可以看出，如仅从导程和总长考虑，应选取 a 型中 $\beta_3 = -1/3$ 或 $\beta_3 = -1/4$，这时的导程 $q = 95.21\text{mm}$，总长分别为 387.121mm 和 341.277mm，但它们对应的补偿组相对孔径分别为 1/1.1 和 1/0.87，都难以实现。如选用 a 型中第 3 组 $\beta_3 = \infty$，前固定组相对孔径 $D_1/f_1' = 1/2.5$、$D_2/f_2' = 1/1.6$、$D_3/f_3' = 1/4.3$ 和 $D_4/f_4' = 1/6$，相对孔径明显降低，易于实现。虽然镜筒长度 524.077mm 较上两组长些，但上述计算中后固定组是按单组薄透镜计算的，若后固定组采用摄远型，前主面前移，总长缩短到 500mm 以下不会有困难。$\beta_3 = \infty$，即补偿组和后固定组之间为平行光，便于装配调整，光阑放在平行光路中，变焦距过程中孔径大小不变，保证整个变焦距镜头在长、中、短各焦距位置的相对孔径不变。根据以上分析，综合考虑各种因素，本系统采用负组变倍，正组补偿，符合物像交换原则 $D_1/f_1' = 1/2.5$、$f_1' = 250\text{mm}$、$\beta_3 = \infty$ 的方案。

下面确定各透镜组结构形式：

1）前固定组。$f_1' = 250\text{mm}$，$D_1/f_1' = 1/2.5$，$2\omega = 0.76° \sim 2.29°$，属于视场较小、有一定相对孔径要求的透镜组，选用双-单型结构。

2）变倍组。$f_2' = -82.45\text{mm}$，$D_2/f_2' = 1/1.6$，由于相对孔径较大，为减小孔径高级球差采用单-双型结构。

3）补偿组。$f_3' = 250\text{mm}$，$D_3/f_3' = 1/4.3$，对这样长的焦距而言，相对孔径也略大一些。一般情况下，双胶合结构在 $f' = 200 \sim 300\text{mm}$ 时可用的 $D/f' = 1/5 \sim 1/6$，否则高级像差的加大会导致像质变差。这里也采用双-单型结构。

4）后固定组。$f_4' = 346.4\text{mm}$，$D_4/f_4' = 1/6$，按它的光学性能要求，用双胶合结构是可行的，但考虑到要减小总长，应采用摄远型物镜，如图 8-21 所示。

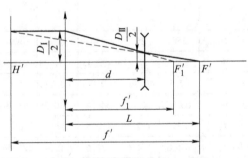

图 8-21 后固定组采用摄远型物镜

令第一组到像面的距离为 L，总焦距为 f'，则 $K = L/f'$ 称为摄远比。由几何关系和高斯光学可以得出不同 K 值时的 L、f_{II}'、d、D_I 和 D_{II}/f_{II}，见表 8-4。

表 8-4 不同 K 值时的 L、f_{II}'、d、D_I 和 D_{II}/f_{II}'

K	0.55	0.6	0.7	0.8
L/mm	190.52	207.84	242.48	277.12
f_{II}'/mm	-34.64	-69.28	-138.56	-207.848
d/mm	155.88	138.56	103.92	69.28
D_I/mm	5.73	11.54	23.09	34.64
D_{II}/f_{II}'	1/6	1/6	1/6	1/6

从表 8-4 可见，K 值越小，总长 L 越短，后组焦距 f_{II}' 越小。但后组焦距 f_{II}' 过短，不利于平衡整个系统的场曲，兼顾场曲的校正和总长的减小，取 $K = 0.7$ 较为合适。

如表 8-3 所列，摄远型后固定组焦距 $f_4' = 346.41\text{mm}$，$D_4/f_4' = 1/6$，$D_4 = \dfrac{1}{6} \times 346.41\text{mm} =$

57.735mm，根据经验，一般前组相对孔径约为整组相对孔径的两倍，即 $D_I/f'_I = 1/3$，$f'_I = 3 \times 57.735mm = 173.2mm$，则有前组：$f'_I = 173.2mm$，$D_I/f'_I = 1/3$，采用双-单型结构；由表 8-4 可知，后组 $f'_{II} = -138.56mm$，$D_{II}/f'_{II} = 1/6$，可采用双胶合透镜组。

根据高斯光学的计算结果就可以进行像差校正，像差校正的结果如表 8-5 所列。

表 8-5　长焦、中焦、短焦主要像差

类型	$\delta L'_m$	SC'	$\Delta L'_{FC0.7}$	$\Delta y'_{FCm}$	$\Delta y'_z/y'$	$\delta L'_{sn}$	$\delta(\Delta L'_{FC})$
长焦	0.0098	0	0.0128	0.00001	0.3%	−0.0366	−0.2000
中焦	0.0301	0.0007	0.0035	−0.0014	0.3%	−0.1010	−0.0870
短焦	0.0658	0.0007	0.1010	−0.0037	0.3%	−0.1580	0.2910

整个系统除二级光谱色差较大（0.6）外，其他像差都很小，足以满足使用要求，整个系统实际长度仅为 461mm。

8.1.5　变焦距光学系统设计

现在，变焦距光学系统设计都是采用光学自动设计软件中的多重结构功能来完成的。Zemax 软件提供了多重结构的模块。实际设计中的具体步骤为：

1）确定一个基本的初始系统。设计者可以从专利或镜头库中挑选一个和需要设计的变焦距光学系统的参数比较接近的镜头数据作为初始系统，输入程序，作为第 1 重结构。通常，第 1 重结构会选作变焦距光学系统的短焦，因此，可能需要进行一些初始的设计或调整，使此时的焦距或放大率等于或接近短焦的参数。当然，也可以选作长焦。

2）利用软件中的多重结构功能模块构建多重结构。所谓的多重结构指的是所设计的系统的不同的状态，在变焦距光学系统设计中，指的是不同的焦距或放大率，也就是一种焦距或放大率对应着一重结构。通常，把变焦距光学系统设计成 3 重结构，对应着短焦、中焦和长焦 3 种结构。在步骤 1）中，初始系统已经调整成第 1 重结构，因此，现在需要的是利用结构建模界面建立其余的结构。不同结构之间的差异可能会有：孔径（F 数）、视场、波长、空气间隔、玻璃材料和非球面系数等。一般普通的变焦距光学系统采用改变不同结构的空气间隔来满足短焦、中焦和长焦的要求，至于不同结构时的空气间隔，则需要利用前面的高斯光学计算的结果。

3）建立变焦距光学系统多重结构像差校正的评价函数。构建了多重结构以后，就可以建立相应的校正像差的评价函数。在构建评价函数的界面，程序会自动建立对每重结构校正像差的评价函数，设计者需要注意的是添加对每重结构控制的参量，例如焦距、放大率、最小边缘透镜厚度、最小边缘空气厚度、最小中心透镜厚度、最小中心空气厚度、最大中心透镜厚度和最大透镜口径等。

4）对变焦距系统进行光学自动像差校正。建立好评价函数后，就可以进行自动优化设计了。程序提供的是阻尼最小二乘法光学自动设计方法，对设计者的要求不高，只要按照上面的步骤进行，程序就能够进行优化。但是，阻尼最小二乘法程序的特点是很容易陷入局部极值，也就是说很可能像差没有校正好，但却无法继续优化，或无法继续减小评价函数的值。此时，就需要设计者运用丰富的光学设计知识和像差理论知识来进行人工干预，使系统跳出局部极值，达到或接近全局最优。另一种方法是利用软件提供的全局优化功能来寻找全局最优。

变焦距光学系统的设计是比较困难的工作，需要设计者花费大量的时间和心血才能完成，同时，设计者还应当对光学系统的工艺性和装调环节加以考虑，使所设计的系统既满足成像质量，同时又具有很好的工艺性并易于装调。

8.2 远心光学系统设计

8.2.1 远心光学系统的概念

在某些光学计量仪器的光学系统或有特殊要求的光学系统中，常常需要在系统的像方焦平面或物方焦平面处加一个光阑作为系统的孔径光阑，以消除由于物平面位置不准确或者像平面（探测器靶面）调焦不准所引起的测量误差。这种光学系统称为远心光学系统。

如图8-22a所示，物体AB通过物镜成像为$A'B'$。如果在像平面$A'B'$上测量出像的高度y'，则根据共轭面的放大率就能求得物体的高度AB。测量标尺或分划板离开物镜的距离是一定的，对应的放大率是一个不变的常数，可以预先测定。但是，如果物平面的位置不准确，如图8-22中A_1B_1所示，则相应的像平面$A_1'B_1'$和标尺不重合。假定孔径光阑和透镜框重合，并且物体高度相同，即如图8-22a的情形，则$A_1'B_1'$两点分别在标尺平面上形成两个弥散圆，显然这时所测得的像高是两个弥散圆中心间的距离y_1'，它小于y'。这样按已知放大率求出来的物高也一定小于实际的物高，从而造成测量误差。

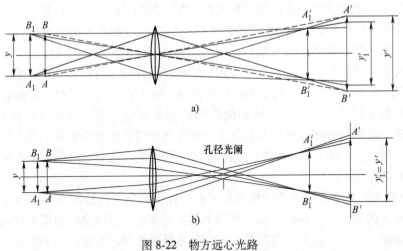

图 8-22 物方远心光路
a) 非远心光路　b) 远心光路

如果把孔径光阑安置在物镜的后焦面上，如图8-22b所示，这样入瞳就位于无穷远，孔径光阑即出瞳。此时轴外物点的主光线平行于光轴入射，这时即使物平面的位置不准确，导致像面上像长$A_1'B_1'$和$A'B'$不重合，但因为入射主光线平行入射，其位置不随物体移动发生改变，主光线通过物镜后都交于出瞳中心，即孔径光阑中心，所以在像面上两个弥散圆中心间的距离不变，总是等于y'，因此不会影响测量结果，消除了由于物平面位置不准确所造成的测量误差。这时系统成像光束的特点是，孔径光阑位于系统的像方焦面处，入射光束的主光线都和光轴平行，入瞳位于无穷远，因此把这样的光路称为"物方远心光路"。

在某些用于大地测量的物镜中，常常需要在物方焦平面处加一个光阑作为系统的孔径光阑，以消除由于像平面和标尺分划刻线面不重合而造成的测量误差。如图 8-23a 所示，已知高度为 y 的物体 AB 通过物镜成像于 $A'B'$，如果在像平面 $A'B'$ 上测量出像高 y'，根据图中几何关系可得

$$l = \frac{f'y'}{y}$$

其中焦距 f' 和物高 y 已知，测得 y' 后，便可求得被测物体的距离。假定孔径光阑位在物镜框上，则入射光束的主光线和光轴不平行，如果调焦不准，则像平面 $A'B'$ 和标尺不重合，那么在标尺上形成两个弥散圆，两弥散圆中心间的距离 $y'' \neq y'$，代入公式求解出的物距就有差异，造成测距误差。如果把孔径光阑安置在物镜的物方焦面上，如图 8-23b 所示，此时入射光束的主光线通过孔径光阑，也就是通过物方焦点，因此出射主光线就会平行于光轴出射，这样，即使像面 $A'B'$ 与标尺分划刻线面 $A''B''$ 不重合，测得的像高仍然是正确的像高，即

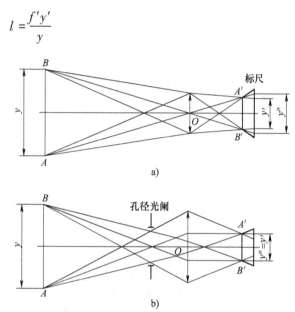

图 8-23 像方远心光路

$y''=y'$，不会造成测距误差。这样的光路称为"像方远心光路"，其特点是孔径光阑位在物方焦平面处，出射主光线和光轴平行，出瞳位于无限远。物方远心光路和像方远心光路统称"远心光路"，它不仅在测量显微镜和大地测量仪器中，而且在其他一些测量仪器中也得到应用。如果一个光学系统由两个分系统组成，而孔径光阑既位于前一个分系统的像方焦平面处，又位于后一个分系统的物方焦平面处，则这个系统既满足物方远心也满足像方远心，称为双远心光路系统，这种光学系统综合了物方和像方远心光路的优点。

在很多实际光学系统中，即使不是用于测量，也可能采用远心光路。此时，采用远心光路的目的是为了保证物像之间的放大率关系，因为物面或像面（探测器靶面）不可能完全准确地位于标称的物面和像面的位置，如果不采用远心光路，则各视场的主光线和光轴就不平行，只要有一点沿光轴方向的位置误差，物高或像高就会发生变化，就不能保证所要求的物像之间的放大率关系。而如果采用远心光路，即使物面或像面沿光轴方向有一定的位置误差，但由于主光线平行于光轴，物高和像高仍然不变，这样就降低了物面或像面的位置安装精度。

8.2.2　远心镜头简易设计——光阑位置的一维优化

在光学设计软件中，很容易实现远心光路光学系统的设计。上面已经指出，远心光路的特点是孔径光阑位于像方或物方焦平面处，入瞳或出瞳位于无限远，因此，在实际的光学设计中，都采用控制入瞳或出瞳的距离大于某一个数值来实现远心光路。

需要指出的是，准确的或真正的远心光路是不存在的，因为在光学设计中，孔径光阑不可能准确地位于焦平面处，总会有误差，或者说，入瞳或出瞳的值不可能等于无限大。可以控制入瞳或出瞳的绝对值，使其大于焦距的几倍或更大，满足入射主光线或出射主光线和光轴的夹角小于一定的数值即可，或者说，位于所确定的误差范围内即可，这样的远心光路称为准远心光路。下面举例来介绍如何采用光阑位置的一维优化来完成远心镜头的设计。

图 8-24 所示为一个测量恒星的光学系统，初始设计时没有考虑远心光路，从图中可以看出轴外主光线和光轴不平行。此时系统的焦距为 100mm，而出瞳距离仅为-100.259mm，出瞳距离的绝对值与焦距基本相当，不是远心光路系统。这样的系统要求系统 CCD 探测器靶面严格地与系统像平面重合，才能够获得准确的像高，只要 CCD 靶面和像平面有差异，一个物点在像平面就会成像为一个弥散斑，使成像模糊，同时所成像的高度（也就是主光线与探测器靶面的交点高度）也会随着探测器靶面位置的误差大小而改变，带来测量的误差。

图 8-24　星敏感器远心光路

为此考虑采用远心光路的方案，在初始系统的基础上，沿光轴方向调整孔径光阑的位置，实际上就是把孔径光阑前后两个空气间隔作为自变量，当然其余各表面的曲率半径和所有的空气间隔也作为自变量，进行重新优化，在评价函数中，加入控制出瞳距离的相应项，如图 8-25 所示。图 8-25 中有一项为 EXPP，就是出瞳距离位置的控制项。将其目标值设置为-10000，进行优化后，系统图如图 8-26 所示。

Merit Function Editor: 9.568632E-001

Oper #	Type				Target	Weight
1 TTHI	TTHI	3	20		0.000	0.000
2 CTGT	CTGT	3			6.000	1.000
3 MNEA	MNEA	20	20	0.000	6.000	1.000
4 EXPP	EXPP				-1.000E+004	1.000
5 EFFL	EFFL		2		100.000	1.000
6 MNEG	MNEG	3	19	0.000	3.000	1.000
7 MNEA	MNEA	6	8	0.000	4.000	1.000
8 MNEA	MNEA	3	19	0.000	2.500	1.000
9 MNCG	MNCG	3	19		4.000	1.000
10 MNCA	MNCA	3	19		0.200	1.000
11 MXCG	MXCG	3	19		10.000	1.000
12 MXCA	MXCA	3	19		15.000	1.000
13 CTGT	CTGT	20			6.000	0.000
14 DMFS	DMFS					
15 BLNK	BLNK	Default merit function: RMS wavefront centroid GQ 3 rings 6 arms				

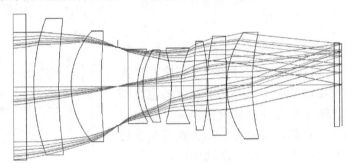

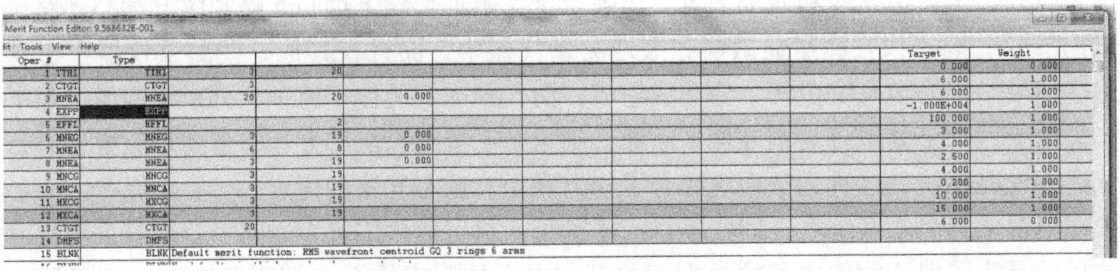

图 8-25　Zemax 中控制出瞳距离

可以看出，现在系统的出瞳距离为-10000mm，其绝对值是系统焦距的 100 倍，出射主光线基本上与光轴平行，完全可以认为是准远心光路，当然，在满足远心光路的前提下，系统的像差也需要得到很好的校正。

同样的原理，如果需要设计为物方远心光路，则需要控制入瞳距离 ENPP 大于一定的数值即可。

8.2.3　双远心镜头设计

双远心光路和上面讨论的单远心光路设计思路类似，可以采用同时控制物方和像方出瞳距离的方法来达到双远心光路的目的。

图 8-27 所示为一个计算机直接制版镜头，计算机直接制版系统将计算机上的图像文字传输耦合到光纤端面，利用计算机直接制版镜头将光纤端面的图像或文字成像到一个圆筒形的版材上，直接打版，省去了原来的化学显影定影步骤，消除了环境污染。计算机直接

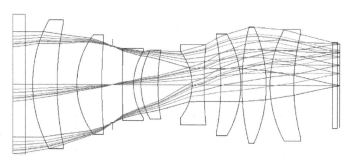

图 8-26 实现了远心光路的星敏感器系统

制版镜头需要根据物高严格控制像高，同时需要给光纤端面和版材面留出足够的安装公差和圆度公差，因此设计成双远心光路。

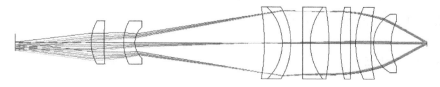

图 8-27 采用双远心光路的计算机直接制版镜头

在设计的过程中，并不一定非要设置一个孔径光阑，事实上，在很多情况下是将孔径光阑附在某一个表面处。这样做的好处是，不需要做一个实际的光阑，而只需要在这个表面处将隔圈口径做得正好等于孔径光阑大小即可，而如果设置了一个孔径光阑，则意味着必须做一个真实的金属薄片，实现孔径光阑的功能。假如系统需要调光圈，孔径光阑的口径会发生变化，也就是说系统的孔径光阑为可变孔径光阑时，则必须设置一个孔径光阑，而且孔径光阑前后的空气间隔必须足够大，满足可变光阑结构及固定的空间要求。

图 8-27 所示的光学系统不需要调整光圈，因此，孔径光阑附在其中一个表面处，在优化的过程中，所有的表面曲率半径和各表面之间的间隔都作为自变量，然后控制入瞳距离和出瞳距离，使其绝对值大于某个数值。在本设计中，入瞳距离控制为-1348mm，而出瞳距离控制为-3000mm，基本上满足了准物方远心和准像方远心的要求。

另一个例子是一个光刻机镜头，如图 8-28 所示，系统仍然采用双远心光路结构。图中，ASP 表示这个表面是非球面，从图中看出系统非常复杂，因为光刻机是用于电路芯片制作的设备，利用光刻机对涂有光刻胶的单晶硅圆片曝光，单晶硅圆片上的光刻胶曝光后会发生性质变化，从而把电路芯片的图形复印到单晶硅圆片上。整个系统对畸变、像高以及成像质量都有非常严格的要求，同时需要使物面和像面有足够的沿轴向方向上的安装误差公差，即要求双远心光路，所以系统的组成比较复杂。

综上所述，远心光路的特点是可以消除物面或像面调焦不准所带来的测量误差。远心光路具有景深或焦深较大、在景深或焦深范围内物像放大率保持不变的优点。但是需要注意，不能随意采用远心光路，只有在需要消除测量误差的情况下才应该采用远心光路，因为远心光路会增大外形，会增加体积重量，和同样光学特性的非远心光路系统相比，像差会更难以校正，所以远心光路镜头的设计制作成本会高于非远心光路镜头。

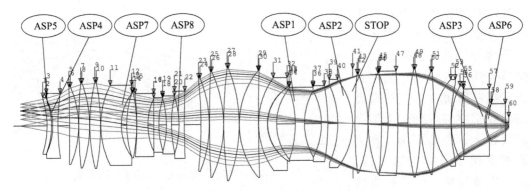

图 8-28　采用双远心光路的光刻机镜头

8.3　激光扫描系统和 $f\theta$ 镜头设计

8.3.1　激光扫描系统

激光扫描系统是将时间信息转变为可记录的空间信息的一种系统。它首先使某种信息通过光调制器对激光进行调制，调制后的激光通过光束扫描器在空间改变方向，再经聚焦镜头在接收器上成一维或二维扫描像。

激光扫描系统广泛应用在激光打印机、传真机、印刷机和用于制作半导体集成电路的激光图形发生器以及激光扫描精密计量设备中。下面以激光打印机为例，说明激光扫描系统的工作原理。图 8-29 所示为激光打印机的基本工作过程，图 8-30 为激光打印机的结构示意图。经计算机处理后的文件信息输送到激光打印机的光调制器，用来控制光束的开与关。经过调制的激光

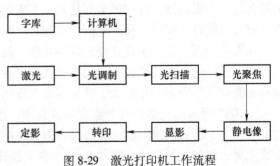

图 8-29　激光打印机工作流程

束通过光束扫描器和聚焦镜头在光敏鼓上形成静电图像，显影后，感光鼓上的像转印到印刷纸上，最后图像在印刷纸上定影。

在激光扫描系统中，一个关键部件是实现光束空间扫描的扫描器，光束扫描器的形式较多，目前普遍采用的是旋转多面体，图 8-31 所示为典型的旋转多面体扫描器。多面体由多个反射面组成，在电动机带动下按箭头方向旋转，激光束被多面体的反射镜面反射后，经镜头聚焦为一个

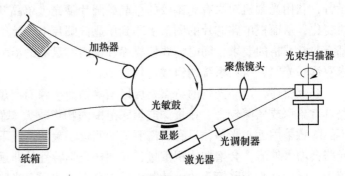

图 8-30　激光打印机结构示意图

微小的光斑投射到接收屏上。多面体旋转时，每块反光镜表面在接收屏上产生的扫描线都是按 x 轴方向移动的，要想在屏上产生 y 轴方向的扫描，屏本身必须按图 8-31 中 y 轴方向以预设定的恒定速度移动。在激光打印机中，目前几乎都采用多面体调整旋转的扫描方式，多面转镜的加工要求非常严格，反射面的平面度影响聚焦光斑直径，反射镜面的位置准确度影响扫描线的位置准确度。为降低光学加工成本，多面旋转体也可采用铝、铜等材料，通过超精密切削机械加工而成。

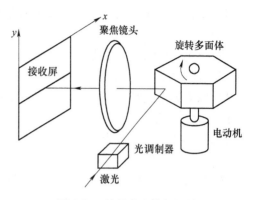

图 8-31　旋转多面体扫描器

8.3.2　$f\theta$ 镜头设计

激光扫描系统的另一个重要部件是聚焦镜头。聚焦镜头的位置可以在光束扫描器之前，也可以在光束扫描器之后。当聚焦镜头位于扫描器之前时，如图 8-32a 所示，由激光器发出的激光束首先经聚焦镜头聚焦，然后由置于焦点前的扫描器使焦点像呈圆弧运动。由于像面是圆弧形的，与接收面不一致，故这种方案不甚理想。当聚焦镜头位于扫描器之后时，如图 8-32b 所示，扫描后的光束以不同方向射入聚焦镜头，在其后焦面上形成一维扫描像，像面是平的，但该镜头设计较困难，要求当激光束随扫描器旋转而均匀转动时，在像面上的线扫描速度必须恒定，即像面上像点的移动与扫描反射镜转动之间必须保持线性关系，所以称该镜头为线性成像镜头，也称为 $f\theta$ 镜头。

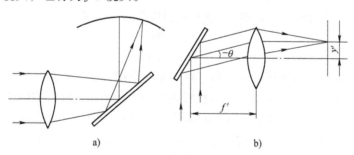

图 8-32　聚焦镜头光束扫描示意图

（1）线性成像镜头特点

1）扫描光束的运动被以时间为顺序的电信号控制，为了使记录的信息与原信息一致，像面上的光点应与时间呈一一对应的关系，即如图 8-32b 所示，理想像高 y' 与扫描角 θ 呈线性关系：$y' = -f'\theta$（θ 角符号规定以光轴转向光线，逆时针为负，顺时针为正）。但是，一般的光学系统，其理想像高为 $y' = -f'\tan\theta$，显然，理想像高 y' 与扫描角 θ 之间不再呈线性关系，即以等角速度偏转的入射光束在焦平面上的扫描速度不是常数。为了实现等速扫描，应使聚焦透镜产生一定的负畸变，即其实际像高应比几何光学确定的理想像高小，对应的畸变量为

$$\Delta y' = -f'\theta - (-f'\tan\theta) = f'(\tan\theta - \theta) \tag{8-9}$$

具有上述畸变量的透镜系统，对以等角速度偏转的入射光束在焦面上实现线性扫描，其像高 $y' = -f'\theta$。

2）单色光成像。像质要求达到波像差小于 $\lambda/4$，而且整个像面上像质要求一致，像面为平面，且无渐晕存在。

3）像方远心光路。入射光束的偏转位置（扫描器位置）一般置于物空间前面焦点处，构成像方远心光路，像方主光线与光轴平行。如果系统校正了场曲，就可在很大程度上实现轴上、轴外像质一致，并提高照明均匀性。

（2）线性成像物镜光学参数的确定

确定参数时，由使用要求出发，再考虑光信息传输中各环节（光源、调制器、偏转器和记录介质）的性能，来确定线性成像物镜的光学参数。下面简要介绍两个参数的确定方法。

1）F 数。由于使用高亮度的激光光源，所以不同于一般摄影物镜由光照度确定 F 数，而是根据记录的光点尺寸来确定 F 数。光学系统的几何像差小到可以忽略，成像质量由衍射极限限定，即像点尺寸由衍射斑的直径所决定。衍射斑直径 d 与相对孔径 D/f' 的关系为

$$d = \frac{K\lambda}{D}f' = K\lambda F \tag{8-10}$$

式中，D 是由镜头通光孔径、扫描器通光直径和激光束的有效直径所确定；K 是与实际通光孔径形状有关的常数，$K = 1 \sim 3$。若通光孔为圆孔，则衍射光斑为艾里斑，其直径为 $d = 244\lambda F$。光点尺寸随激光扫描仪的不同使用场合而不同。用于制作半导体集成电路的激光图形发生器，光点尺寸为 $0.001 \sim 0.005$mm；用于高密度存储及图像处理的为 $0.005 \sim 0.05$mm；用于传真机、印刷机、打字机和汉字信息处理等的为 0.05mm 以上。

2）f'。由要求扫描的像点排列的长度 L 和扫描角度 θ 决定，即

$$f' = \frac{L}{2\theta} \times \frac{360°}{2\pi} \tag{8-11}$$

当扫描长度 L 一定时，f' 与 θ 成反比关系。在 F 数一定时，尽可能用大的 θ 角、小的 f'，这样可减小透镜和反射镜尺寸，从而使扫描棱镜表面角度的不均匀性和扫描轴承不稳定而造成的不利影响减小。又由于入射光瞳位于扫描器上，在实现像方远心光路时，f' 小可以使物镜与扫描器之间的距离减小，仪器轴向尺寸减小。但 L 一定时，f' 小，θ 就大，这对光学设计带来困难，使光学系统复杂，加工制造成本增大。反之，仪器纵向尺寸加大，使用不便。实际工作中，经常要反复几次，才能最后确定。

大多数线性成像物镜属于小相对孔径（一般 F 数为 $5 \sim 20$）、大视场的远心光学系统。线性成像物镜的设计要求具有一定的负畸变，在整个视场上有均匀的光照度和分辨率，不允许轴外渐晕的存在，并达到衍射极限性能，玻璃材料的质量与透镜表面的准确性比一般透镜更为严格。

在实际设计工作中，可以采用两种方法设计 $f\theta$ 镜头，一种方法是控制实际的畸变，满足式（8-9）的要求，另一种是在 Zemax 软件中选择控制 $f\theta$ 畸变的 DISC 选项，程序会按照 $f\theta$ 镜头的要求来控制畸变。

8.4　非成像光学系统设计

8.4.1　概述

非成像光学是相对于成像光学而言的。所谓成像光学，指的是采用一个光学系统，对一个确定的物平面成一个确定的像平面，物平面和像平面之间的关系可以用物像距离、放大率、光阑位置等来表示。通常假定物平面上的图像是理想的，也就是没有像差的，由于光学系统有像差，在像平面上所成的图像相对于物平面上的图像来说，会有两方面的变化，一是图像会产生变形，有畸变；二是图像的清晰度或对比度会下降，出现模糊。这两种变化统称为像差，系统成像质量的好坏可以采用第 3 章中定义的各种像质评价指标来表示，对成像光学系统来说，设计者的任务就是既要满足物像距离、放大率、光阑位置等光学特性参数，又要校正或消除像差，使系统的成像质量符合使用要求。而非成像光学，则通常没有一个确定的像平面，它关注的是物面辐射能量的传输和效率，对物面的辐射能量按照设计要求在像空间进行重新分配，一般要求获得最大的传输效率，并同时在像空间获得一个均匀的能量分布。

非成像光学的典型例子是常见的照明光学系统和太阳能获取系统。照明光学系统在显微镜照明、医用内窥镜照明、激光探测照明、光刻机照明和汽车前照灯等领域中有广泛的应用。同时，近年来，人类在太阳能获取方面进行了大量的研究，在太阳能电池、太阳光泵浦的激光器等方面取得了一些进展，这同样也是非成像光学研究的重点。

8.4.2　照明光学系统基本组成

照明系统是非成像光学系统的典型例子，也是光学仪器的一个重要组成部分。一般来说，凡是研究对象为不发光物体的光学系统都要配备照明装置，如显微镜、投影系统、机器视觉系统和工业照明系统等。

照明系统通常包括光源、聚光镜及其他辅助透镜、反射镜。其中，光源的亮度、发光面积、均匀程度决定了聚光照明系统可以采用的形式。照明系统可采用的光源有卤钨灯、金属卤化物灯、高压汞灯、发光二极管（LED）、氙灯和电弧灯等。有些光源在其发光面内具有足够的亮度和均匀性，可以用于直接照明，但大多数情况下，光源后面需要加入由聚光镜等构成的照明光学系统来实现一定要求的光照分布，同时使光能量损失最小，这两方面是对不同照明系统进行设计时需要解决的共同问题。

对于照明光学系统的设计，可以借助于常规的光学设计软件。近年来，国际上也已经有了非常成熟的针对照明系统设计的商业软件，如 ASAP、Light Tools、TracePro 等。这些软件可以精确地定义各种实际光源的形状和发光特性，通过光线追迹，能计算出某个（或某几个）指定表面上的光照度、强度或亮度。软件优良的仿真特性也为照明系统的设计提供了良好的检验手段。

传统的成像光学旨在通过光学系统的作用，获得高质量的像，其目标专注于信息传递的真实性、高效性；而非成像光学中的照明光学系统，其着眼点在于光能量传递的最大化，以及被照明面上的照度分布及大小。

与成像光学系统相比，照明光学系统具有以下特点：

（1）照明光学系统的特点

1）照明光学系统设计时必须考虑到光源的特性，如形状、发光面积、色温和光亮度分布等，而传统的成像光学设计中一般不需考虑物空间的光分布问题。

2）照明光学系统结构形式的确定主要考虑满足不同光能大小和不同光能量分布的需要，一般情况下对像差要求并不严格，而成像系统的结构布局是从减小像差出发的。

3）有些照明系统不构成物像共轭关系，无法采用传统成像系统的像质评价指标。普遍来说，对照明光学系统设计优劣的判断通常是光能量的利用率是否达标，光照度分布是否均匀等。

（2）照明系统的设计要求

1）充分利用光源发出的光能量，使被照明面具有足够的光照度。

2）通过合理的结构形式实现被照明面的光照度均匀分布。

3）照明系统的设计应考虑到与后续成像系统配合使用的问题。比如，在投影系统中，为发挥投影物镜的作用，照明系统的出射光束应充满整个物镜口径；在显微镜光学系统中，应保证被照点处的数值孔径。

4）尽量减少杂光并防止多次反射像的形成。

通常照明系统根据照明方式的不同可以分为两类：临界照明和柯勒照明。

第一类：临界照明。临界照明是把光源通过聚光照明系统成像在照明物面上。结构原理图如图 8-33 所示。在这类系统中，后续成像物镜的孔径角由聚光镜的像方孔径角决定。为与不同数值孔径的物镜相配合，通常在聚光照明系统

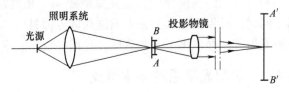

图 8-33　临界照明示意图

物方焦面附近设置可变光阑，以改变射入物镜的成像光束孔径角。

为保证尽可能多的光线进入后续成像系统，要求照明系统的像方孔径角 U' 大于物镜的孔径角。同时，为了充分利用光源的光能量，也要求增大系统的物方孔径角 U。当 U 和 U' 确定以后，照明系统的放大率 β 为

$$\beta = \frac{\sin U}{\sin U'} \tag{8-12}$$

又由于 $\beta = \dfrac{y'}{y}$，因此根据投影平面的大小，利用放大率公式可以求出所需要的发光体尺寸，作为选定光源的根据。

临界照明的缺点在于当光源亮度不均匀或者呈现明显的灯丝结构时，将会反映在物面上，使物面照度不均匀，从而影响观察效果。为了达到比较均匀的照明，这种照明方式对发光体本身的均匀性要求较高，同时要求被照明物体表面和光源像之间有足够的离焦量。后续物镜的孔径角应该取大一些，如果物镜的孔径角过小，焦深会很大，容易反映出发光体本身的不均匀性。临界照明系统多用于投影物体面积比较小的情形，例如电影放映机就是采用这种系统。这类系统中的照明器又有两种：一种是用反射镜，如图 8-34 所示，光源通常用电弧或短弧氙灯；另一种是用透镜组，光源通常用强光放映灯泡，如图 8-35 所示。为了充分

利用光能量，一般在灯泡后放一球面反射镜。反射镜的球心和灯丝重合，灯丝经球面反射成像在原来的位置上。调整灯泡的位置，可以使灯丝像正好位于灯丝的间隙之间，如图 8-36 所示。这样可以提高发光体的平均光亮度，并且易于达到均匀的照明。

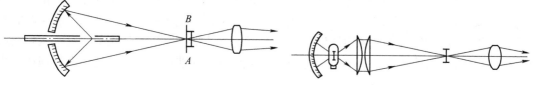

图 8-34　反射式临界照明　　　　　　图 8-35　透射式临界照明

第二类：柯勒照明。柯勒照明是把光源的像成在后续物镜的入瞳面上，如图 8-37 所示。这类系统中，聚光照明系统的口径由物平面的大小决定，为了缩小照明系统的口径，一般尽可能使照明系统和被照物平面靠近。物镜的视场角 ω 决定了照明系统的像方孔径角 U'，为了提高光源的能量利用率，也应尽量增大照明系统的物方孔径角 U。增大物方孔径角一方面使照明系统结构复杂化，另一方面在照明系统口径一定的情况下，光源和照明系统之间的距离缩短，因此这类系统要求使用体积更小的光源，反过来这两方面也限制了 U 角的增大。

　　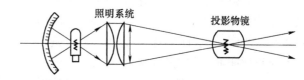

图 8-36　反射镜灯丝像示意图　　　图 8-37　柯勒照明示意图

柯勒照明系统中，由于光源不是直接成像到被照明面上，因此被照明面上可以得到较为平滑的照明，这样避免了临界照明中的不均匀性。若已知物镜光瞳直径，由式（8-12）可求照明系统的放大率，则可求出发光体的尺寸，作为光源选择的根据。在某些用于计量的投影仪中，为了避

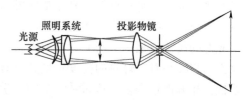

图 8-38　远心光路示意图

免调焦不准而引起的测量误差，和测量用显微镜物镜相似，投影物镜采用物方远心光路，如图 8-38 所示。

8.4.3　照明光学系统设计

照明光学系统注重的是能量的分配而不是信息的传递，所关心的问题并不是像平面上的成像质量如何，而是被照明面上的照度分布和大小，从这个意义上来看，设计照明光学系统实质上就是根据照度大小、分布的要求去选择各种光学零件，并合理地采用各种结构形式。

在成像光学系统的设计中一般不大考虑物方空间的亮度，而照明光学系统则必须考虑光源（如灯丝）的形状和亮度分布，成像光学系统在像方一般是成一个平面像，而照明光学系统需要照亮的往往是一个立体空间。

对于系统的评价方法，成像光学系统的物像空间有着相应的点与点对应的共轭关系，故可以在视场中心和边缘选取几个抽样点，追踪光线到相应的像点，用垂轴像差、点列图或光

学传递函数对系统的成像质量进行评价；而照明光学系统没有物像共轭关系，照明区域中任意一点的照度都是由光源上许多点发出的光能通过照明系统分配后叠加形成的，因此无法完全套用成像系统的分析和方法。

成像系统虽然可以非常复杂，但绝大多数情况下可以把其中的各光学面作有序排列，所有光线均按此顺序逐一通过各面；而照明光学系统的形成却是多种多样，如汽车前照灯的配光镜，通常是由许多面型大小各不相同的柱面镜组合起来的，从灯丝发出的任意一条光线通过一个柱面镜，这些柱面镜就构成了一组非顺序光学面，对非顺序光学面的数学处理和光线追迹要复杂得多。

照明光学系统的光学特性主要有两个：孔径角和放大率。设计时应根据系统对光能量大小及光照度分布的要求，确定照明系统的孔径角及光源的放大率，进而选定照明系统的具体结构形式，并进行适当的像差校正。

照明系统可采用透射和反射两种不同的形式进行聚光照明。以投影仪中的透射式照明系统为例，其设计的基本步骤如下：

1. 选定光源

构成照明系统的光学系统组成是可以千变万化的，而照明光源却是它们共有的成分。光源的种类很多，有热辐射光源（如白炽灯和卤钨灯）、气体放电光源（如低压汞灯、高压钠灯、金属卤化物灯和脉冲氙灯）还有冷光源和特种光源等；光源发光体的形状也是各种各样，它可以是点光源，也可以是扩展光源，可以是均匀的，也可以是非均匀的。光源的光特性和形状都对被照明面上的光分布有非常大的影响。

在设计一个照明光学系统时，首要任务就是要根据需求选择好光源。对光源的基本要求就是它能发射出足够的光通量。如果在规定的角度区域中的发光强度或在规定面积中的照度已经明确，那么，来自灯具的光通量就可以通过计算获得。而进入光学系统的光通量，考虑到灯具本身的光损失，必须将自灯具出射的光通量乘上一个系数。

光源的尺寸也是一个需要考虑的因素，因为这将影响到灯具的尺寸。当给定光通量输出的表面面积减小时，灯具的亮度将增高，有可能引起眩光。同时，在灯具中小光源放置的位置要比大光源严格得多，这时系统中的光学零件必须做得十分精密，这就对加工工艺提出了更高的要求。

光源的另外一个要求就是颜色，它必须与应用场合相匹配。在大部分情况下，颜色的要求并不很严格，但对于信号灯等特殊用途灯，通常对颜色有严格的限制。

2. 确定照明方式

设计者需要确定采用哪种照明方式，是临界照明还是柯勒照明。照明系统中的光学系统的设计必须以所选择的光源类型、照明方式以及照明的目的和要求为原则，要求能够充分利用光能，合理地运用光源的配光分布，而且结构上要与光源的种类配套，规格大小要与光源的功率配套。

3. 确定和设计光学系统

根据光源的发光特性（如光亮度）和像平面光照度要求，利用像平面光照度公式，求出所要求的光学系统的孔径，并进而确定系统的视场角或孔径角。按照照明系统像方孔径角与物镜相匹配的原则，确定照明系统像方孔径角 U'。根据光源尺寸以及它与照明系统之间允许的距离确定照明系统物方孔径角 U。由物像方孔径角计算照明系统的放大率并确定照明系统的基本形式。根据放大率和孔径角的要求进行像差校正，获得优化的结构。

与成像光学系统一样，照明系统中的光学系统也是由透镜、反射镜、平面镜等基本光学零件组成，但大多以非球面非共轴为主，这是因为非球面非共轴光学系统在实现光各种类型的分布时要比共轴球面系统更为便利。

与大多数成像光学系统不同，照明系统对视场边缘需要进行最佳像差校正。但是照明系统的消像差要求并不严格，考虑到光照的均匀性，只需适当减小球差。要求比较高的情况下，还需考虑彗差和色差。

现代的照明系统中，更多地采用了非球面和反射式的聚光照明形式。采用非球面一方面可以简化系统的结构，另一方面能更好地校正像差；而反射面由于孔径角可以大于 90°，还能提高光能的利用率，获得高质量的照明。

4. 照明系统的照度计算

照明系统的照度分布计算是照明光学系统设计中的关键问题。有多种可取方案来计算照明光学系统的照度分布。方案的选择基本上依赖于照明光源，即光源是点光源还是扩展光源，是均匀的还是非均匀的。下面对几种方法做一下简单介绍：

（1）光束断面积法

这种方法适用于点光源照明的光学系统，即照明光源为一点或者与光学系统的尺寸相比很小。典型的点光源有发光二极管以及激光系统（在离束腰足够远时可以认为它是点光源）。

光束断面积法是以能量守恒定律为依据的。如图 8-39 所示，由光源发出的在某一微小锥形角内的光束投射到参考面上，假设其照射的面积为 $\mathrm{d}A$，照度为 $E(x,y)$，当这一锥形角内的光束投射到另一表面时，设其照射面积为 $\mathrm{d}A$，照度为 $E'(x',y')$ 就有

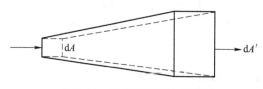

图 8-39　光束断面积法原理图

$$E(x,y)\mathrm{d}A = E'(x',y')\mathrm{d}A' \tag{8-13}$$

或者

$$E'(x',y') = E(x,y)\mathrm{d}A/\mathrm{d}A' \tag{8-14}$$

因为事先知道光源（如朗伯光源）在空间和角度上的性质，可以求出 $E(x,y)$，通过光线追迹，比率 $\mathrm{d}A/\mathrm{d}A'$ 也可以算出来，从而就可以计算出照度 $E'(x',y')$。

（2）蒙特卡罗方法

蒙特卡罗方法适用于点光源和扩展光源照明系统，但主要应用于扩展光源在空间或角度上有辐射变化的照明系统。它是通过追迹上万条光线来决定照度的，可以从光源到接收器或从接收器到光源来进行光线追迹。这种方法因需要追迹大量的光线，因此，计算所需时间相对比较长。蒙特卡罗方法还涉及抽样问题，即对光源在空间角度上进行抽样。另外，接收面是被分为矩形小方格进行考察的。光线被收集到矩形小方格内，给定照明点的照度值的准确度依赖于围绕此点的小方格所收集到的光线的数量。方格越小，对照度的分布情况描述得越好，但想要获得同等的准确度，要求所追迹的光线相对多一些。

（3）投射立体角法

投射立体角法适用于扩展光源系统，它要求扩展光源在空间上均匀分布并且是朗伯型

的。如是非均匀光源，需通过将其分为相对比较均匀的小区域进行分析。运用投射立体角法计算结果准确、速度快。但运用投射立体角法每次只能计算出照明面上每一给定点（观察点）的照度值。其原理如图8-40所示。

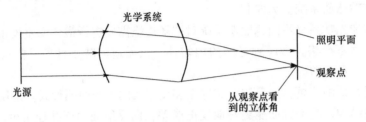

图 8-40　投射立体角法原理图

假定把眼睛放在照明面的观察点上，通过光学系统观察光源，观察点的照度就由通过光学系统射入眼睛的光线数量来决定，射入眼睛的光束对眼睛所形成的张角（立体角）受限于光学系统的透镜口径和光源的尺寸大小。假设光源的亮度为 L，光束对人眼的立体角为 ω，透镜的透过率为 τ，则观察点处的照度就为 $E=c\tau L\omega$，其中 c 为光线对观察点的倾斜因子，当立体角很小时，它等于倾斜角的 cos 值；当立体角较大时，它等于每条光线倾斜角的 cos 值的积分。

在观察点处人眼对所能看到光源部分所张的立体角与倾斜因子的乘积称为投射立体角 Ω。此时得观察点处的照度为 $E=\tau L\Omega$。

在进行软件编制时，可根据不同的照明光源系统选用相应的方法，建立对应的数学理论模型。

8.4.4　均匀照明的实现

在很多情况下，对照明系统的要求是满足一定大小照度的同时，使被照明面有均匀的光分布。因此，如何实现均匀照明是人们一直以来研究的热点。影响光照度分布均匀性的主要原因有：光源本身的光亮度分布不均匀，照明系统结构形式及像差影响，光学系统反射、吸收、偏光的影响等。

实现均匀照明最简单的方法是在照明系统中加入磨砂玻璃或乳白玻璃，但这种方法只适用于均匀性要求不高的系统。8.4.2 节介绍的柯勒照明方式是一种较为有效的均匀照明方式。聚光照明镜将光源成像到物镜的入瞳处，被照明物体经过物镜被投影到屏幕上或者进入人眼中。由于被照明面上的每一点均受到光源上的所有点发出的光线照射，光源上每一点发出的照明光束又都交会重叠到被照明面的同一视场范围内，所以整个被照明物体表面的光照度是比较均匀的。

采用柯勒照明的系统，其像平面边缘照度仍然服从 $\cos^4\omega$ 的下降规律。因此，在液晶投影仪等大视场、高发光强度、均匀性要求较高的现代光电仪器中，通常采用复眼透镜、光棒等匀光器件与柯勒照明系统相配合，以获得较高的光能利用率及较大面积的均匀照明。下面分别对这两种系统进行介绍。

1. 复眼透镜

复眼透镜是由一系列相同的小透镜拼合而成。小透镜的面型可为二次曲面或高次曲面，其形状可根据拼合需求进行加工。最常用的拼合方法有两种，如图 8-41 所示。图 8-41a 是把小透镜加工成正六边形拼合而成，处于中心的小透镜称为中心透镜，其他小透镜围绕着中心小透镜一圈一圈地排列，每一圈的透镜个数为 $6n$（n 为圈的序号）。图 8-41b 是把小透镜加工成矩形拼合而成，排列成一个 $n \times n$ 的阵列，这种复眼透镜加工难度较前者小一些，但产生均匀照明的效果不如前者。

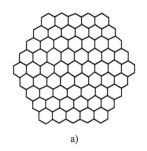
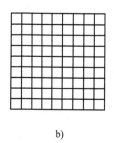

图 8-41　复眼透镜

　　复眼透镜照明系统的照明原理是光源通过复眼透镜后，整个照明光束被分裂为 N 个通道（N 为小透镜的总个数），每个微小透镜对光源独立成像，这样就形成了 N 个光源的像，称其为二次光源，二次光源继续通过后面的光学系统后，在照明平面上相互反转重叠，互相补偿，从而能够获得比较均匀的照度分布。具体原因如下：

　　1) 整个入射宽光束被分为了 N 个通道的细光束，显然每支细光束范围内的均匀性必然大大优于整个宽光束范围内的均匀性。

　　2) 整个光学系统具有旋转对称结构，每支细光束范围内的细微不均匀性，由于处于对称位置的 2 支细光束的相互叠加，使细光束的细微不均匀性又能获得进一步的相互补偿，因而叠加后物面照度的均匀性明显好于单个通道照明的均匀性。复眼透镜照明光学系统如图 8-42 所示。

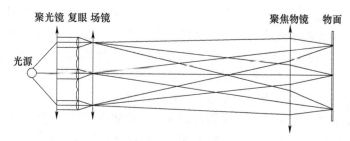

图 8-42　复眼透镜照明光学系统

　　在实际的应用中，复眼透镜通常采用双排复眼的形式。每排复眼透镜由一系列小透镜组合而成。两排透镜之间的间隔等于第一排复眼透镜中的各个小单元透镜的焦距。与光轴平行的光束通过第一排透镜中的每个小透镜后聚焦在第二块透镜上，形成多个二次光源进行照明；通过第二排复眼

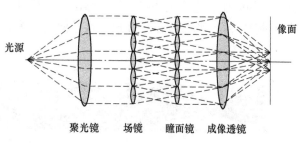

图 8-43　双复眼透镜

透镜的每个小透镜和聚光镜又将第一排复眼透镜的对应小透镜重叠成像在照明面上，如图 8-43 所示。

　　这是一个典型的柯勒系统。这一系统中，由于整个宽光束被分为多个细光束照明，而每

个细光束的均匀性必然大于整个宽光束范围内的均匀性，且每个细光束范围内的微小不均匀性由于处于对称位置细光束的相互叠加，使细光束的微小不均匀性获得补偿，从而使整个孔径内的光能量得到有效均匀的利用。

复眼透镜的设计是一个较为复杂的过程，主要的设计参数如下：

1）全尺寸。为充分利用光能，复眼透镜不能太小。复眼透镜的全尺寸主要由光源尺寸和照明系统孔径角决定。

2）小透镜的个数及排列。应根据光源的发光特性、照明均匀性指标及要求的光斑形状去确定小透镜的个数及排列。透镜个数太少会失去小透镜将宽光束分裂的作用，但个数太多会增加加工的难度和成本，同时，由于透镜像差的存在，对于均匀性的改善也是有限的。

3）小透镜的相对孔径或焦距。由小透镜的口径及照明光束的孔径角决定。

除了上述介绍的复眼透镜，同样用于均匀照明的还有复眼反射镜。采用反射型复眼的优点在于可以减小系统体积，而且没有像差，因此在便携式光学仪器中具有广阔的应用前景。

2. 光棒照明

光棒照明是另一种有效的均匀照明器件。光棒可以是实心的玻璃棒，也可以是由内镀高反射膜的反射镜组成的中空玻璃棒。前者利用全反射原理，反射效率较高，且加工方便；后者利用反射镜实现光在其内部的传输，效率较低，但由于没有玻璃材料的吸收，能量损失较小，并能允许较大角度的光线入射，可以在短长度内实现同样次数的反射，达到相同的均匀性。

如图8-44所示，带角度的光线射入光棒后，在光棒内部的反射次数随入射角度不同而变化，不同角度的光线充分混合，在光棒的输出面上的每个点都将得到不同角度光的照射，从而在光棒的输出端能够形成均匀分布的光场。光棒输出端每一点的发光强度为来自光源的不同角度光的积分，因此，光棒也被称为光积分器件。光棒端面可以设计成各种不同形状。一般来说，矩形、三角形、六角形等形式的端面可以获得较好的均匀性，而圆形端面效果较差。在很多系统里还采用具有锥度的光棒，其作用可以改变出射光线的方向，以满足照明光束与后续系统数值孔径匹配的要求。照明系统应用光棒实现均匀照明时，常采用椭球面反光碗+光棒的形式，如图8-45所示。光源位于旋转椭球面反射镜的内焦点上，光棒放在反射镜的第二焦点附近，光线进入光棒经多次反射，在末端形成均匀的照明。由于光学系统结构和光棒尺寸的限制，通常无法直接将光棒出射面放置在需照明表面上，因而在光棒后面需要引入中继的聚光镜，将光棒出射面成像在被照明物体表面。

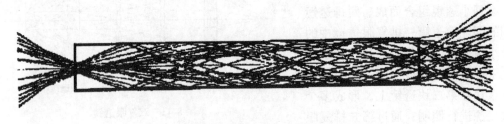

图8-44　光棒中的光线传播

对于光棒的设计，主要考虑的参数有两个：一个是长度，一个是截面积。

长度的考虑应该基于系统对照明均匀性的要求。光棒长度越大，光线在其内部的反射次数越多，均匀性越好，因此为保证足够的反射，截面积较大的光棒长度也应该相应增加。但长度增加必然带来能量的衰减及系统尺寸的增大。权衡考虑，一般情况下，光棒的长度应满足光线在内部反射 3 次左右，这是较合理的设计。

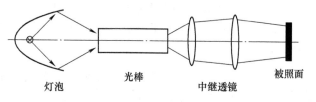

图 8-45　光棒照明光路

截面积的大小需要从能量利用率出发。小尺寸的光棒，如果输出光束的孔径角小于后续光学系统的最大孔径角，出射的光能可以全部被利用，此时适当增大截面积，能够增加进入光棒的能量，提高系统的光能利用率；但当光棒尺寸大到使出射光束孔径角大于后续系统能接收的孔径角后，如果继续加大尺寸，整个系统的能量利用率会下降。而且，如果后续光学系统只能在小于一定的数值孔径内有效工作，在进行光棒设计时也应充分考虑截面积大小与后续系统的匹配问题。

8.5　非球面设计

随着科学技术的飞速发展，对光电仪器中的光学系统要求越来越高。新一代光电仪器系统，不仅要求高成像质量和宽光谱范围，还要实现轻量化和小型化，比如下一代轻型宽谱段高分辨率空间侦察卫星相机、基于共形光学的新型导弹整流罩、各种飞行员和单兵作战信息系统头盔显示器、多谱段光电稳瞄系统和战略激光武器等，均急需能够反映新颖设计概念的非球面光学零件。非球面光学零件具有优良的光学性能，它能够很好地校正多种像差，改善成像质量。非球面在光学系统中的应用主要受到两方面的束缚，一是非球面的设计，二是非球面的加工测量。进入 21 世纪以来，非球面的设计与加工测量已经取得了显著的进展，我国已经有很多单位可以加工和测量非球面，因此非球面在新型的光电仪器中已经得到了广泛的应用。

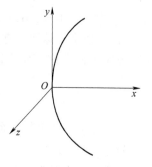

图 8-46　光学系统坐标系

8.5.1　非球面的表示方法

在第 2 章已经指出，为了设计出系统的具体结构参数，必须明确系统结构参数的表示方法。在本书中，所讨论的光学系统均为共轴光学系统，共轴光学系统的最大特点是系统具有一条对称轴——光轴，系统中每个曲面都是轴对称旋转曲面，它们的对称轴均与光轴重合。国内的光学设计软件，例如北京理工大学研制的 SOD88 软件中，系统中每个曲面的形状用式（8-15）表示，所用坐标系如图 8-46 所示。

$$x = \frac{ch^2}{1 + \sqrt{1 - Kc^2h^2}} + a_4h^4 + a_6h^6 + a_8h^8 + a_{10}h^{10} + a_{12}h^{12} \tag{8-15}$$

式中，$h^2 = y^2 + z^2$；c 为曲面顶点的曲率；K 为二次曲面系数；a_4、a_6、a_8、a_{10}、a_{12} 为高次非曲面系数。

式（8-15）可以普遍地表示球面、二次曲面和高次非曲面。公式右边第一项代表基准二次曲面，后面各项代表曲面的高次项。基准二次曲面系数 K 值不同所代表的二次曲面见表8-6。

表8-6 二次曲面面形

K 值	$K<0$	$K=0$	$0<K<1$	$K=1$	$K>1$
面形	双曲面	抛物面	椭球面	球面	扁球面

不同的面形，对应不同的面形系数，例如：

① 球面：$K=1$，$a_4=a_6=a_8=a_{10}=a_{12}=0$。

② 二次曲面：$K\neq1$，$a_4=a_6=a_8=a_{10}=a_{12}=0$。二次曲面图形如图8-47所示。

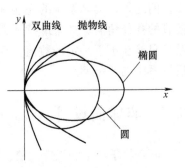

图8-47 球面和二次曲面

在不同的光学设计软件中，非球面的表示略有不同，在 Zemax 软件中，沿光轴方向为 z 轴，非球面的表示有如下几种：

1）偶数次非球面：旋转对称的多项式非球面是在一个球面（或是用二次曲面确定的非球面）基础上加上一个多项式的增量来描述的。偶数次非球面仅用径向坐标值的偶数次幂来描述非球面，标准基面用曲率半径和二次曲面系数确定，面形坐标由式（8-16）确定：

$$z = \frac{cr^2}{1 + \sqrt{1-(1+K)c^2r^2}} + \sum_{i=1}^{8} \alpha_i r^{2i} \tag{8-16}$$

式中，r 为径向坐标；$\alpha_1 \sim \alpha_8$ 为高次非球面系数。

2）奇数次非球面：奇数次非球面与偶数次非球面相似，只是采用径向坐标 r 值的奇数次幂来描述非球面。面形坐标由式（8-17）确定：

$$z = \frac{cr^2}{1 + \sqrt{1-(1+K)c^2r^2}} + \sum_{i=1}^{8} \beta_i r^i \tag{8-17}$$

式中，$\beta_1 \sim \beta_8$ 为高次非球面系数。

3）双曲率面：双曲率面由 yOz 平面内定义的一条曲线绕平行于 y 轴的轴旋转且与 z 轴相交而成。定义双曲率面需要 yOz 平面中的基底半径、二次曲面常数和多项式非球面系数。yOz 平面的曲线定义为

$$z = \frac{cy^2}{1 + \sqrt{1-(1+K)c^2y^2}} + \sum_{i=1}^{7} \alpha_i y^{2i} \tag{8-18}$$

式中，$\alpha_1 \sim \alpha_8$ 为高次非球面系数。这条曲线与偶数次非球面方程相似，且方程中的自变量为 y，不是 r。然后这条曲线绕到顶点的距离为 R 的轴旋转，R 为旋转半径，可正也可为负。如果要描述一个在 x 方向为平面的柱面透镜，只需令 $\alpha_1=0$ 即可，Zemax 认为半径无穷大。如果 yOz 面内的半径设为无穷大，则认为在 x 方向有光焦度、在 y 方向无光焦度，因此可以在 y 或 z 任意方向上描述柱面。其他 α 参数用于设定任意的非球面系数。如果要求一个在 x 方

向的非球面，那么用两个坐标变换面将系统绕 z 轴旋转即可。

4）双二次曲面：双二次曲面与双曲率面相似，只是二次曲面常数以及 x、y 方向的基底半径值可能不同。双二次曲面可以直接定义 R_x、R_y、K_x 和 K_y。双二次曲面的坐标方程为

$$z = \frac{c_x x^2 + c_y y^2}{1 + \sqrt{1 - (1 + K_x) c_x^2 x^2 - (1 + K_y) c_y^2 y^2}} \tag{8-19}$$

式中，$c_x = \dfrac{1}{R_x}$，$c_y = \dfrac{1}{R_y}$。x 方向的半径值如果设为 0，则 x 方向的半径值被认为是无穷大。

8.5.2 非球面的特性

非球面在光学系统校正像差中具有显著的优点，它增加了自变量，校正像差的能力得到加强，因此有可能获得更好的成像质量或在保持成像质量不变的情况下简化系统。非球面在系统中的位置对校正像差的影响是有差别的，一般来说，非球面位置接近系统的孔径光阑，对校正系统的球差是有利的，而如果非球面位置远离孔径光阑，则有利于校正系统的轴外像差。但是非球面表明各处曲率变化率大、不具有旋转对称性，传统的光学设计方法、数控加工技术很难在精度及效率上满足要求。

非球面的应用主要受加工和检验的限制，光学非球面的特性使得其加工和检验远比球面困难。非球面加工有如下特点：

1）大多数非球面只有一个对称轴，面形比较复杂，一般只能单件加工。

2）对于非球面来说其表面上各点曲率不同，抛光时面形修正难度大。

3）球面光学零件加工中的定心磨边技术比较成熟，精度较好，而对于非球面来说，其对另一平面或球面的偏斜无法用磨边米纠正，球面的方法对非球面光学零件不适用。

光学非球面的加工方法按其工艺特点，可分四类：

1）去除加工法：包括研磨法、磨削法、切削和离子抛光法等。

2）模压成型法：包括热压成型法、注射成型法和浇铸成型法。

3）附加法：包括镀膜法、复制法。

4）复合法：由玻璃球面镜和树脂非球面镜复合，玻璃球面镜容易加工，树脂非球面镜通过精密注射成型法可批量生产，这是一种大批量加工非球面的新方法。

球面光学零件的检验通常采用样板来检验光圈，方便简洁，精度很好，而光学非球面的检验不像球面那样容易实现，一般不能用样板法。非球面的检测主要有如下方法：

1）接触法测量。例如采用三坐标测量仪来进行测量。这种测量方法采用直接接触进行逐点测量，相对来说，测量的效率比较低，容易损伤被测面，测量精度也不高。

2）非接触法测量。这类方法包括激光扫描测量法、阴影法和干涉法等。激光扫描测量法易于实现仪器化，控制比较简单；采用刀口仪来进行阴影法测量需要较好的测量技术和测量经验，不能完全定量，只能确定一个范围，测量效率比较低，但其设备简单、直观，适用于现场检测。干涉法测量可以做到灵敏度高，随着补偿镜、计算全息、移相、外差、锁相和条纹扫描等先进技术的出现，这种测量方法成为非球面检测的主要方法。

在光学系统的设计过程中，是全部采用球面还是部分采用非球面，采用多少非球面合

适，需要设计者具体情况具体分析。球面的加工和检验简单、成本低，但校正像差的能力低，因此系统中可能会使用较多的透镜，系统比较复杂；采用非球面，可以增加校正像差的自变量，同时也就是增加校正像差的能力，但是非球面的加工和检验比较复杂，加工成本昂贵，而且加工的精度有可能达不到要求的精度，甚至由于加工的误差抵消掉采用非球面所带来的好处。通常，如果使用非球面使得系统大为简化，外形体积和重量大大减小，这是值得的。

8.5.3 反射二次非球面的应用

反射式光学系统有很多优点，例如没有色差，适合于紫外线、可见光和红外线等宽光谱情形；反射式光学系统口径可以做得很大，而折射式光学系统口径不可能做太大；同时，反射式光学系统可以折叠光路，在系统不太长的外形下，焦距可以很长，而对于折射式系统来说，通常系统的长度会大于焦距，如果焦距很长，则系统就会更长，对于空间光学系统等情形往往难于满足要求。对于反射面，通常都是利用二次曲面满足等光程的条件，二次曲面包括以下几种：

1）椭球面：对两个定点距离之和为常数的点的轨迹，是以该两点为焦点的椭圆。因此椭球面对两个焦点符合等光程条件。

2）双曲面：到两个定点距离之差为常数的点的轨迹，是以该两点为焦点的双曲面。因此双曲面对内焦点和外焦点符合等光程条件，其中一个是实的、一个是虚的。

3）抛物面：到一条直线和一个定点的距离相等的点的轨迹，是以该点为焦点、该直线为准线的抛物面。因此抛物面对焦点和无限远轴上点符合等光程。

这样，可以根据具体情况，合理地选择这些二次曲面，符合等光程的条件，满足光学系统的要求。需要注意的是，二次曲面满足等光程的条件只是针对轴上点才成立，对轴外点不符合等光程条件，因此，这些反射二次曲面系统的视场一般不能过大，如果视场过大，成像质量不能得到保证，只有加入折射式系统才有可能获得良好的成像质量。反射式系统通常采用两镜和三镜系统，两镜系统如图 8-48 所示。

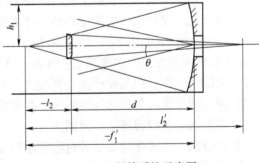

图 8-48 两镜系统示意图

常用的两镜系统有：

1）经典卡塞格林（Cassegrain）系统。经典的卡塞格林系统中，主镜为凹的抛物面，副镜为凸的双曲面，抛物面的焦点和双曲面的虚焦点重合，经双曲面后成像在其实焦点处。卡塞格林系统的长度较短，主镜和副镜的场曲符号相反，有利于扩大视场。

2）格里高利（Gregory）系统。格里高利系统中，主镜为凹的抛物面，副镜为凹的椭球面，抛物面的焦点和椭球面的一个焦点重合，经椭球面后成像在其另一个实焦点处。

3）R-C 系统。最早的卡塞格林系统和格里高利系统因为轴外像差没有校正，使用上受到某些限制，为此，Chrétien 提出了主镜和副镜都为双曲面，使球差和彗差同时得到校正的改进形式的卡塞格林系统，由 Ritchey 实现，故称为 R-C 系统，如图 8-49 所示。目前，在大型天文望远镜中最常用的就是 R-C 系统。

4）马克苏托夫系统。马克苏托夫系统的主镜和副镜均为椭球面。主镜椭球面的一个焦点与副镜椭球面的一个焦点重合，如图 8-50 所示。

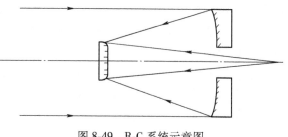

图 8-49　R-C 系统示意图

5）无焦系统。无焦系统的主镜、副镜均为抛物面，两个抛物面的焦点重合，使得入射平行光仍然以平行光出射，可用于优质激光扩束系统，如图 8-51 所示。但是此系统的缺点是中心有遮拦，影响了光能的利用，为克服此缺点，可以采用离轴的抛物面，当然，离轴抛物面并不是非共轴，两个抛物面仍然是共轴，只是离轴使用，避开中心遮拦。

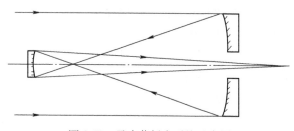

图 8-50　马克苏托夫系统示意图

需要指出的是，反射式系统由于通常只有两个或三个反射表面，因此广泛地使用甚至有时必须使用非球面，如果上面所介绍的反射系统不能满足轴外视场成像质量的要求，可以将这些反射面改为高次非球面，当然，高次非球面的加工和检验比二次非球面要复杂得多，需要综合考虑。另外，反射式系统与折射式系统的一个区别是反射式系统的加工和装调公差要比折射式系统的严，难度也相应加大。通常折射式系统的加工、偏心和倾斜等误差控制在一定范围内即可获得很好的成像质量，而对于反射式系统可能会引起成像

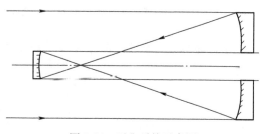

图 8-51　无焦系统示意图

质量的严重下降，这是需要设计和装调人员注意的问题。

8.5.4　设计实例：非球面镜头设计

在非球面镜头的设计过程中需要注意的问题有：①选择最有效的面加上非球面。到底应该在哪些表面上加上非球面，这是一个非常困难的问题，很难一下子弄清楚。解决这个问题可以采用试探的方法，看看加在哪个表面最佳、最有效。②尽量采用二次曲面。采用二次曲面能够满足要求就不要加上高次项，高次非球面的加工检验复杂得多。③需要计算最接近球面的非球面度。设计好非球面以后，通常还要设计和计算出最接近球面。所谓最接近球面就是与非球面差别最小的球面，最接近球面与非球面的差别大小反映了非球面加工的难度。④需要设计非球面的检验光路。有时，需要光学设计者设计出非球面加工后的检验光路，指导光学加工和检验人员。⑤非球面的加工问题。光学设计者需要了解采用哪种非球面加工方法，在设计上可能会有所变化。

非球面对于校正像差是非常有效的，但是需要精心设计。有时候，把二次曲面系数和所

有的高次非球面系数都作为自变量加入校正，并不一定能得到一个好的结果。二次曲面系数和非球面四次系数对于初级像差的作用是一样的。通常，只选择它们中的一个，而不是两个一起作为自变量。比较好的做法是，先选择二次曲面系数（或非球面四次系数）作为自变量，然后，如果需要，再加入六次、八次或十次等高次项系数。在大多数情况下，非球面十次项系数已经不需要了，对成像质量没有什么影响，事实上，八次系数对成像质量已经影响不大了。另外非球面次数越高，意味着加工的精度要求越高，难度越大。

对于一个面来说，如果采用高达十次非球面系数的非球面，可以在四条光线交点高度处将球差完全校正到零。但是，有可能在这四条光线之间的高度处球差较大，因此，在设计非球面时应该选择比球面时更多的光线数目。

1. 光纤成像透镜

这是一个光纤成像透镜，物像对称，物方和像方的数值孔径均为 0.22，光纤芯径为 0.36mm，波长为 0.808μm。在本例中，第一面采用了非球面，加上了二次和四次非球面系数。系统图如图 8-52 所示。

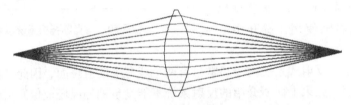

图 8-52　光纤成像透镜示意图

光学传递函数（MTF）曲线图如图 8-53 所示。

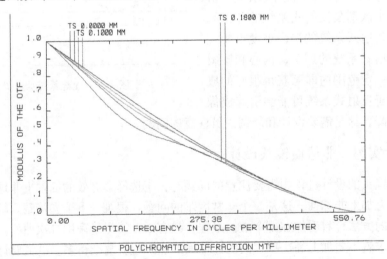

图 8-53　光纤成像透镜 MTF 曲线图

像点弥散图如图 8-54 所示。

可见成像质量满足要求。如果不采用非球面，要获得这样的成像质量是不可能的。

2. 红外成像透镜

这是一个红外成像透镜，波段为 8~14μm，焦距为 100mm，相对孔径为 1:1，全视场

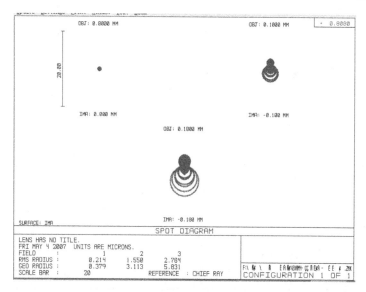

图 8-54　光纤成像透镜像点弥散图

角为 10.3°。在第一透镜的第二面上加入了非球面。系统图如图 8-55 所示。

光学传递函数（MTF）曲线图如图 8-56 所示。

像点弥散图如图 8-57 所示。

成像质量满足要求。

3. 相机手机成像镜头

这是一个相机手机成像镜头，波段为可见光，焦距 4mm，相对孔径 1/3.5，全视场角 40°。系统中只用了两片塑料透镜，均加入了非球面。系统图如图 8-58 所示。

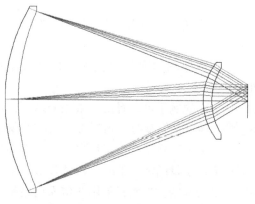

图 8-55　红外成像透镜示意图

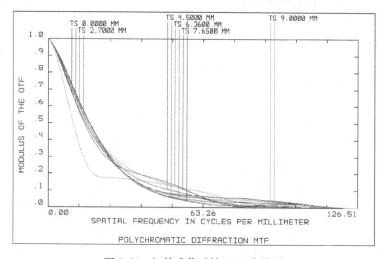

图 8-56　红外成像透镜 MTF 曲线图

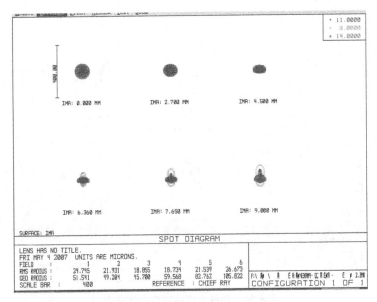

图 8-57　红外成像透镜像点弥散图

光学传递函数（MTF）曲线图如图 8-59 所示。

像点弥散图如图 8-60 所示。成像质量也满足要求。

从上面的例子可以看出，采用非球面，增加了校正像差的自变量，可以在不改变系统复杂程度的情况下将像差校正得更好，或者在保证同样成像质量的情况下减少透镜片数，降低系统的复杂程度。当然，采用非球面也会带来诸如设计、加工、检测和装调方面的难度，应该根据实际情况来决定是否采用非球面。

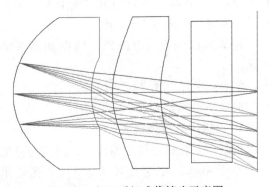

图 8-58　相机手机成像镜头示意图

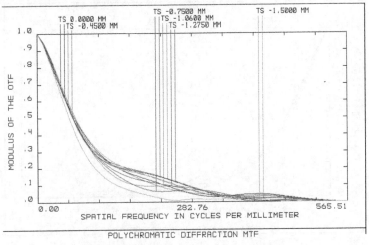

图 8-59　相机手机成像镜头 MTF 曲线图

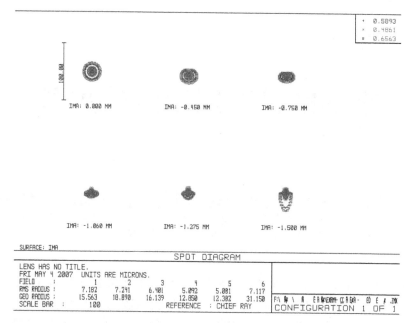

图 8-60　相机手机成像镜头像点弥散图

习　题

1. 说明变焦距物镜的工作原理，并说明常见的变焦类型有哪几种。

2. 利用光学设计软件 Zemax 中的多重结构，采用软件中的理想系统设计一个变焦距光学系统的高斯光学，系统像面直径为 8mm、入瞳直径为 40mm、变倍比为 8、焦距为 50~400mm。

3. 分别说明物方远心光路和像方远心光路的特点和作用。

4. 在实际的光学系统设计过程中，控制什么参数才能保证系统为远心光路？

5. 在实际的光学系统设计过程中，控制什么参数才能保证系统为 $f\theta$ 镜头？

6. 成像光学系统和非成像光学系统有什么区别？

7. 什么叫临界照明？什么叫柯勒照明？它们各自的特点是什么？

8. 在实际的光学系统设计过程中，采用非球面应该遵循什么普遍原则？

9. 反射式光学系统和透射式光学系统各有什么优缺点？

第 3 部分

学练结合的光学设计实训

第 9 章

光学设计 OSLO 软件应用与光学设计实训

如前所述，20 世纪 70 年代以来出现的现代光学仪器已经打破了经典光学仪器的传统概念，是"光、机、电、算"的综合体。目前，尽管绝大多数光学或光电仪器已失去它们的传统意义，但核心部分仍然是光学系统。因为光学系统的质量高低直接影响到设备的精度。可见学生掌握光学系统设计技术与技巧，并能独立从事光学系统设计，对日后成长为现代光学仪器设计和制造的工作者和专家来说是十分重要的。

对于一个现代光学设计工作者来说，要求在掌握像差理论的基础上，掌握各种各样光学系统的像差特性和设计方法，还需要具备熟练的计算机操作和光学设计软件使用能力。为了让学生尽快入门进入光学系统设计实践中，本章借助光学设计 OSLO LT6（教学版），学生在教师指导下上机进行学练结合，用软件从事光学设计实训。

本章主要介绍光学设计 OSLO LT6（教学版）软件应用，然后列举了光学设计实训的 8 个镜头（系统）的设计实训。

9.1　光学设计实训概述

光学设计是比较难以掌握的，也是一门专业的、实践性很强的学科。本书特别编入学练结合的光学设计实训这一实践环节，旨在让学生受到"准"工程训练，使他们的工程实践能力得到培养，逐步养成工程素质。

所谓工程素质，就是工程技术人员在他们提出、承接、规划、决策、实施与完成工程任务的完整过程中，应该或必须具备的基本素质。这些基本素质，能使学生初步掌握处事的完整思维方法，使他们在考虑与完成工程任务时，不会陷入单纯业务与技术范畴，而能从复杂事物发展的整体与相互联系上把握工程。

9.1.1　光学设计实训对培养应用型人才的重要性

经过包括首都师范大学（211 院校）、广西师范大学、桂林电子科技大学等在内的几所大学开展光学设计实训实践环节教学活动的尝试，实践证明，光学设计实训对培养应用型人才的工程实践能力和工程素质大有裨益，其重要意义至少表现在下述 3 个方面：

1）它是检验基本理论、基本方法学习成果的"试金石"。

2）它是掌握光学设计基本技能的重要手段。

3）它是练就光学设计基本功训练的"临门一脚"。

9.1.2 光学设计 CAD 软件应用于像差计算的"三部曲"

光学设计的基本步骤如下：

1）根据使用要求，确定光学性能（放大率、视场、出瞳直径和距离、分辨率等），拟定光学系统原理方案。

2）计算外形尺寸，确定各光学部件和零件的光学参数及其纵、横向尺寸。

3）在满足一定成像质量的要求下，通过像差计算，确定各光学部件和零件的 r、d、n 等。

设计实训是给定某些系统（镜头）案例的初始结构，让学生上机，在教师指导下使用光学设计 CAD 软件，确定校正像差的正确步骤，从而得到较佳的设计结果。

光学设计 CAD 软件应用于像差计算的"三部曲"：①建模（含新建、调用）；②计算与优化；③评价。

9.2 OSLO 软件基本操作

在 2.3 节的学习中，我们知道：用 OSLO 软件进行光学系统设计一般经过初始条件设定、面数据输入、光路计算、像质评价和优化等几个阶段，其工作流程图如图 1-2 所示。

光学设计 CAD 软件自动校正的前提是假定可以定义一个评价函数，它唯一地表征了一个光学系统的成像质量。该评价函数的值越小，光学系统的成像质量就越好；评价函数的值越大，光学系统的成像质量就越差。在 OSLO 软件中，该评价函数就是误差函数。误差函数定义得越合理，越能真实地表征光学系统的成像质量。本节将在 2.3 节的基础上结合实例详细介绍用 OSLO 软件进行光学系统设计的基本操作。

9.2.1 OSLO 软件的镜面操作规定

在 OSLO 软件中对镜头参数输入有如下常用规定：

（1）透镜面数的规定

在 OSLO 软件中，光学系统的一束光线要连续地通过该系统的一组镜面。光线从左到右在系统中传播，其中物平面被指定为第 0 面，用 OBJ 表示。在光学系统中，镜面按光线或其延长线穿过的次序依次计数，面数值最大者称为像面，用 IMG 表示，而不管该面上是否成像。

理论上认为，没有折射率变化的折射表面对光路的轨迹没有影响，称之为虚面（dummy surface）。虚面用来保存光路信息或者是为其他光学表面建立基坐标。

（2）符号规则

在共轴系统中，OSLO 软件规定了曲率、厚度和折射率的正负号，规则如下：

1）曲率半径 r：如果曲率中心位于镜面右侧，则曲率半径为正；反之为负。

2）厚度 d：如下一表面位于当前表面的右侧，则两表面之间的厚度为正；反之为负。

3）折射率 *n*：所有的折射率都为正；反射面用"*rf*1"指明。

在 OSLO 软件中，所有孔径值都为正；如果输入负值则系统自动将其改为该值的绝对值。

9.2.2 建立无限远像距镜头文件

要建立合格的镜头文件，关键的第一步就是要懂得如何正确输入透镜的结构参数，只要按部就班地输入合理、准确、完整的数据，OSLO 程序立刻就能把计算结果在相应的编辑表中显示出来。在 OSLO 软件中，输入无限远像距和有限远像距的镜头有一定的差异，因此将分别予以阐述。

本小节设计一个最简单的双胶合望远物镜，其光学参数为：焦距 $f' = 200$mm，通光孔径 $D = 40$mm，视场角 $2\omega = 5°$。入瞳位于第一面上，前片玻璃为 K9，后片玻璃为 ZF1。

1. 新建镜头文件

选择文件（File）→新建（New）命令，或单击主窗口工具栏上的 ⊞ 按钮，打开新建文件对话框，如图 9-1 所示。在新文件名（New file name）中输入 YZ00，文件类型（File type）选择第一项自定义透镜（Custom lens），面数（Number of surfaces）中输入 3，然后单击"OK"

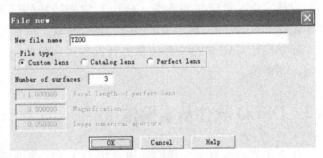

图 9-1　新建文件对话框

按钮，打开一个新的面数据编辑表，如图 9-2 所示。

Gen	Setup	Wavelengths	Variables	Draw Off	Group	Notes

Lens: No name　　　　　　　　　　　　　　　　　　　　Efl　1.0000e+54

Ent beam radius　1.000000　Field angle　5.7296e-05　Primary wavln　0.587560

SRF	RADIUS	THICKNESS	APERTURE RADIUS		GLASS	SPECIAL
OBJ	0.000000		1.0000e+20		1.0000e+14		AIR	
AST	0.000000		0.000000		1.000000	AS	AIR	
2	0.000000		0.000000		1.000000	S	AIR	
3	0.000000		0.000000		1.000000	S	AIR	
IMS	0.000000		0.000000		1.000000	S		

图 9-2　新建面数据编辑表

2. 输入透镜光学特性参数

在面数据表中输入透镜名称 YZ00，入射光束半径（Ent beam radius）为 20mm，视场角（Field angle）为 2.5°，主波长（Primary wavln）选用默认的 0.58756μm。打开/关闭（Draw On/Off）按钮切换到打开（Draw On）状态，组/面（Group/Surfs）按钮切换到面（Surfs）状态，如图 9-3 所示。

3. 输入镜面数据

镜面数据包括曲率半径、厚度、孔径和玻璃等。

Gen	Setup	Wavelengths	Variables	Draw On	Surfs	Notes

Lens: YZ00

Efl 8.7322e+59

Ent beam radius 20.000000 Field angle 2.500000 Primary wavln 0.587560

SRF	RADIUS	THICKNESS	APERTURE RADIUS		GLASS	SPECIAL
OBJ	0.000000	1.0000e+20	4.3661e+18		AIR	
AST	0.000000	0.000000	20.000000	AS	AIR	
2	0.000000	0.000000	20.000000	S	AIR	
3	0.000000	0.000000	20.000000	S	AIR	
IMS	0.000000	0.000000	20.000000	S		

图 9-3 输入透镜光学特性参数

1）曲率半径（RADIUS）。曲率半径可以直接输入，注意光阑面默认为第一个面，在面序号上显示为 AST ，在该面的孔径半径灰色按钮上显示 AS 。如果要改变光阑面，可以单击所要设的光阑面的孔径半径灰色按钮，在弹出的下拉列表框中选择孔径光阑（Aperture Stop）即可。

2）厚度（THICKNESS）。按初始结构的面厚度输入，因物面为无限远，第一面的厚度默认为无限远值。

3）孔径半径（APERTURE RADIUS）可以不必输入，OSLO 软件默认自动计算孔径值，孔径半径灰色按钮 S 表示该值是自动计算（Solve）所得。

4）玻璃（GLASS）。前面所说的玻璃牌号 K9 和 ZF1 是中国的玻璃牌号，而 OSLO 软件中可识别的是国外牌号，通常使用德国肖特集团的玻璃牌号。中、德玻璃牌号对照表（查"中、德玻璃牌号对照表"⊖）中找到上述两种我国牌号对应的德国牌号为 BK7、SF2。可以在两个玻璃输入区直接输入牌号名称，也可以单击右边的灰色按钮，在弹出的下拉列表框中选择

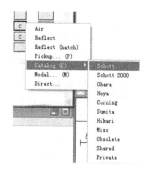

图 9-4 选择国外玻璃集团目录

目录（Catalog）→肖特集团（Schott），打开肖特集团玻璃牌号列表，如图 9-4 所示，然后分别选中 BK7 和 SF2。表中牌号的排列可以按照名称（Name）、折射率（Index）、阿贝数（V-number）来选择，表上方的信息区会显示该牌号玻璃的折射率、阿贝数等信息，如图 9-5 所示。从目录中选择的玻璃在灰色按钮上会显示字母 C，表示 Catalog，如果是直接输入牌号名称则不会显示字母 C。

单击近轴特性编辑表（Setup），将表中的高斯像距（Gaus img dst）内的数值填入第 3 面的厚度栏里，这是系统自动计算的最后一面到像面的距离。最后得到的输入完整的面数据编辑表如图 9-6 所示。

4. 显示透镜结构

因为切换到了打开（Draw On）按钮，在输入镜面数据的时候自动绘图窗口会实时显示每一步操作后透镜的二维结构图形。最后输入完的结构如图 9-7 所示，图 9-7a 为二维平面结构，单击绘图窗口工具栏上的 🌀 按钮显示如图 9-7b 所示的三维结构。

⊖ 请登录机工教育服务网（www.cmpedu.com）搜索本书，在本书主页上"内容简介"栏目获取下载方式。

BK7; n=1.516800; V=64.17; dens=2.51; hard=610; chem=20122; dndT=1.5; TCE=71; bub=0; trans=0.991; cost=1.00; avail=V

Sort by: ⊙ Name   ○ Index   ○ V-number

BAF13	BAF3	BAF4	BAF50	BAF51	BAF52	BAF8
BAF9	BAFN10	BAFN11	BAFN6	BAK1	BAK2	BAK4
BAK5	BAK50	BALF4	BALF5	BALF50	BALKN3	BASF1
BASF10	BASF12	BASF13	BASF2	BASF51	BASF52	BASF54
BASF56	BASF57	BASF6	BASF64A	BK1	BK10	BK3
BK6	BK7	BK8	F1	F13	F14	F15
F2	F3	F4	F5	F6	F7	F8
F9	FK3	FK5	FK51	FK52	FK54	FN11
K10	K11	K3	K4	K5	K50	K7
KF3	KF6	KF9	KZFN1	KZFN2	KZFS1	KZFS6

图 9-5　肖特集团玻璃牌号目录表

Gen	Setup	Wavelengths	Variables	Draw On	Surfs	Notes

Lens: YZ00 　　　　　　　　　　　　　　　　　Efl 199.406590

Ent beam radius　20.000000　Field angle　2.500000　Primary wavln　0.587560

SRF	RADIUS		THICKNESS		APERTURE RADIUS		GLASS		SPECIAL	
OBJ	0.000000		1.0000e+20		4.3661e+18		AIR			
AST	126.730000		7.000000		20.000000	AS	BK7	C		
2	-85.060000		4.200000		19.825100	S	SF2	C		
3	-258.000000		194.348453		19.806259	S	AIR			
IMS	0.000000		0.000000		8.706280	S				

图 9-6　输入完整的面数据编辑表

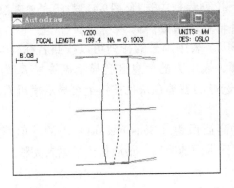

a)

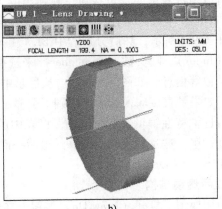

b)

图 9-7　光学系统结构图

5. 保存透镜数据

OSLO 软件规定在第一次保存透镜文件时必须选择文件（File）→另存为（Save File As）命令，打开另存透镜对话框，然后单击保存，返回面数据编辑表。以后每次修改面参数后，只要单击工具栏上的图标 🖫 就可以了。

9.2.3 建立有限远像距镜头文件

设计一个生物显微镜用 10×消色差物镜，光学特性为：$\beta = -10$，$f' = 17\text{mm}$，$NA = 0.25$，$2y = 1.8\text{mm}$，$L = 195\text{mm}$。为简单直观，取消盖玻片。有限远物距镜头的输入具体操作步骤与无限远物距镜头大体相同，不同之处在于，有限远物距镜头的物面的厚度不是无穷大，而是一个有限值，本例中为 160mm。这时光学特性区的入射光束半径和视场角自动被物方数值孔径和物半高值所取代，然后输入物方数值孔径的值和物半高值。注意由于采用反向光路输入法，实际的物方就变为像方，实际的像方变为物方，所以输入的物方数值孔径应为 0.025，物高为实际的像高 9mm。输入完数据的 10×消色差物镜面数据编辑表如图 9-8 所示。

Gen	Setup	Wavelengths	Variables	Draw On	Group	Notes

Lens: No name   Efl   17.042535

Object num ap   0.025000 Object height   9.000000 Primary wavln   0.587560

SRF	RADIUS	THICKNESS	APERTURE RADIUS	GLASS	SPECIAL
OBJ	0.000000	160.000000	9.000000	AIR	
AST	0.000000	0.010000	4.001251 AS	AIR	
2	17.521200	2.700000	4.002063 S	BK7 C	
3	-13.092000	1.800000	3.936582 S	SF2 C	
4	-105.639200	17.550000	3.939390 S	AIR	
5	8.357000	2.900000	3.560621 S	BK7 C	
6	-6.252000	1.400000	3.098372 S	SF1 C	
7	-15.488000	7.407482	2.982304 S	AIR	
IMS	0.000000	0.000000	0.904427 S		

图 9-8   10×消色差物镜面数据编辑表

9.2.4 像质评价

OSLO 软件提供了多种像质分析工具，如像差分析图、MTF、PSF、点列图和波前分析等，此外还可以精确地计算各种像差值。以 9.2.3 小节的 10×消色差物镜为例，它的像差分析图、MTF、PSF 和点列图分别如图 9-9～图 9-12 所示。

单击文本窗口工具栏上的"Abr"按钮，在文本窗口输出了该物镜的像差值，如图 9-13 所示。

9.2.5 优化

优化是光学系统设计过程中最重要的一步，一般来说初始结构的像质并不是很理想，只有经过优化才能使光学系统的性能达到需要的状态。以 9.2.3 小节的 10×消色差物镜为例，从图 9-10 中可以看到极限分辨率只有 90cycles/mm，球差值为 -0.010067（见图 9-13），明显不满足 10×消色差物镜应有的分辨率和像差要求，所以要对其进行优化。

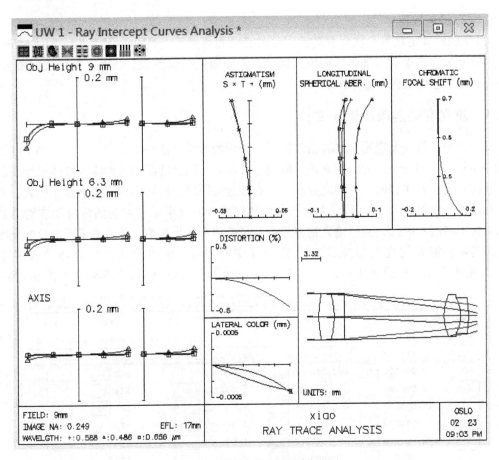

图 9-9 10×消色差物镜像差分析图

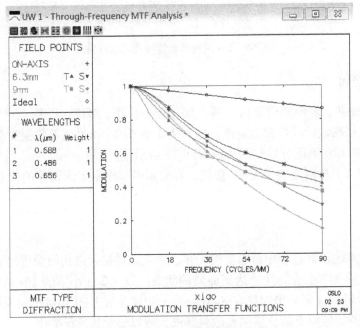

图 9-10 10×消色差物镜 MTF 分析

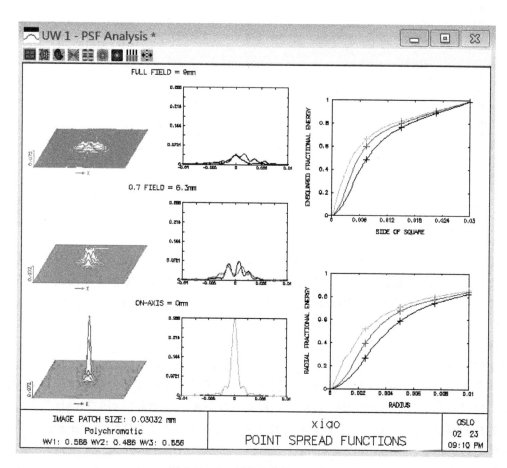

图 9-11 10×消色差物镜 PSF 分析

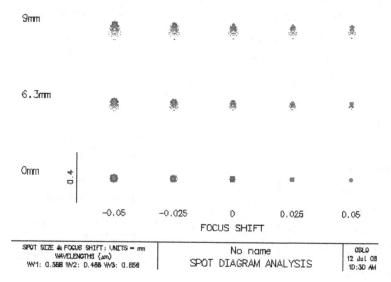

图 9-12 10×消色差物镜点列图

```
*PARAXIAL TRACE
 SRF      PY          PU          PI          PYC         PUC         PIC
  8   -7.0339e-08  -0.248854   -0.248854   -0.904427    0.031656    0.031656

*CHROMATIC ABERRATIONS
 SRF      PAC         SAC         PLC         SLC
 SUM    0.010796    0.009369    0.000335   -0.000171

*SEIDEL ABERRATIONS
 SRF      SA3         CMA3        AST3        PTZ3        DIS3
 SUM   -0.010067    0.005587   -0.000246   -0.007592    0.004161

*FIFTH-ORDER ABERRATIONS
 SRF      SA5         CMA5        AST5        PTZ5        DIS5        SA7
 SUM    0.010925   -0.006363    0.000290  -2.0258e-08 -8.6218e-05   0.003479
```

图 9-13   10×消色差物镜像差值

优化之前要进行两个必要的步骤：确定优化变量和选用评价函数。理论上讲透镜组的全部结构参数都可以作为优化变量参与优化，但在大多数光学系统中主要影响像质的因素是曲率半径 r，以上述 10×消色差物镜为例，介绍如何以曲率半径 r 为变量进行优化。

1. 打开透镜文件并另存

选择文件（File）→打开（open）命令，打开 10×消色差物镜文件"10×001"，然后单击选择文件（File）→另存为（Save lens as）命令，将文件另存为"10×002"。如果不是另存为，而是在原来的文件内优化，在保存后就会将原来的镜头数据覆盖，就丢失了初始结构的数据，这样不利于对比初始结构与优化后结构的像质分析。注意在以后的每次优化前都要将文件另存为一个文件，这样保存多次优化的结果，从而可以从多个优化结果中选择最合适的结果作为最终方案。

2. 设置优化变量

在面数据表中单击变量（Variable）按钮，打开变量编辑表，单击所有曲率半径为变量（Vary all curvatures）按钮，将所有曲率半径都设为变量。单击每个面的孔径按钮，在弹出的下拉列表框中选择核查（Checked），这时该页面的按钮变为 SK ，这表示将该面人为设置核查渐晕，如果该面出现渐晕，光线追迹将不能通过该面。

3. 设置误差函数

选择优化（Optimize）→设置误差函数（Generate Error Function）→ GENII 误差函数（GENII Ray Aberration）命令，打开 GENII 误差函数设置对话框，如图 9-14 所示。

使用默认设置，直接单击"OK"按钮即

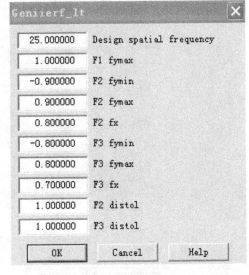

图 9-14   GENII 误差函数设置对话框

可。这时文本窗口工具栏上的"Ope"和"Ite"按钮处于激活状态，单击"Ope"按钮在文本窗口输出当前的操作数，如图 9-15 所示。

```
*OPERANDS
 OP  MODE    WGT       NAME       VALUE   %CNTRB DEFINITION
O 9   M   1.000000  Fnb diff   1.6653e-12   0.00 OCM9/OCM8
O 10  M   1.000000  Focus diff -0.424388    0.24 OCM10/OCM4
O 11  M   1.000000  Axial DY   -0.854941    0.96 OCM11/OCM1
O 12  M   1.000000  Axial OPD   2.276600    6.80 OCM12/OCM6
O 13  M   1.000000  Axial DMD  -3.417867   15.32 OCM13/OCM6
O 16  M   1.000000  0.7 Dist   -0.231951    0.07 OCM15/OCM14
O 17  M   1.000000  0.7 YFS    -0.907600    1.08 OCM17/OCM2
O 18  M   1.000000  0.7 XFS    -0.887093    1.03 OCM18/OCM2
O 19  M   1.000000  0.7 Coma   -0.342028    0.15 OCM19/OCM7
O 20  M   1.000000  0.7 DY U   -0.322006    0.14 OCM20/OCM3
O 21  M   1.000000  0.7 OPD U   1.573141    3.25 OCM21/OCM6
O 22  M   1.000000  0.7 DMD U  -2.465144    7.97 OCM22/OCM6
O 23  M   1.000000  0.7 DY L   -0.172903    0.04 OCM23/OCM3
O 24  M   1.000000  0.7 OPD L   2.045039    5.49 OCM24/OCM6
O 25  M   1.000000  0.7 DMD L  -3.352918   14.75 OCM25/OCM6
O 26  M   1.000000  0.7 Sag DX -0.583701    0.45 OCM26/OCM3
O 27  M   1.000000  0.7 Sag DY  0.208785    0.06 OCM27/OCM1
O 28  M   1.000000  .7 Sag OPD  2.040389    5.46 OCM28/OCM6
O 31  M   1.000000  1.0 Dist   -0.468062    0.29 OCM30/OCM29
O 32  M   1.000000  1.0 YFS    -0.814268    0.87 OCM32/OCM4
O 33  M   1.000000  1.0 XFS    -2.453187    7.89 OCM33/OCM1
O 34  M   1.000000  1.0 Coma   -0.355583    0.17 OCM34/OCM7
O 35  M   1.000000  1.0 DY U   -0.226167    0.07 OCM35/OCM5
O 36  M   1.000000  1.0 OPD U   1.500982    2.96 OCM36/OCM6
O 37  M   1.000000  1.0 DMD U  -1.919638    4.83 OCM37/OCM6
O 38  M   1.000000  1.0 DY L   -0.238770    0.07 OCM38/OCM5
O 39  M   1.000000  1.0 OPD L   1.498195    2.94 OCM39/OCM6
O 40  M   1.000000  1.0 DMD L  -2.944449   11.37 OCM40/OCM6
O 41  M   1.000000  1.0 Sag DX -0.457217    0.27 OCM41/OCM5
O 42  M   1.000000  1.0 Sag DY  0.213190    0.06 OCM42/OCM1
O 43  M   1.000000  1 Sag OPD   1.943225    4.95 OCM43/OCM6
MIN RMS ERROR:      1.568151
```

图 9-15　GENII 误差函数的操作数

OSLO LT6.1 共有 50 个操作数，图 9-16 中所示的操作数都是由两个其他操作数相除定义的操作数，图中没有列出来的操作数都是单操作数，直接由光学参数来定义。系统自动计算的当前误差函数的最小值（MIN ERROR）：1.568151，优化的目标就是使这个最小值尽量小，同时兼顾像差平衡。

4. 进行优化

单击"Ite"按钮，自动进行 10 次迭代计算，在文本窗口输出每次迭代的计算结果，当有两次的误差函数最小值相同时，说明已达到最小解，则停止迭代，如图 9-16 所示。

```
*ITERATE FULL   10
NBR   DAMPING    MIN ERROR   CON ERROR   PERCENT CHG.
 0  1.0000e-08   1.568151       --
 1  1.0000e-05   1.229168       --        21.616735
 2  1.0000e-05   0.330142       --        73.141051
 3  1.0000e-05   0.317269       --         3.899191
 4  6.1580e-06   0.316761       --         0.159931
 5  3.7921e-06   0.316720       --         0.013188
 6  3.7921e-06   0.316719       --        4.2500e-05
 7  3.7921e-06   0.316719       --        9.7088e-05
```

图 9-16　自动优化结果输出

到此就完成了一次优化过程，再在图形窗口输出 MTF 分析和像差分析曲线，如图 9-17、图 9-18 所示，结果表明优化后明显比优化前像质好了很多，单击图标📁，将该结果保存。

应该指出，单纯使用 OSLO 软件自动优化不一定能够达到最优结果，因为光学系统优化是一个多变量、多输出的过程，误差函数在不同变量的不同范围内可能会有多个极小值。一次的自动优化可能会在某个范围内找到一个极小值，但并不一定能够找到最小值，也不一定会达到像差平衡，也许会使某一种像差减小，而使另一种像差增大。

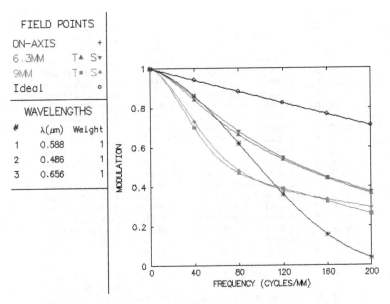

图 9-17 优化后的 MTF 分析曲线

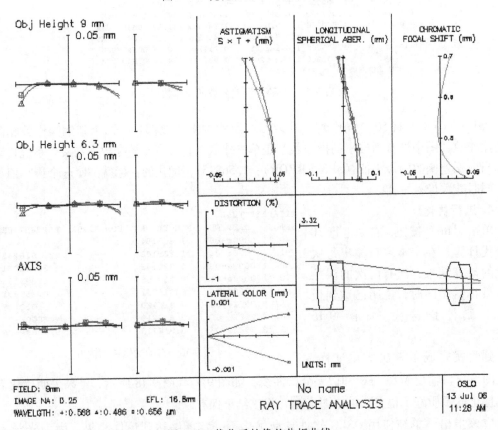

图 9-18 优化后的像差分析曲线

这时就要自己手动修改某个变量的值,"跳出"某个波谷,再从其他的方向优化。总之,光学系统的优化要经过大量的练习和实践来摸索其中的规律,从中找到一些快速优化、高质优化的方法。

9.2.6 OSLO LT6.1 应用实例

1. 15×广角目镜设计

15×广角目镜设计如图 9-19～图 9-21 所示。

Gen | Setup | Wavelengths | Variables | Draw On | Surfs | Notes

Lens: No name　　Efl 17.185487

Ent beam radius 0.400000　Field angle 24.000000　Primary wavln 0.587560

SRF	RADIUS	THICKNESS	APERTURE RADIUS		GLASS		SPECIAL
OBJ	0.000000	1.0000e+20	4.4523e+19		AIR		
AST	0.000000	9.500000	0.400000	AS	AIR		
2	0.000000	3.500000	4.629673	S	BK7	C	
3	-14.010000	0.100000	5.657033	S	AIR		
4	-74.855600	1.620000	5.680688	S	SF4	C	
5	17.742000	8.500000	5.951916	S	BK7	C	
6	-17.881000	1.200000	8.046880	S	AIR		
7	23.578500	5.000000	8.216401	S	BK7	C	
8	0.000000	11.256000	8.088429	S	AIR		
IMS	0.000000	0.000000	7.651475	S			

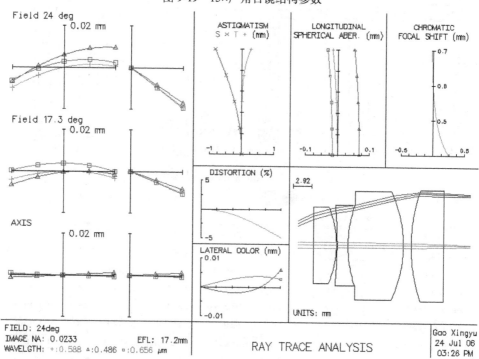

图 9-19　15×广角目镜结构参数

图 9-20　15×广角目镜像差分析

2. 5×激光扩束准直镜设计

5×激光扩束准直镜设计如图 9-22～图 9-24 所示。

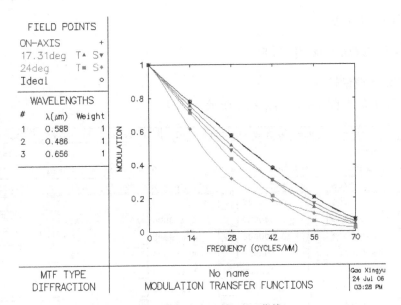

图 9-21　15×广角目镜 MTF 曲线

Gen	Setup	Wavelengths	Variables	Draw On	Group	Notes

Lens: No name				Efl -3.8299e+03		
Object num ap	0.287348	Object height	-0.000873	Primary wavln	0.640000	

SRF	RADIUS		THICKNESS		APERTURE RADIUS		GLASS		SPECIAL	
OBJ	0.000000		5.000000		0.000873		AIR			
AST	3.994393	V	2.813491	V	2.000000	A	BAFN10	C	N	
2	-2.156589	V	3.391035	V	2.000000		SF10	C	N	
3	-16.807918		20.500000		2.000000		AIR			
4	37.269006		10.411700		8.000000		SF1	C		
5	11.228024		11.613843		8.000000		K7	C		
6	-14.500000		50.000000		8.000000		AIR			
IMS	0.000000		0.000000		1.011412	S				

图 9-22　5×激光扩束准直镜结构参数

	Beam Specification Surface: 0		Beam Evaluation Surface: 7	
	Solution I	Solution II	Solution I	Solution II
Spot size (w)	1.600000	0.000000	Spot size (w) 7.991889	0.000000
Waist ss (w0) *	1.600000	0.000000	Waist ss (w0) 0.486732	0.000000
Waist dist (z)*	0.000000	0.000000	Waist dist (z) 1.9059e+04	0.000000
Wvf radius (R)	0.000000	0.000000	Wvf radius (R) 1.9130e+04	0.000000
Diverg. (rad)	0.000127	0.000000	Diverg. (rad) 0.000419	0.000000
Rayleigh range	1.2566e+04	0.000000	Rayleigh range 1.1629e+03	0.000000

Wavelength number of beam	1	Evaluation surface shift	0.000000
Wavelength	0.640000	Beam meridian: ● y-z ○ x-z	
M-squared	1.000000	Print beam data in text window	

Plot beam spot size	● Interactive design ○ Current graphics window

图 9-23　高斯光束编辑表

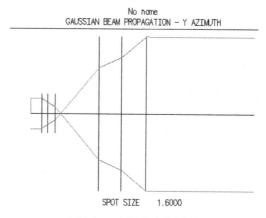

图 9-24　高斯光束传播图

9.3　基于 OSLO LT6（教学版）的光学设计实训

本实训设置了 8 个案例的初始结构，在教师指导下学练结合，让学生上机，使用 OSLO LT6（教学版）软件，经过建模→优化→评价三个基本步骤，独立完成案例设计。

9.3.1　望远光学系统设计实训

1. 双胶合望远物镜设计

例 9-1　设计技术参数为 $D/f' = 1/5$，$D = 40\text{mm}$，$f' = 200\text{mm}$，$2\omega = 3°$ 的双胶合望远物镜。其初始结构见表 9-1。

表 9-1　双胶合望远物镜初始结构

表面序号	r/mm	d/mm	玻璃
1	∞（光阑）		
2	126.73	0	
3	-85.06	7	K9
4	-258.00	4.2	ZF1

解题思路：

1）新建→优化→评价。

2）"焦距缩放"。

演示

2. 双胶合望远系统设计（"双胶合+棱镜"组合系统）

例 9-2　设计由例 9-1 初始结构的双胶合望远物镜后 50mm，加一材料为 K9、通光孔径为 40mm 的直角反射棱镜组合的系统，如图 9-25 所示。

解题思路：

1）"调用+玻璃平板（棱镜光路展开）"。

2）新建→优化→评价。

演示

思考：试比较由同一初始结构出发的例9-1和例9-2两个双胶合结果的像质，为什么出现这样的差异？

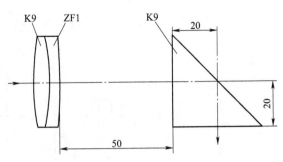

3. 双胶合变小气隙双分离物镜设计

例9-3 设计以例9-1结果为初始结构，从双胶合面处微分离形成小气隙双分离物镜。

图9-25 "双胶合+棱镜"组合系统示意图

解题思路：

调出，从胶合面处分离成两透镜→优化→评价。

演示

思考：为什么小气隙双分离物镜像质略优于同性能指标的双胶合组？

9.3.2 显微光学系统设计实训

1. 机械筒长160mm、齐焦距45mm低倍显微镜设计

例9-4 设计一个低倍消色差显微物镜。技术参数为 $\beta = -4$，$NA = 0.1$，$f' = 30.992$mm，机械筒长160mm，齐焦距45mm时共轭距 $L = 195$mm。参数见表9-2。

表9-2 低倍显微物镜参数

表面序号	r/mm	d/mm	玻璃
1	29.58		
2	11.482	1	ZF1
3	−23.12	2.37	K9
4	∞ （光阑）	0	

解题思路：

新建→优化→评价。

演示

思考：区分例9-1与例9-4在建模方面的差别。

2. 无穷远校正显微光学系统设计

（1）无穷远像距物镜

例9-5 设计一个低倍平场消色差物镜。技术参数为 $\beta = -4$，$NA = 0.1$，$f' = 62.575$mm，$L = \infty$。参数见表9-3。

表9-3 低倍平场消色差物镜参数

表面序号	r/mm	d/mm	玻璃
1	−9.974		
2	−12.32	2.75	ZK6
3	∞ （光阑）	0.001	
4	−149.28	9.2	

（续）

表面序号	r/mm	d/mm	玻璃
5	40.64	1.8	ZF3
6	49.549	0.9	
7	−22.397	3	ZK6

解题思路：

1）按反向光路计算。

2）新建→优化→评价。

演示

（2）无穷远校正光学系统

例 9-6 设计一个镜筒透镜。技术参数为 $f'=250mm$，$D/f'=1/20$，$2\omega=4.6°$。参数见表 9-4。

表 9-4 参数表

表面序号	r/mm	d/mm	玻璃
1	∞（光阑）		
2	152	10	
3	−104.08	3	K9
4	−388	3	F3

解题思路：

1）新建→优化→评价。

2）"焦距缩放"。

演示

思考：试比较例 9-6 与例 9-1 的结果。

（3）物镜与镜筒透镜统算

例 9-7 设计一个由例 9-5、例 9-6 结果组合起来的成像系统（提示：用 OSLO LT54 软件）。

解题思路：

1）新建→优化→评价。

2）"镜筒透镜+无穷远像距物镜"。

3）新建→评价。

注意：

1）镜筒透镜与无穷远像距物镜 2ω 相等。

2）镜筒物镜参数为反向输入。

3）$\beta=f_{镜筒}/f\infty'$。

演示

思考：两光组组合后为什么可略去优化步骤？

9.3.3 目镜设计实训

例 9-8 设计一个 $10\times$ 消畸变目镜。技术参数为 $2\omega = 4.6°$，$D = 1.25\text{mm}$，$f' = 23.62\text{mm}$，$y_0 = 10.03\text{mm}$，入瞳距 $= 267.5\text{mm}$。初始结构见表 9-5。

表 9-5　消畸变目镜初始结构

表面序号	r/mm	d/mm	玻璃
1	∞ （光阑）		
2	∞	20.25	
3	−24.65	6.5	ZK11
4	29.907	0.2	
5	−20.27	13	BaK7
6	744.82	1.85	ZF4
7	−72.09	10.21	BaK7

解题思路：

1）新建→优化→评价。

2）因为接目镜为平凸透镜，这样对校正影响目镜像质的像散有利，所以优化时保留 2# 为平面，不予改变。

注意：

1）目镜设计时，用逆向光路计算 1# 面，为目镜出瞳。

2）目镜入瞳与物镜出瞳重合。

演示

参 考 文 献

[1] 红外与激光工程编辑部. 现代光学与光子学的进展：庆祝王大珩院士从事科研活动六十五周年专集 [M]. 天津：天津科学技术出版社，2003.

[2] 萧泽新. 工程光学设计 [M]. 北京：电子工业出版社，2003.

[3] 萧泽新. 工程光学设计 [M]. 3版. 北京：电子工业出版社，2014.

[4] 张光鉴. 相似论 [M]. 南京：江苏科学技术出版社，1992.

[5] 萧泽新. 照相物镜移植应用的研究 [J]. 光学技术，1999 (4)：78-81.

[6] 李林，黄一帆. 应用光学 [M]. 5版. 北京：北京理工大学出版社，2017.

[7] 袁旭沧. 光学设计 [M]. 北京：北京理工大学出版社，1988.

[8] 袁旭沧. 现代光学设计方法 [M]. 北京：北京理工大学出版社，1995.

[9] 李林，黄一帆，王涌天. 现代光学设计方法 [M]. 3版. 北京：北京理工大学出版社，2018.

[10] 李林，安连生. 计算机辅助光学设计的理论与应用 [M]. 北京：国防工业出版社，2002.

[11] 李林，林家明，王平，等. 工程光学 [M]. 北京：北京理工大学出版社，2003.

[12] 李士贤，郑乐年. 光学设计手册 [M]. 北京：北京理工大学出版社，1990.

[13] 王大珩. 现代仪器仪表技术与设计：上卷 [M]. 北京：科学出版社，2002.

[14] 王耀祥. 光学玻璃的发展及其应用 [J]. 应用光学，2005，26 (5)：61-66.

[15] 李维民. 新型光学材料发展综述 [J]. 光学技术，2005，31 (2)：208-211；213.

[16] 周关关，徐军，郑丽和，等. 中红外光学材料的高温性能研究 [C]//红外成像系统仿真测试与评价技术研讨会. 北京：中国宇航学会，2011.

[17] 友清. 轴向梯度折射率材料在光学透镜中的应用 [J]. 激光与光电子学进展，1998 (2)：26-29.

[18] 齐亚范. 紫外光学材料的研究与发展 [J]. 材料导报，1995 (1)：39-44.

[19] 施杰，萧泽新，孙政. 光电仪器结构设计中的经济性研究 [J]. 光学技术，2007，33 (增刊)：291-292.

[20] 萧泽新. VE在光学系统设计中的应用 [J]. 价值工程，1993 (1)：26-27.

[21] 王民强. 应用光学：一 [G]. 北京：清华大学精仪系，1976.

[22] 张登臣，郁道银. 实用光学设计方法与现代光学系统 [M]. 北京：机械工业出版社，1995.

[23] 张以谟. 应用光学：下册 [M]. 北京：机械工业出版社，1982.

[24] 安连生，李林，李全臣. 应用光学 [M]. 4版. 北京：北京理工大学出版社，2010.

[25] 郁道银，谈恒英. 工程光学 [M]. 3版. 北京：机械工业出版社，2011.

[26] 胡玉禧，安连生. 应用光学 [M]. 合肥：中国科学技术大学出版社，1996.

[27] 帕诺夫，安特列耶夫. 显微镜的光学设计与计算 [M]. 包学诚，等译. 北京：机械工业出版社，1982.

[28] 王之江. 实用光学技术手册 [M]. 北京：机械工业出版社，2007.

[29] 王秋萍，曹祖植. 制版工程光学 [M]. 上海：上海交通大学出版社，1992.

[30] 《光学仪器设计手册》编辑组. 光学仪器设计手册：上册 [M]. 北京：国防工业出版社，1971.

[31] 李士贤，李林. 光学设计手册 [M]. 2版. 北京：北京理工大学出版社，1996.

[32] 胡家升. 光学工程导论 [M]. 2版. 大连：大连理工大学出版社，2005.

[33] KINGSLAKE R，JOHNSON R B. Lens Design Fundamentals [M]. Rev. ed. Pittsburgh：Academic Press，2009.

[34] 顾培森．应用光学例题与习题集［M］．北京：机械工业出版社，1985.

[35] 李景镇．光学手册［M］．西安：陕西科学技术出版社，1986.

[36] 梧州市澳特光电仪器有限公司，桂林电子科技大学．"自动正置金相显微镜"鉴定资料汇编［Z］．2007.

[37] 梧州市澳特光电仪器有限公司，桂林电子科技大学．"中级正置金相显微镜"鉴定资料汇编［Z］．2007.

[38] 萧泽新．广角目镜系列产品的优化设计［J］．广西机械，1997（1）：26-29.

[39] 萧泽新．显微摄影装置的优化设计［J］．光学技术，1998（6）：29-31.

[40] 福建光学技术研究所，国营红星机电厂．光学镜头手册：第一册［G］．北京：国防工业出版社，1980.

[41] 邱国培．标准镜头的光学设计［J］．光学技术，1991（5）：27-31.

[42] 郭木烈．松纳型照相物镜［J］．光学技术与信息．1985（5）：13-14.

[43] XU J, XIAO Z X. Design and Realization of CMOS Image Sensor.［EB/OL］．（2008-03-03）［2022-05-31］．https：//www.spiedigitallibrary.org/conference-proceedings-of-spie/6621/1/Design-and-realization-of-CMOS-image-sensor/10.1117/12.790589.short.

[44] FISCHER R E, TADIC-GALEB B. 光学系统设计［G］．中国航天科工集团第三研究院第八三五八研究所，译．天津：《红外与激光工程》编辑部，2004.

[45] 萧泽新，安连生．显微电视 CCD 摄录接口的设计［J］．敏通科技，1997（10）：27-28.

[46] 杨金才，等．中国安防产业发展报告［R］．北京：中国人民公安大学出版社，2009.

[47] 袁文博．闭路电视系统设计与应用［M］．北京：电子工业出版社，1988.

[48] 林家明．面阵 CCD 摄像机光学镜头参数及其相互关系［J］．光学技术，2000，26（2）：183-185.

[49] 任秦生．摄像镜头的种类及选择［J］．光学技术，1993（4）：15-18，37.

[50] 梁尚明，殷国富．现代机械优化设计方法［M］．北京：化学工业出版社，2005.

[51] 广西梧州光学仪器厂，清华大学精仪系．"XJ-1 生物显微镜多功能光电质检仪"鉴定文件汇编［Z］．1990.

[52] 王因明．光学计量仪器设计：下册［M］．北京：机械工业出版社，1982.

[53] 萧泽新．无限远像距光学系统应用实践［J］．广西物理．1991（3）；32-35.

[54] 長野主税．最近の生物顕微鏡光学：無限遠補正光学系とシマテム化［J］．光技術コソクタト，1993，31（12）：705-712.

[55] 安俊敏，王善康．无限远像距显微镜推动显微镜集成设计发展［J］．光学技术与信息．1981（1）：22-25.

[56] 徐家骅．计量工程光学［M］．北京：机械工业出版社，1981.

[57] GAO X Y, CHEN G, YU D Y, et al. Design of the second parallel optical path of the telescope photoelectronic imaging system［J］．［EB/OL］．（2012-11-26）［2022-05-31］．https：//www.spie.org/Publications/Proceedings/Paper/10.1117/12.999489？SSO=1.

[58] 萧泽新．光机电一体化系统及应用［M］．广州：华南理工大学出版社，2011.

[59] 林大键．工程光学系统设计［M］．北京：机械工业出版社，1987.

[60] 郑保康．光学系统设计技巧续［J］．云光技术，2006，38（4）：1-14.

[61] 郑保康．光学系统设计技巧续［J］．云光技术，2007，39（1）：1-11.

[62] 徐之海，李奇．现代成像系统［M］．北京：国防工业出版社，2001.

[63] Sinclair Optics, Ins. OSLO Version 5 User's Guide［Z］：1-42.

[64] Lanmbda Research Corporation. OSLO OPTICS REFRENCE RELEASE 6.I［Z］.

[65] 母国光，战元龄．光学［M］．2 版．北京：高等教育出版社，2009.

［66］柯顿 J R，马斯登 A M. 光源与照明［M］. 陈大华，等译. 上海：复旦大学出版社，2000.

［67］周太明. 光源原理与设计［M］.2 版. 上海：复旦大学出版社，2006.

［68］宋万生. 高均匀照明系统光学设计讨论［J］. 应用光学，1982（1）：26-29.

［69］傅水根. 探索工程实践教育：傅水根教育教学研究论文集（一）［G］. 北京：清华大学基础工业训练中心，2006.

［70］李晓彤，岑兆丰. 几何光学・像差・光学设计［M］.3 版. 杭州：浙江大学出版社，2014.

［71］王民强. 应用光学：二［G］北京：清华大学精仪系，1976.

［72］王民强. 应用光学：三［G］北京：清华大学精仪系，1976.

［73］福建光学技术研究所，国营红星机电厂. 光学镜头手册：第二册［G］. 北京：国防工业出版社，1981.

［74］福建光学技术研究所，国营红星机电厂. 光学镜头手册：第三册［G］. 北京：国防工业出版社，1981.

［75］福建光学技术研究所，国营红星机电厂. 光学镜头手册：第四册［G］. 北京：国防工业出版社，1982.

［76］福建光学技术研究所，国营红星机电厂. 光学镜头手册：第五册［G］. 北京：国防工业出版社，1982.

［77］福建光学技术研究所，国营红星机电厂. 光学镜头手册：第六册［G］. 北京：国防工业出版社，1983.